남자아이
대백과

한 권으로 끝내는 아들의 유년기, 학교생활, 사춘기 양육 기술

남자아이 대백과

라인하르트 빈터 지음 · 서지희 옮김

유노라이프

들어가는 글

—

아들에 대해 알아야 할 모든 것

아들을 키우면서 아들의 인생 안내자로 사는 일은 부모에게 큰 행운입니다. 하지만 동시에 아들을 기르는 일은 하나의 도전이기도 하지요.

아들 교육 전문가인 제가 자주 받는 질문 중 하나는 “아들은 정말 딸과 다른가요?” 하는 것입니다. 저는 언제나 “그렇습니다”라고 대답합니다. 부모가 아들을 이해하고, 서로 원활한 관계를 맺으려면 딸과는 다른 관점에서 들여다보아야 합니다.

저는 아들 교육 강연회에서든, 아들 부모 상담에서든, 제가 연구하는 남자아이들을 만날 때든, 아들 교육을 둘러싼 대부분의 문제는 결국 '아들과 잘 지내기'라는 사실을 느낍니다.

상담을 하고 이 책을 쓰면서 저는 아들이 유년기와 청소년기를 안정적이고, 침착하게 보내려면 부모가 어떻게 해야 하는지, 힘든 시기를 성공적으로 극복한 남자아이의 부모는 어떤 역할을 했는지 연구하기 시작했습니다. 그렇게 많은 남자아이들과 여러 부모들과 연구한 끝에 이 책이 탄생했지요.

냉정한 엄격함이 아닌 명확한 친밀함

부모는 아들에게 최초의 타인이자 결정적인 관계에 있는 사람입니다. 아들에게 사랑을 주며 아주 오랜 시간을 함께 보내는 존재이지요. 이론적으로 아들과 어떻게 하면 잘 지낼 수 있는지 말하자면, '리더십을 발휘함'으로써 가능하다고 할 수 있습니다.

리더십은 아들이 제대로 성장하기 위한 전제 조건이 됩니다. 좋은 리더십은 아들이 올바른 방향으로 나아가고 있고, 보살핌을 잘 받는다고 느끼며, 바람직한 성장을 하고 있을 때 확연히 드러납니다.

오늘날 부모들의 리더십은 과거와는 상당히 다릅니다. 과거에는 권위를 부모의 리더십으로 인식했습니다. 아이를 양육하는 데 확신이 없는 경우에는 아이를 향한 압박, 무관심이나 폭력으로 나타나기도 했습니다. 하지만 폭력으로만 가능했던 이러한 태도는 다행히 구식이 되었고, 오늘날 아들을 둔 많은 부모가 이제는 어찌 해야 좋을

지를 모르게 되었지요.

어떤 부모는 아들이 말을 안 듣거나 잘못된 행동을 한다는 이유로 아들을 '잘못 되었다'고 평가하며, 바꾸고 고쳐야 한다고도 생각합니다. 이러한 부모들의 생각은 제 연구의 출발점이 되었습니다.

이 책을 읽는 독자들이 대개 아들의 문제는 아들이 잘못한 것이 아니라 부모와의 관계에 문제가 있다는 사실을 깨닫게 되기를 바랍니다. 책에서 더 자세히 이야기하겠지만, 부모는 처음부터 아들에게 열린 자세로, 아들과 서로 이해하는 관계를 맺어야 합니다. 관계가 나쁘다고 걱정할 필요도 없습니다. 다행히도 아들과의 관계는 몇 번이고 새롭게 시작하고 수용하고 개선할 수 있습니다.

아들은 유년기, 학창 시절, 사춘기를 거치며 부모와의 관계를 몸소 체득합니다. 이때 부모가 주는 '내가 여기 있다'라는 메시지는 아들에게 힘이 되며 미숙한 시기, 인생의 과업, 학업과 사춘기를 잘 극복하도록 돕습니다.

청소년기의 수많은 위기 상황에서 간과할 수 없는 것은, 아들이 안정된 어른들과 명확한 관계를 맺고 싶어 한다는 점입니다. 아들은 다소 노골적으로 명확함을 요구하며, 필요에 따라서는 자기 행동에 대한 응답을 얻었다고 느낄 때까지 제멋대로 굴기도 합니다.

다행히도 리더십과 명확함을 갖기 위해 부모가 전혀 모르던, 완전히 새로운 능력을 배울 필요는 없습니다. 오히려 기존의 능력을 재발견하고 확장하고, 더 강력히 지키는 것이 중요합니다. 이러한 노력은 아들이 종종 아쉬워하고 추구하는 부모의 자신감을 강화시키지요.

그래서 아들을 키울 때는 방향 설정이 중요합니다. 하지만 케케묵은 이론에만 의지해서는 안 됩니다. 엄격한 교육을 지향하는 사람들은 전부터 많았습니다. 엄격한 엄마들은 자녀를 혹독하게 교육하고, 더 많은 규율을 요구합니다. 마치 '중요한 것은 엄격함이다!'가 신조인 듯 행동하지요. 이런 생각들 때문에 현 상황의 해법을 과거에서 찾기도 합니다. 냉정하고 권위적인 교육을 목표로 말이지요.

하지만 이 책에 담긴 생각들은 권위적인 양육과 확실하게 구분할 필요가 있습니다. 이 책에서는 아들을 키우는 데 있어 리더십의 긍정적인 부분, 명확한 관계, 공감과 사랑이 담긴 관심, 인정, 신뢰와 서로 간의 책임을 다룰 예정입니다. 부모의 권위를 이용해 아들을 길들이는 방법 따위는 알려 주지 않지요. 권력을 사용해 자기 의견을 주장해야 한다고 생각하는 부모는 아이에게 권위적으로 행동할 수밖에 없습니다. 이는 스스로의 무능함을 입증하는 행동일 뿐입니다.

왜 아들은 딸과 다를까?

딸을 둔 부모는 특히 사춘기에 딸을 더 엄격하게 제한하고 더 세심히 보호하려는 경향이 있습니다. 달리 말해서 딸은 부모로부터 더 큰 관심을 받는데 반해 아들은 이런 면에서 뭔가 부족함이 있다는 뜻입니다. 또한 현재 사회적으로 더 큰 걱정거리가 되는 것은 남자아이들이라는 점에서도, 그러한 관점은 중요합니다.

많은 교육 상담사가 부모와 자녀 관계를 둘러싼 문제들을 보편적인 주제로 다룹니다. 이것은 유용하고 꼭 필요한 방법이긴 하나, 성별이라는 측면이 고려되지는 않습니다. 이와는 반대로 저는 성별에서 오는 차이점을 우선시합니다. 모든 관계는 성적인 측면을 간과할 수 없기 때문입니다.

사실 아들 교육에도 절대적 진리란 존재하지 않습니다. 저 역시 부모가 어떻게 하면 아들과 아무 문제없이 잘 지낼 수 있는지 확답할 수는 없습니다. 아들과 부모 그리고 삶의 모습들은 각자가 다 다르기 때문이지요. 대신 이 책에 가능한 한 많은 양육의 방법, 충고와 조언을 담으려 했습니다. 그중 어느 것이 여러분에게 맞는지, 어떤 경험과 아이디어를 실천할 수 있는지 발견하길 바랍니다. 다행인 점은 아들은 언제나 우리에게 무엇이 필요한지 신호를 보낸다는 점이지요!

이 책에 담은 남자아이 양육법에서는 몇 가지 중요한 사실들이 있습니다.

우선, 아들과 좋은 관계를 맺으려면 침착함, 평정심, 신중함으로 긴장을 해소해야 합니다. 남자아이들이 어른들에게 가장 자주 하는 말은 “너무 심각하게 생각하지 마세요!”, “그렇게 빡빡하게 보지 마세요!”, “진정하세요, 아저씨!” 등입니다. 우리는 이런 말들을 진지하게 받아들여야 합니다. 스트레스, 성급함, 심리적 압박은 교육적 관계를 무너뜨리기 때문입니다.

침착함은 세상을 살아나가는 데 꼭 필요한 속성입니다. 끊임없이 화두가 되는 '남자아이들과 학교'라는 주제에서도 그렇고, 사춘기 시기에는 더욱 그렇지요. 그러므로 아들과의 관계 맺기를 대단히 잘 해내려고 노력을 쏟기 전에, 긴장부터 풉시다. 아들과 흠 잡을 데 없는 관계를 맺겠다는 생각은 버리세요. 완벽한 관계는 애초에 불가능하니까요! 반대로 실수는 부모에게서 발전할 수 있다는 점도 중요합니다. 부모가 아들을 상대로 실수를 인정한다면 진정으로 위대한 행동입니다. 바로, 이 실수로부터 우리는 배움을 얻을 테니까요.

아들 교육에서 더 첨예화된 문제

아들은 자주 부모를 걱정시킵니다. 여러 행동들로 부모를 시험하지요. 부모는 그런 아들과 어떻게 하면 잘 지낼 수 있을지 고민하고요. 아들을 잘 키우는 법에 대한 부모들의 관심은 해마다 더욱 커집니다. 아들 교육의 어려움이 주는 압박도 줄어들기는커녕 점점 세지고 있습니다. 학교에서는 남학생 관련 문제가 점점 더 늘어나기에 교육 전문가들 역시 이 주제를 아주 진지하게 받아들입니다.

또한 오늘날에는 남성에 관한 온갖 문제들이 다시 새롭게 조명됩니다. 꼭 부모가 아니더라도 많은 사람들이 어떻게 하면 남자아이들을 건전한 남성으로(남을 괴롭히거나 지근덕거리는 남성이 아니라) 키울 수 있는지 고민하지요.

한편, 남자아이들을 주제로 한 새로운 연구도 진행 중입니다. '남자다움'에 대한 사회적 기대는 여전히 매우 관습적이니까요. '남자라면 끝까지 밀고 나갈 줄 알아야 한다', '연약한 남자는 진정한 남자가 아니다', '두려움이나 수치심 같은 기분은 절대 내보이지 말라' 등 다양하지요(이는 미국, 영국, 멕시코에서만 조사된 것입니다). 흥미롭게도 정작 아들들은 전혀 다른 생각을 지니는 경우가 많으며, 이런 말들에 동의하지 않습니다. 이런 긴장 상태에 대처하고 괴리를 견디는 것은 어린아이들과 청소년들에게는 결코 쉬운 일이 아닐 것입니다.

게다가 최근 몇 년 사이에 남자아이들의 생활 환경은 또다시 바뀌었고 앞으로도 계속 바뀔 것입니다. 이는 교육 영역에도 영향을 미칩니다. 미디어 사용 역시 빠르게 변하고 있습니다. 새로운 게임이 출시되거나 스마트폰과 네트워크의 성능이 더 좋아지면, 남자아이들은 영향을 받습니다. 그리고 이는 가족 전체의 분위기에도 반영됩니다. 소셜 미디어는 청소년들의 관계를 변화시키고 즐거움을 주지만, 위험도 존재합니다. 특히 인터넷 상의 포르노물에 자유롭게 접근할 수 있는 기회가 많다는 사실(심지어 이제 막 성에 눈을 뜨기 시작한 남자아이들도)은 부모에게 경각심을 줍니다. 아들 부모들은 이 까다로운 상황에서 자신의 입장을 잘 정해야 합니다.

이 책은 철저한 검토와 개정을 거쳐 부모들에게 꼭 필요한 주제와 불안을 해소할 방법에 집중했습니다. 이 책을 읽고 명확한 방향을 설정한 부모는 아들에게도 그 방향을 알려 줄 수 있을 것입니다.

급변하는 시대에 양육은 점점 더 쉽지 않은 일이 되었고, 오늘날의 부모들에게는 더욱 그렇습니다. 하지만 얼마나 많은 부모가 책임감 있게 제 할 일을 하고, 적극적으로 노력하고 발전해가는지요. 저는 여러분들이 결국에는 잘 해낼 것이며, 숱한 난관에도 남자아이들을 '크게 키우리라'고 믿어 의심치 않습니다.

남자아이 교육 전문가

라인하르트 빈터

• 차례 •

1부 • 남자아이를 이해하는 8가지 열쇠

1장: "아들에게는 명확하게 말해야 한다" 리더십

2장: "엄마는 몰랐던 아들의 몸"

몸

3장: "아들의 마음"

심리

4장: "아들에게 아빠가 중요한 이유"

성

5장: "궁금한 아들의 사회생활"

학교생활

6장: "아들을 지배하는 것들"
미디어

7장: "아들이 어른이 되는 길목에서"
사춘기

8장: "성장의 핵심 자양분"
가정생활

2부
•
남자아이를 성공적으로 키우는 5가지 비법

1장: "강하고 다정한 부모"
태도

2장: "믿음직한 부모"
신뢰

3장: "아들 언어 배우기"
의사소통

4장 "아들의 마음을 읽는 법"
존중

5장 "아들에게 꼭 필요한 약속"
규칙

1부

남자아이를 이해하는

8가지 열쇠

1장

“

아들에게는 명확하게 말해야 한다

”

리더십

아들을 이끄는 부모, 아들에게 끌려가는 부모

어떻게 하면 아들과 잘 키울 수 있을까요? 많은 부모가 처음에는 별 문제가 없으리라고 생각합니다. 하지만 시간이 지나면서 그것이 말처럼 쉽지 않음을 깨닫지요!

많은 남자아이가 예의 없이 행동하고, 험한 말을 내뱉고, 말을 안 듣거나 약속을 지키지 않습니다(숙제를 안 하거나 대충 하는 등). 때로는 통제가 안 되는 상황들이 펼쳐지거나, 갈등이 너무 심해져 더 이상은 안 되겠다는 생각이 들 때도 있습니다. 이런 일은 아들이 아직 어릴 때나 학교에 들어간 뒤에 벌어지기도 하고, 사춘기에 접어들고 나서야 일어나는 경우도 많습니다.

아들은 리더십 있는 부모에게 끌린다

제가 아들 교육이 잘 되고 있는 가정과 그렇지 못한 가정에 본격적으로 관심을 갖게 된 시기는 약 8년 전입니다. 그때 저는 여러 학교에서 남학생들, 부모들, 교사들과 다양한 프로젝트를 운영했습니다. 엄마, 아빠들뿐만 아니라 교사들도 남자아이들과 벌어지는 갈등, 문제들에 관해 끊임없이 이야기했고 해결 방안을 알고자 했습니다. 그러나 남자아이들의 문제는 원인이 매우 다양합니다. 안타깝게도 '이렇게 하면 다 돼'라고 할 수 있는, 한순간에 모든 문제를 해결해 주는 기술이 없습니다. 다만 제가 확신할 수 있는 점은, 남자아이들은 자신을 지지해 주고 방향을 제시하되, 자유를 허락하는 '리더십' 있는 어른들에게 의존한다는 사실입니다. 많은 부모가 이를 잘 실천하지 못해 아들과 문제가 생깁니다.

아들은 유능함을 갖춘 채 세상에 태어납니다. 인생을 살아가고 성장하는 데 필요한 능력들을 타고나는 것입니다. 하지만 아직 경험과 지식은 부족합니다. 그렇기에 세상물정을 잘 알고, 아들의 유능함을 실제 경험과 연결시켜 줄 지식이 많은 어른이 필요하지요. 즉, 명확한 메시지로 삶의 인도자가 되어 줄 사람이 필요합니다. 아들은 각 발달 단계를 거치며 이러한 리더십을 점차 스스로 떠맡습니다. 리더십은 점점 커져서 아들은 스스로를 통제하고 자극하고 조절할 수 있게 됩니다. 그리고 언젠가는 부모의 도움도 필요치 않게 되지요.

그러려면 명확하면서도 다정한, 리더십 있는 부모의 지도를 받아야 합니다.

제가 여러 차례 강조한 리더십은 여러 뜻을 내포합니다. 먼저 리더십은 특정 역할이나 기능을 다하는 사람들을 일컫습니다. 그런 동시에 그들이 뿜어내는 힘, 아들이 스스로 확립해가는 에너지와 능력 자체를 말하기도 합니다.

어떤 엄마는 말 안 듣는 열세 살짜리 아들과의 관계를 이렇게 규정했다고 합니다.

"잘 들어, 네가 열여덟 살이 될 때까지는 엄마가 네 관리자야."

그 후로는 아들이 말을 잘 듣더라고 말했습니다.

어떤 부모들은 "요즘 아들과 전혀 잘 지내지 못하고 있어요"라고 걱정합니다. '잘 지내기'라는 개념 역시 부모로부터 비롯됩니다. 저는 관계의 한 요소로서 '잘 지내다'라는 개념이 마음에 듭니다. 아들과의 관계에서 중요한 두 가지 측면을 담고 있기 때문이지요.

'잘'이라는 말에는 옳음, 바름, 정확함의 의미가, '지내다'에는 전개와 진행의 의미가 담겨 있습니다. 아들에게 좋은 리더십을 보이고 아들과 잘 지내려면 부모의 명확함이 필요합니다. 또 아들과 잘 지내지 못하는 부모는 대부분 자기이해가 부족하거나, 부족했던 사람입니다. 한 엄마는 면담에서 "아들과 잘 지내니까 좋아요. 그건 제 입장이 명확하고 말도 분명하다는 뜻이죠"라고 말했습니다.

30대 중반의 된 베아테와 요나스는 니클라스의 부모입니다. 그들은 식사 때만 되면 모든 일이 여섯 살 된 아들을 위주로 돌아간다며 저에게 조언을 구했습니다. 니클라스는 쉴 새 없이 말을 하고, 이것저것 요구하고, 이리저리 돌아다닌다고요. 자신의 요구를 즉시 받아 주지 않으면 야단법석을 떤다고 합니다. 니클라스의 부모는 식사 시간이 항상 스트레스를 받았습니다. 이럴 때는 어떻게 해야 할까요?

베아테와 요나스가 상황을 설명할 때 제 눈에 띈 특이점이 있었습니다. 둘 다 자기주장이 강하고, 활기차고, 고집 센 니클라스에 대해 짜증을 내면서도 한편으로는 자랑스러워하는 것이었습니다. "그 쪼그만 게 어찌나 개구쟁이인지!"라고 말하면서 아들에게 주도권을 넘겨주었지요. 하지만 그들이 진정 원하는 것은 무엇일까요? 그들은 부모로서의 역할을 맡고 주도권을 놓치지 않고 싶어 했습니다. 저와 함께 그러한 방향을 설정하고 서로 지지해 주기로 약속했습니다. 2주 뒤 그들을 다시 만났습니다. 상황은 차츰 호전되어, 니클라스는 점차 진정되었고 식사 시간의 긴장감은 누그러졌다고 합니다.

아빠와 엄마, 즉 부모는 아들이 최초로 관계를 맺는 대상입니다. 가족 내에서의 성공적인 관계에 대한 책임은 아들의 탄생과 함께 부모에게 위임됩니다. 아들은 부모로부터, 부모와 함께 배웁니다. 부모와의 관계에 의해, 관계와 함께 성장하지요. 만약 아들과의 일이 뜻대로 이루어지지 않는다면, 아들을 탓하는 대신 부모 스스로가 그 책임을 져야겠지요.

부모와 아들 관계에서 가장 중요한 요소는 무엇일까요? 바로, 사랑입니다. 부모의 사랑이 없다면 아들은 정상적으로 발달할 수 없습니다. 하지만 가끔은 바로 사랑이 부모로 하여금 그들의 위치와 역할을 지키는 일을 어렵게 만드는 듯합니다. 때때로 부모들은 사랑을 방임, 또는 부모로서의 어떤 요구나 체계의 포기와 혼동합니다. 또 아이가 아직 내리기 힘든 결정을 내리도록 하는 지나친 요구를 하기도 하지요.

사랑 안에서 부모는 아들에게 믿을 만한 태도로 관계의 질을 개선해야 합니다. 이것은 일상에서 아들과의 긴밀한 개인적 교류를 통해서 이루어집니다. 그냥 존재하는 사랑과는 대조적이지요. 우리는 지지와 리더십도 사랑처럼 그냥 존재한다고 믿고 싶어 합니다. 하지만 보통은 그렇지 않아서, 부모는 리더십을 '가지는 것'이 아니라 '실행하는 것'입니다. 특히 오늘날에는 명확함과 안정된 부모라는 상대가 어떤 모습인지 불확실한 경우가 많습니다.

부모가 아들에게 주는 명확한 메시지와 훌륭한 리더십은 배울 수 있습니다. 따라서 이 책에서 가장 처음으로 생각해 볼 문제는 '아들에게는 어떤 리더십이 필요하며, 아들을 위한 강하고도 애정 어린 리더십이란 어떤 모습인가?'입니다.

리더십의 새로운 모습

모든 종류의 리더십과 관련된 또 다른 핵심 개념은 '권위'입니다. 흥미로운 점은 오늘날 권위라는 개념이 자녀 교육과 관련하여 어떤 의미를 지니는가입니다. 많은 사람이 권위라는 말에 움츠러드는 것을 보면, 그 말은 온갖 무서운 것들을(규율, 억압, 혹독한 훈련, 권력 등, 간단히 말해 권위주의적 행동들) 연상시킵니다. 그러나 권위를 긍정적으로 이해하면 그와는 정반대로, 자녀 교육에서 자녀와의 관계와 부모의 리더십을 꼭 필요하고 유용한 것으로 봅니다.

같은 맥락으로 덴마크의 교육자 예스퍼 율(Jesper Juul)은 '개인적 권위'라는 개념을, 임상심리학자인 파울 페르하에허(Paul Verhaeghe)는 '수평적 권위'라는 개념을 사용했습니다. 심리학과 교수인 하임 오메르(Haim Omer)는 '새로운 권위', 또 독일 최고의 아동심리학자인 볼프강 베르크만(Wolfgang Bergmann)은 '좋은 권위'라고 일컬었습니다. 권위를 부모와의 상하 관계가 아니라 아이와, 아이의 욕구에 중점을 둔 생각이기 때문입니다.

한 아빠가 면담에서 말했습니다.

"저는 '권위'라는 것과 '권위적'이라는 것은 크게 다르다고 생각합니다. (…) 권위는 긍정적으로 쓸 수 있는 말이죠. 사람들의 존경을 받고 명망이 높은 사람을 말할 때 처럼요. 누가 저에게 '저 사람은 권위 있는 사람이야'라고 말한다면, 저는 그가 존경을 받는 사람이라고 생각할 겁니다. 다들 그의 말에 귀를 기울이고, 사람들에게 모범이 되는 사람이라고요. 부모로서 아들에게 좋은 권위를 갖는다면 정말 좋겠죠!"

리더십은 이제 개인적이고 다정한 것으로, 예전과는 근본적으로 달라졌습니다. 전에는 권위 있는 사람이 공격을 받거나, 존경을 받지 못한다고 느낄 때면 몽둥이가 등장했습니다. 권력과 폭력은 힘을 보여 주어야 했기에 때로는 부모에 의해 아들과의 관계가 단절되기도 했지요. 요즘은 그런 일이 훨씬 줄어들긴 했지만 완전히 사라지지는 않았습니다. 강압적인 부모들이 아들을 때리는 경우는 딸의 경우에 비해 두 배나 높습니다.

유일한 해결책은 체벌과는 전혀 거리가 멉니다. 아들과 갈등이 있거나 위기가 닥치거나 난관에 봉착하거나 규칙이 지켜지지 않을 때 기억해야 할 신조는, 오히려 아들이 진정으로 필요로 하는 것을 더 주는 것입니다. 더 큰 친밀함과 존중을 보여 주고 곁에 있어 주는 것이지요! 모든 책임의 대부분이 과거의 교육에서, 특히 아들에게 더 흔하게 가해졌던 폭력을 막는 데 도움이 됩니다.

성경에는 다음과 같이 쓰여 있습니다.

> '매를 아끼는 자는 그의 자식을 미워함이라. 자식을 사랑하는 자는 근실히 징계하느니라'(잠언 13장 24절).

하지만 오늘날 대부분의 부모가 동의하는 바와 같이, 폭력은 교육의 수단이 될 수 없습니다. 반면에 애정 어린 리더십은 낡고 가학적인 교육법의 훌륭하고도 인간적인 대안입니다.

더 알면 좋아요!

부모의 리더십은 자녀 교육의 핵심입니다. 한번 시험해 보세요. 아들에게 애정 어린 리더십을 발휘했을 때, 어떤 기분이 드나요? 아들에 대한 사랑을 느낀다면 잘 된 것이고, 싸늘하거나 멀어진 기분이 든다면 방법이 잘못된 것입니다.

아들에게는 어떤 리더십이 필요할까?

명확한 리더십은 아들뿐만 아니라 모든 아이들에게 필요하지 않냐고요? 물론 그렇습니다. 즉, 딸들에게도 부모의 단호함과 가치 지향적 태도, 부모와의 명확한 관계가 필요합니다. 그러나 성별에 따라 큰 차이가 있습니다. 따라서 이 책에서 다룰 두 번째 문제는 '왜 아들에게는 특히 더 강력한 리더십이 필요할까? 아들은 어떤 리더십을 필요로 할까?'라는 것입니다.

요즘 남자아이들의 문제

요즘 많은 남자아이가 문제가 있는 동시에, 그 문제의 상당 부분을 일으킨다는 사실은 잘 알려져 있습니다. 아들은 자칫 건강을 해칠 수도 있는 모험을 감행하고, 때로는 피해자나 가해자로서 폭력 사건에 연루되거나, 컴퓨터 앞에 한참 앉아 있기도 합니다. 이러한 특징들은 학교에서도 드러납니다. 독일에서는 평균적으로 남학생들이 여학생들보다 글을 잘 못 읽고, 학교 공부에 집중을 잘 못하고, 시험 성적이 더 낮습니다. 또한 진급을 못하는 경우도 더 잦으며, 수업을 방해하거나 반항적인 행동을 보이곤 합니다. 졸업 점수도 더 나빠 겨우 턱걸이일 때도 있고, 졸업도 못한 채 학교를 떠나는 경우도 여학생들에 비해 더 많습니다.

여기까지는 잘 알려진 내용입니다. 하지만 이런 상황을 한탄만 하는 것은 남자아이들에게 전혀 도움이 되지 않습니다. 눈에 띄는 점은, 남자아이들에 대한 비난 또는 걱정은 많지만 정작 이런 상황을 개선하는 데 필요한 해결책은 별로 없다는 것입니다. 얼마 안 되는 아이디어마저도 속단적이고 검증되지 않은 것들입니다. 예를 들면 '남학생은 남자 교사가 가르쳐야 문제가 생기지 않는다'처럼 말이지요. 또 '남자아이들을 정도에서 벗어나지 않게 하려면 더 많은 규율, 기강과 질서가 필요하다'와 같이 과거에 머무르는 사고에서 비롯된 것들도 많습니다.

아들에게서 약점이나 결점이 발견될 때, 그 원인을 먼저 아들에게서 찾으려 하면 안 된다는 점은 아무리 말해도 지나치지 않습니다. 아들이 문제를 겪는 데 대한 책임은 보통 주변에 있는 아들의 현실생활에 결정적인 영향을 끼치는 어른들에게 있습니다. 정치계, 언론계, 상업 시장에 종사하는 어른들은 이상적인 삶에 대한 방향을 설정합니다. 의사결정에의 압박, 유비쿼터스(언제, 어디서나 장소에 상관없이 자유롭게 네트워크에 접속할 수 있는 환경)적인 미디어 환경, 남자들의 성공 및 성과에 대한 압박 등 이 모든 것이 아들의 정향 욕구(환경에 대한 불확실성을 줄이기 위해 주변 사회 환경을 관찰하고 의미를 부여하려는 욕구)를 높이고 있습니다. 아들 부모들은 할 수 있다면 어떻게든지 아들이 느끼는 그러한 부담을 줄이고 피해가도록 해야 합니다. 이는 굉장히 힘든 일이겠지요.

초등학교 2학년이 거의 끝나가는 톰은 학교생활에 별 흥미를 느끼지 못했습니다. 숙제를 두고 부모와 매일 언쟁이 벌어졌고, 주말에도 학교 이야기가 대화를 장악했지요. 성과를 중시하는 톰의 부모는 아들이 무조건 대학에 진학해야 한다고 생각했습니다. "톰은 공부를 전혀 하려고 들지 않아요. 더 노력하게 하려면 어떻게 해야 할까요?"하고 톰의 부모는 제게 물었습니다.

저는 당장 공부에 대한 압박을 없애거나 대폭 줄이고, 아들을 더 침착하고 편안하게 대하라고 간곡히 조언했습니다. 톰이 자신의 관심 분야와 공부 방법을 직접 찾을 수 있도록 지켜보는 것입니다. 또한 무엇이 잘못되었는지 톰과 허심탄회하게 대화하고, 부모가 사과를 하는 편이 좋다고도 말해 주었습니다. 예를 들어 "엄마, 아빠가 네 마음을 헤아려 주지 못해서 미안해. 이제부터는 우리가 좀 더 참을성을 갖도록 노력할게"라고 아들에게 말하는 것이지요.

톰의 사례와 비슷한 경우는 흔합니다. 경제 사회에서 성과에 대한 압박이 점차 커짐에 따라 아이들, 특히 남자아이들에 대한 요구도 커지고 있습니다. 이는 어른들이 그 아이들을 사회의 미래를 짊어질 뛰어난 인재이자 일꾼, 또한 가장으로 키우려고 하기 때문입니다. 남자아이들이 어른들의 기대에 부합하지 못할 수도 있다는 기미가 보이면 상황은 악화됩니다. 여자아이들은 그다지 큰 압박 없이도 (물론 전혀 없진 않으며 아이들 스스로가 자신을 채찍질하기도 하지만!) 평균적으로 학교에서 더 잘하고 있으니, 참 역설적이지요.

완전히 사춘기에 접어든 마티스는 형편없는 학교생활을 하고 있었습니다. 마티스의 부모는 이제 아들에게 다가가기도 힘들다며 마티스와 상담을 해 달라고 부탁했습니다. 얼마 후 마티스가 정말 저를 찾아왔고, 저는 도대체 무엇이 문제인지 물었습니다. 그러자 마티스는 아무 문제도 없으며 오히려 기분이 좋다고 대답했습니다. 그러고는 자신의 태도에 대해 다음과 같이 설명했지요.

"저는 공부도 안하고, 학교 일은 이제 그 어떤 것도 하지 않아요. 부모님은 오직 하나, 제가 학교에서 잘하는 것만 중요하게 생각하거든요! 학교 때문에 끊임없이 저를 닦달하고 귀찮게 해요. 부모님이 기뻐할 때는 제가 좋은 점수를 받아 올 때뿐이에요. 그럴 때면 저한테 이긴 것처럼, 마치 자기들 생각이 맞았다는 듯이 행동해요. 저는 그런 기쁨을 주기도, 호의를 베풀기도 싫어요. 제가 좋은 학생이 되면 부모님 앞에서 패배자가 된 기분이니까요. 그래서 아예 반대로 행동하기로 했어요. 학교에서 못하면 기분은 좋아지니까요!"

더 알면 좋아요!

성과만 중시하면 실제로 아들의 반항을 유발하기도 합니다. 부모가 아들에게 바라는 성과와 남자로서의 성공에 대한 집착은 종종 남자아이들에게 바라던 바와는 정반대의 결과를 가져옵니다. 경제 사회에서 리더십은 노동자들의 성과를 향상시키는 묘책이 되는 반면에, 아들과의 관계에서 좋은 리더십이란 그와는 전혀 다른 가치를 필요로 합니다.

리더십과 권위는 다르다

안타깝게도 아들을 위한 부모의 리더십은 타고나지도, 갑자기 '짠' 하고 생겨나지도 않습니다. 부모로서의 타고난 권위를 운운하는 사람들도 있는데, 물론 틀린 말입니다. 가정에서 리더십을 가진 사람을 따르는 경우에도, 자연적인 본능이나 생물학적인 마법에 의해서가 아니라 자발적으로 따르게 됩니다. 그렇다면 좋은 리더십은 어떻게 기를 수 있을까요?

주의 깊은 부모는 좋은 리더십을 관찰하고 모범으로 삼을 줄 압니다. 이는 리더십이 학습되며, 의식적으로 생겨나고 만들어질 수 있음을 보여 줍니다. 리더십은 형성된 후에 검증되고, 따르는 사람들이 받아들여야 합니다. 그리고 모든 가족 구성원에게 유익해야 합니다. 매우 중요한 점은 리더십이란 어떤 직업이나 직책, 지위가 아니며 고정된 상태도 아니라는 사실입니다. 오히려 부모와 아들 관계에서 끊임없이 활발하게 생겨나지요. 그렇다면 부모는 어떻게 아들에게 리더십을 발휘하고 보여 줘야 할까요?

이제껏 부모들은 이러한 문제를 떠안은 채 속앓이만 해 왔습니다. 또 그 방법에 대해 제대로 알 수도 없었습니다. 지난 수십 년 간 교육과 리더십에 대한 시각이 크게 변했기 때문입니다. 예전 부모들은 자신의 지위가 위협을 받는다고 느끼면 금세 권력을 휘두르고 권위적이거나 폭력적인 모습을 보였습니다. 오늘날에도 충분히 존경을 받지 못한다는 이유로 부모가 아들을 때리는 사례가 종종 있습니다. 이제는 부모로서 이러한 미숙한 반응은 해서는 안 된다고 모두가 동의합니다.

부모의 말과 행동에서 배우는 리더십

부모가 곁에서 친밀하고 명확한 리더십을 보여 줄 때, 아들은 이를 본보기 삼아 자연스럽게, 무의식적으로 배웁니다. 아들의 리더십 역시 개인의 능력과 자질처럼 자연스럽게 습득해서 다른 관계에도 적용할 수 있게 됩니다. 이는 부모와 아들 관계를 통해 직접 이루어지기도 하지요. 또는 아들이 부모가 형제자매, 서비스직 근로자나 고객을 어떻게 대하는지, 공적인 직책(지역 정치인이나 교회 교구위원 등)

을 어떻게 수행하는지를 보면서 배웁니다. 그러나 그 과정에서 거만함이나 타인을 업신여기는 태도, 권력 행사 같은 잘못된 모습들을 배울 수도 있습니다. 그러므로 부모는 자신이 아들의 본보기임을 의식해야 합니다.

리더십은 일시적인 성격을 가지고 있어서 아들과의 관계에서 잠시 유지되었다가 다시 사라질 수도 있습니다. 특히 부모의 권위적인 행동과 폭력뿐만 아니라 아들을 존중하지 않는 태도나 자제력 상실은 리더십을 약화시킵니다. 예를 들어, 아들에게 "멍청한 놈"과 같은 욕설을 하거나, 거짓말을 하거나, 갈등 상황에서 갑자기 접촉을 끊어버린다면 체면은 물론 리더십도 잃을 수 있습니다. 또 붉으락푸르락한 얼굴로 아들에게 고래고래 소리를 지르는 부모 역시 체면, 리더십, 자제력을 잃게 되지요. 최악의 경우에는 아들과의 관계까지 무너집니다.

리더십은 한 번 잃고 나면 다시 얻을 때까지 많은 노력이 필요합니다. 서로 신뢰를 다시 쌓고, 부모의 통찰력을 적극적으로 보여 주어야 합니다. 또한 벌어진 일에 대해 사과하고 달라질 수 있음을 행동으로 보여야 합니다.

부모는 아들과의 관계에서 직접적인 접촉, 아들에게 보이는 태도와 입장을 통해 많은 영향을 끼칠 수 있습니다. 리더십은 부모가 어떻게 행동하고, 어떻게 아들을 보고 도우며, 무엇을 해 주는지 등에 주로 영향을 미칩니다. 부모와 아들 관계를 개선하기란 어렵지 않습니다. 그래서 작은 변화만으로 서로 신뢰와 친밀함이 곧바로 강화되고 아들에게 큰 영향을 주는 경우가 많습니다. 이 점에서 부모가 리더십에 관심과 에너지를 쏟을 가치가 있습니다.

부모와 아들의 관계들은 일반화가 거의 불가능할 만큼 매우 개별적입니다. 사람마다 살아가는 모습이 서로 크게 다르기 때문입니다. 따라서 어떻게 리더십을 훈련하고 형성하느냐는 문제는 부모 자신에게 달려 있습니다. 리더십은 항상 개인적인 측면을 지니며 모든 사람은 자신만의 스타일과 방식이 있습니다.

우리가 진행한 한 연구에서, 어떤 남자아이가 상담자로부터 "너에게 좋은 권위를 보여 주었던 사람이 있니?"라는 질문을 받았습니다. 그러자 아이는 "음, 네. 지금으로서는 우리 가족을 꼽을래요. 엄마와 아빠요. 두 분은 정말이지, 두 분만의 방식으로 아주 잘해 주고 계시거든요!"라고 대답했습니다.

저마다의 리더십 외에도 몇 번이고, 보편적으로 형성되는 요소들도 있습니다. 그 요소들은 아들에게 좋은 리더십을 발휘할 수 있는 열쇠로, 이 책에서 계속 언급될 테니 여기서 짧게 소개하고자 합니다. 자세한 내용은 2부에서 이어집니다.

아빠나 엄마가 "그래, 나는 리더십이 있어"라고 말할 수 있는 이유는 부모의 개인적인 태도, 입장과 관련이 있습니다. 리더십이 있는 부모는 단호하며 결단력이 있습니다. 아빠나 엄마로서 책임을 지고, 자신들을 위한 명확함을 추구하지요. '내 아들에게 좋은 리더십을 보이려면 나의 경험, 또 내가 리더십을 통해 배웠던 것을 먼저 파악해야 하지 않을까?' 하는 의식적인 생각은 큰 도움이 됩니다. 여기서 요구되는 또 한 가지는 진실성입니다. 속임수, 기교나 형식적인 행동은 가식적으로 보이며, 아들도 다 알아차리지요.

어떤 부모들은 '어머, 내가 리더십 있는 부모였네! 내가 이렇게 결단력이 있다는 걸 이제껏 생각하지 못했던 것뿐이야!' 하고 깨닫는 순간 깜짝 놀라곤 합니다. 부모 스스로 리더십이 있다고 말하지 않아도, 리더십은 저절로 발산됩니다. 이는 아들과 잘 지낼 수 있는 좋은 전제 조건입니다! 여러 부모가 제게 "제가 이렇게 해도 될까요?", "이게 맞나요?"라고 묻습니다. 저는 아이를 너무도 사랑하는 이 부모들에게 "그럼요, 잘 하고 있습니다!"라고 대답합니다.

부모의 가치관은 리더십에 관련해서 중요한 의미가 있는 열쇠입니다. 아빠와 엄마(둘이 함께, 또는 각자)가 무엇이 자신에게 정말 중요한지를 알면, 그 생각은 태도로 나타납니다. 가치관은 자녀 교육이라는 망망대해에서 쉽게 길을 잡을 수 있게 해 주고 확신을 줍니다. 또한 아들과의 신뢰를 쌓아 줍니다.

가치관이란 쉽게 바뀌지 않으며 어떤 구체적인 목표라기보다는 이정표나 길잡이에 가깝습니다. 부모가 자신의 가치관을 보여 주면 아들은 나아갈 방향을 잡을 수 있습니다. 다만 이때는 부모 스스로가 자신의 가치관을 잘 지킨다는 전제가 있어야 합니다. 그래야 그 가치관이 진실되고 믿을 수 있고 온전하다는 뜻이기 때문입니다. 예를 들어 미리암은 자신과 아들의 신체 건강과 평안함을 매우 중요하게 여기는 엄마입니다. 아들에게도 그 점을 알려 주고자 영양가 높은 식품을 섭취하는 데 신경을 쓰지요. 좋은 음식을 즐겨 먹고, 음식을 잘 먹으면서 자신과 아들이 건강해지면 기뻐했지요.

지금, 곁에 있어 주기

리더십은 관계 안에서, 친밀함과 접촉 안에서 성공합니다. 좋은 리더십을 지닌 부모들을 보면, 아들과 함께 있을 때 행동하는 방식이 눈길을 끕니다. '아들의 곁에 있어 주기', 이것은 부모가 기본적으로 가지고 있는 엄청난 능력입니다. 하지만 훈련되거나 인정을 받는 일이 거의 없습니다. 곁에 있어 주는 것은 아들과 보내는 현재가 다시 오지 않는 순간임을 인정하는 것입니다. '지금 중요한 건 너랑 나(또는 너랑 우리)야. 다른 것은 중요하지 않아'라는 표현과 같습니다. 물론 아들과 함께하는 상황이 한없이 지속되지는 않지만, 현명한 부모들은 세심하고 민첩하게 아들과의 관계에 집중합니다. 그들은 '난 너에게 관심을 갖고 있어', '난 널 위해 책임을 다할 거고, 널 혼자 내버려두지 않을 거야'라는 신호를 보냅니다. 그러고 나면 상황은 다시 좋아집니다. 이로써 부모를 향한 아들의 신뢰도 커지게 됩니다.

현재는 멀티미디어의 홍수와 방해가 넘치는 사회입니다. 이런 시대에 아이의 곁에 있어 주려면 종종 제대로 된 연습이나 결정이 필요합니다. 세 자녀의 부모이자 바쁜 맞벌이 부부인 미하엘과 안토니아는 지금껏 제대로 아들 곁에 있어 준 시간이 거의 없음을 후회합니다. 저는 그들 각자가 아들과 함께 진실된 시간을 보내며 그러한 빈틈을 채울 것을 제안했습니다. 많은 부모가 이들처럼 의식적으로 '멈춤'을 실천하기로 결심합니다. '나는 지금 아들 곁에 있어 주기로 결정했고, 다른 것은 중요하지 않다'라고 마음먹는 것이지요.

부모의 말은 실질적인 메시지를 전달할 뿐만 아니라 관계를 드러내기도 합니다. 엄마와 아빠는 단어와 문장으로, 그리고 몸짓 언어를 이용해 아들에게 '우리가 널 이끌어 줄게'라는 뜻을 전합니다. 메시지는 알아듣기 쉬운 문장, 명확한 말, 솔직한 정보, 정직함 등으로 전달됩니다. 아들은 이러한 어른들의 메시지를 이해할 수 있어야 합니다. 아들이 이것을 잘 알아듣는다는 인상을 받는다면 특별한 노력을 할 필요는 없습니다.

문제가 있다면 저는 부모에게 몸짓 언어에 주의를 기울이고 자세를 바르게 하라고 조언합니다. 또 자신이 한 말을 생각하고, 아들의 입장이 되어보라고 말합니다. 계속되는 장광설은 리더십과는 거리가 멉니다. 리더십이 강한 부모들은 말에 강조점들을 두고 중간중간 쉬어가며 아들의 뇌가 이해하고 생각할 여유를 줍니다. 그리고 말하고자 하는 요점만 직접적으로 말하지요. 그야말로 '명확한 메시지'입니다.

미하엘은 순하고 다소 허약한 남자입니다. 그는 강압적이고 다혈질이었던 아버지를 닮고 싶은 마음이 추호도 없습니다. 그러나 열한 살짜리 아들 니코와의 갈등은 피할 수가 없었습니다. 미하엘은 점점 니코가 자신의 말을 진지하게 받아들이지 않는다고 생각했습니다. 저는 미하엘에게 적합하게 말하는 법을 제안했습니다. 우선 내적, 외적인 자세를 바르게 가다듬고, 니코를 똑바로 쳐다봅니다. 그러고 나서 자신이 화난 이유와 아들에게 원하는 점을 말하는 것입니다.

리더십이 있는 부모는 시간 관리 능력이 뛰어납니다. 아들의 리더 역할을 진지하게 받아들이는 안정적인 부모들은 아들이 필요로 할 때 그들의 시간을 기꺼이, 후하게 내어 줍니다. 어떤 일을 시간을 두고 여유 있게 하는 것은 품위, 침착함, 지식, 능숙함의 표현이며 이는 모두 리더십의 요소입니다. 자녀와 갈등이 있을 때에도 마찬가지입니다.

아들이 규칙을 안 지키거나 숙제를 안 한다면 어떨까요? 많은 부모는 이럴 때 곧장 조치를 취하려다가 순간 분별력을 잃기도 합니다. 하지만 흥분된 상황일수록 마치 슬로 모션처럼 속도를 늦추는 편이 바람직합니다. 리더십 있는 부모라면 아들이 세상에 태어나자마자 말을 하거나 젓가락질을 하지 못한다는 점을 알고, 아들이 배울 때까지 기다립니다.

어느 부모 교육에서 한 아빠가 제게 말했습니다.

"저는 아들에게 식기세척기 좀 비우라는 말을 수년 간 했어요. 아들은 처음에는 한숨을 쉬고 반항했죠. 그런데 언젠가부터 아이가 "네, 할게요"라고 말하며 정말 하더라고요. 그리고 믿어지지 않지만, 심지어 요즘에는 시키지 않아도 알아서 식기세척기를 비워 놓곤 해요. 참고 견딘 보람이 있다니, 얼마나 행복한지 몰라요!"

아들을 존중하는 태도

가족 구성원은 각자 다르지만 똑같이 가치 있는 존재입니다. 존중이란 서로 인정하는 태도이지요. 아들은 스스로 존중을 받는다고 느껴야 부모와 다른 사람들을 더 잘 존중합니다.

아들을 존중한다는 것은 아들을 중요하게 여기고, 바라봐 주고, 아들의 욕구를 알아차리고, 신경써 주며, 세상에 하나뿐인 존재로 받아들이는 것입니다. 아들을 존중하는 태도는 아들을 아름다운 존재로, 이만큼 성장한 지금 모습 그대로 바라보는 것입니다. 부모는 그런 태도를 통해 아들을 믿게 되며, 이는 아들에게도 고스란히 전달됩니다.

어느 아빠가 제게 말했습니다.

"저는 아들과 대화할 때 무릎을 꿇는 등, 눈높이를 맞추는 것을 좋아합니다. 이는 존중과 리더십을 보여 주는 행동이니까요. 어려울 것은 전혀 없습니다!"

사람들을 존중하며, 어울려 살다 보면 언제나 약속과 규칙이 필요합니다. 어른들은 어떤 규칙이 통용되며 중요한지를 알고 있습니다. 그래서 아이들에게 그것을 가르치지요. 규칙이란 종종 내키지 않는 일이라 익히는 데 시간이 걸릴 수 있고 아들의 기억 속에서 서서히 확립됩니다.

부모가 규칙을 다루는 방식(규칙 지키기, 규칙 협상, 규칙이 지켜졌을 때의 피드백 등)이나, 규칙이 지켜지지 않았을 때에도 리더십은 드러납니다. 이때 극적인 상황을 연출할 필요는 없습니다. 대부분은 사소한 일, 그리고 아들에게 잘못을 깨닫도록 하는 문제이지요. 그러므로 처음부터 과하게 반응하거나 벌을 주는 것은 옳지 않습니다. 규칙은 자유를 조직하는 수단이지, 그 자체가 목적이 아닙니다.

규칙은 반드시 있어야 하지만 건강한 척도가 필요합니다. 아들은 반복을 통해 규칙을 배웁니다. 예를 들어 "밥을 먹고 난 뒤에는 상 치우는 것을 도우렴. 그래야 밖에 나가서 놀 수 있어"라고 여러 번 알려 주는 것이지요.

규칙의 반복이나 유머러스한 충고만으로도 결과적으로는 도움이 될 때가 많습니다. 또 아들은 때때로 자신이 좋아하는 것을 부모가 허용하지 않을 때 깨달음을 얻기도 합니다. 약속한 텔레비전 시청 시간이 지났는데도 텔레비전를 끄지 않는다면 어떻게 해야 할까요? 다음날에는 텔레비전 시청 시간을 없애는 것입니다.

부모의 리더십이 더 많이 요구되는 문제들 역시 반복됩니다. 요즘

유독 뜨거운 논란이 되는 두 가지는 바로 '학교'와 '미디어'라는 굵직한 문제들입니다. 이에 대해서는 뒤에서 자세히 다룰 예정입니다.

물론 아들은 삶의 다른 분야들, 즉 건강(영양, 운동 및 스포츠), 취미 생활, 인간관계(공손함, 예절, 멸시나 소외에 대처하는 자세)에서도 리더십과 명확한 메시지를 필요로 합니다. 이렇듯 문제는 너무도 많아서 그것들을 전부 설명하다가는 이 책의 적정 분량을 훨씬 넘어서겠지만, 단편적인 내용들은 책 곳곳에 담겨 있습니다.

일상에는 아들과 갈등이 일어나기 쉬운 상황들이 아주 많습니다. 화장실 사용에서부터 청소, 여럿이 함께하는 식사 시간까지 포함되지요. 또 매너, 성, 음주 문제 등 다양합니다. '아들 키우기 핵심'에서는 이처럼 아들 부모들이 항상 고전하는 다양한 문제를 찾아보세요. 잘 알고 있는 문제도 있을 것이고, 특별한 해결책이 요구되는 경우도 있을 것입니다.

주의할 점은, 부모의 리더십은 묘약이 아니며 한계가 주어진다는 것입니다. 아무리 부모가 리더십이 지녀도 그것이 다른 요구들을 대체할 수는 없습니다. 부모의 사랑과 침착함, 인품과 자신감을 리더십만으로 채울 수는 없습니다. 신체적 접촉이나 애정 표현, 다정함도 마찬가지이지요. 빈곤하게 사는 남자아이에게는 리더십이 아니라 경제적 상황의 호전이 더 도움이 됩니다.

부모가 끊임없이 다투거나 이혼해서 삶의 위기를 맞은 아들은 리더십만으로는 진정되지 않습니다. 아무도 삶의 희망을 제시해 주지 않아 미래에 대한 기대가 없는 아이들 역시, 리더십만으로는 아무 것도 해결되지 않지요. 소외된 아이도 리더십보다는 보호와 소속감이 더욱 필요합니다. 즉 리더십이 전부는 아니지만, 그래도 리더십 없는 아들 교육은 성공하기 어렵습니다.

더 알면 좋아요!

남자아이들은 대부분 개인적인 권위를 요구합니다. 그것은 남자아이들의 온전한 발달에 꼭 필요합니다. 간혹 그렇지 않을 때도 있습니다. 아이들은 저마다 무언가를 타고나며 우리는 이를 본성, 성격, 또는 정신적 특징이라 부릅니다.
그런데 삶에 적응하기를 매우 힘들어하는 아이들도 있습니다. 이런 경우 부모는 모든 것이 올바르게 되어가도록 더 큰 노력을 기울이겠지요. 하지만 아이가 받아들이지 못하면 그 노력은 별 소용이 없으며 결국 큰 문제들이 생깁니다. 이때에는 오히려 큰 권위가 잘못된 방법이 될 수도 있습니다.

개성이 제각각인 남자아이들

아들은 명확한 방향 제시 없이는 제대로 성장할 수 없으며, 그래서 이끌어 줄 부모가 필요합니다. 대부분의 부모는 이런 사실을 잘 알고 있습니다. 하지만 부모가 다 다르듯이 아들도 다 다릅니다. 예를 들어, 작은 리더십만으로 충분한 아이가 있습니다(작은 힌트나 공감해 주는 피드백과 같은 아주 작은 것도 소중히 여기는). 반면에 부분적으로나 전체적으로 명확한 메시지와 어느 정도 뚜렷하고 확실한 리더십이 필요한 아이도 있습니다. 또 어떤 아이는 간혹 도발적이긴 하나 그 외에는 매우 협조적입니다. 더 큰 친밀함을 필요로 하는 아이들이 있는가 하면, 더 적어도 되는 아이들도 있습니다. 그리고 심지어는 같은 부모를 둔 형제들 간에도 차이가 있을 때가 많습니다.

남자아이는 왜 그럴까?

리더십 있는 어른과 남자아이들이 의식적으로든, 무의식적으로든 (대부분의 경우) 함께 살아가는 일은 사실 전혀 복잡하지 않습니다. 적어도 남자아이들과 전반적으로 잘 지내는 어른들을 보면 정말 쉬워 보이지요. 그러나 요즘은 많은 부모가 리더십을 발휘하는 일을 어렵게 여깁니다. 그 이유는 아들, 아들이 세상에서 겪는 난관들, 부모와 아들의 갈등, 무엇보다도 학교와 미디어라는 문제와 부모로서의 태도와 역할에 관한 불안 때문입니다.

저는 여러 학교를 다니며 교사들, 남학생들과 만날 기회가 많았습니다. 남자아이들, 부모들, 교육 전문가와 교사들과 만나면서 매번 온갖 원인에서 비롯된 다양한 문제들을 접했습니다. 교육을 하다가 난관에 부딪치는 것은 어떤 면에서는 당연한 일입니다. 하지만 언젠가부터 아들 문제에 대한 징후가 더 자주 나타나고 있습니다. 저만 그렇게 보는 것이 아니라 동료들, 제가 의견을 부탁한 교육 전문가들도 제 연구와 비슷한 사례들을 보고했습니다.

언뜻 보면, 여자아이들에 비해 남자아이들이 더 다루기 힘들고 박약해 보입니다. 전문가들의 눈길이 주로 남자아이들에게 집중되는 이유도 바로 이것입니다. 남자아이들은 뭔가가 부족하고 나이에 걸맞게 발달되지 않은 듯이 보입니다. '남자아이들은 왜 그럴까?'라는 의문과 함께 비로소 진짜 원인들이 전면에 드러나고 있습니다.

다른 때에는 아주 유능한 남성과 여성들이 아들 부모 역할에서는 자신감을 잃습니다. 양육자로서의 안정감을 거의 찾아볼 수가 없지요. 그들은 끊임없이 '어떻게 하는 것이 올바른 행동일까?', '내가 무엇을 하면 될까?', '지금 내 생각대로 밀고 나가야 하나?', '목소리를 좀 더 크게 내야 하나?', '내가 너무 지배적인가?', '내 주장을 펼쳐도 될까? 그랬다가 권위적으로 보이지는 않을까?'라는 질문들을 스스로에게 던집니다.

이처럼 많은 부모가 가정에서 리더십을 발휘하고 싶어 하지만, 어디로 방향을 잡아야 할지 몰라서 그러지 못합니다. 이런 경우에는 아들에게 부모가 나아갈 방향을 알고 있다는 신뢰나 확신을 줄 수 없겠지요. 또는 부모 스스로가 무의식적으로 부모 역할의 수행을 거부하기도 합니다.

자기 일을 잘 해내는 부모들조차 아들을 양육하면서 불안해하는 모습이 눈에 띄게 자주 보입니다. 그들은 아주 올바르게 행동하면서도 계속 스스로에게 '내가 아들한테 너무 엄격한가? 좀 더 자유롭게 해 주어야 할까?', '내가 너무 풀어 주나? 더 엄격하게 제한해야 하나?', '내 아들이 잘못 크고 있나?', '아빠 또는 엄마로서 내가 더 완벽해져야 하나?'라고 묻습니다.

한 아빠가 말했습니다.

"저는 가끔 스스로가 싫을 정도로 아들 필립에게 심하게 엄격해집니다. 그럴 때면 아들에게 너무 미안해서 더 너그럽고 다정하게 대해 줘야지, 하는 생각에 또 한없이 관대해지죠. 하지만 그러다 보면 다시 참지 못할 만큼 심한 상황으로 치닫습니다. 그럼 저는 또 험한 말을 하며 모든 것을 금지시키죠. 그렇게 전부 원점으로 돌아가는 거예요."

양육 방향에 대한 불안 속에서 부모들이 보이는 반응은 서로 다릅니다. 어떤 부모는 엄격하리만치 냉정하고 완고하고 편협해집니다. 전통, 법, 진실에 집착해 아들을 제압하고, 갈등 상황에서 항상 승자가 되려고 합니다. 반대로 어떤 부모는 분명함이 전혀 없고 애매하게 행동합니다. 아들에게 어떤 요구를 하거나 과제를 맡기거나, 약속을 하거나 제한을 두기를 꺼립니다. 아들이 그 어떤 제한이나 좌절도 경험하지 않기를 바라는 것입니다. 그러면 아들은 뭐든지 마음대로 하고, 부모는 갈등이 생기면 져 주기로 마음을 먹지만 속으로는 괴로워하는 경우가 많습니다. 또 어떤 부모는(아마 이런 부모가 과반수일 텐데) 엄격함과 관대함 중 한쪽을 고수하지 못하고 오락가락합니다. 이때 아들은 한계가 어디인지, 또 어느 시점에 부모의 감정이 이쪽 또는 저쪽으로 기울어질지 알 수가 없게 됩니다.

미하엘과 브리기테는 집에서 두 아들을 대할 때 다음과 같이 역할을 분담합니다. 아빠는 규칙과 한계를 정해 주고, 엄마는 이해심 많고 잘 돌봐 주는 역할이지요. 미하엘은 항상 자신이 악역을 맡은 듯한 기분이라 그 역할이 마음에 들지 않습니다. 스트레스가 생기면 그가 아들의 화를 받아 주어야 하지요. 반면 브리기테는 '선한 역할'이라 그런 문제가 없습니다. 그래서 두 사람은 역할을 바꿔보기로 했습니다. 매주 평일 중 하루는 아빠가 아들들이 무엇을 해도 너그럽게 봐주고, 반대로 엄마가 모든 규칙과 한계를 정합니다.

남자아이들을 더 혼란스럽게 만드는 점은 부모가 대부분은 한 쌍, 즉 두 사람이라는 사실입니다. 부모는 간혹 그들의 리더십의 방향을 달리해 주로 아빠는 엄격하고 엄마는 너그러운 태도를 보일 때가 많습니다. 이는 전통적인 부모 관계에서 더 자주 볼 수 있는 방식이지요. 하지만 그와 다른 방식의 분담도 생겨났습니다(특히 부모가 따로 사는 경우에는 역할이 바뀌기 쉽지요). 예를 들면 어떤 가정은 엄마가 일상에서 조직과 신뢰를 구축합니다. 그리고 아빠는 주말에 함께 시간을 보내거나, 휴가를 갔을 때 너그럽고 한없이 관대한 태도를 보이지요.

남자아이들에게 부담을 주는, 특히 논란이 되는 조합은 부모가 극단적인 차이를 보일 때입니다. 지나치게 엄격한 아빠와 지나치게 관대한 엄마, 또는 지나치게 관대한 아빠와 지나치게 엄격한 엄마(훨씬 드문 경우입니다)가 있지요. 이러한 양극화는 아들에게 내면의 갈등을 일으킵니다. 아들은 양쪽 중 하나를 선택해야 한다고 생각하여 나머지 한쪽을 거부하게 됩니다. 하지만 아들의 진정한 성공을 위해서는 양쪽이 모두 필요합니다.

부모의 불안은 아들의 방황을 부른다

부모가 자신의 태도를 불안해하면 아들에게 치명적인 결과가 초래됩니다. 아들은 외부로부터의 지지와 방향 제시에 의존하는데, 유년기와 청소년기에는 이것이 특히 부모의 책임이기 때문입니다. 불안한 부모를 둔 아들은 의지할 곳을 찾기 힘들어집니다. 그러면 그 나이 때 가질 수 있는 불안감 속에 홀로 남겨져 정서적으로 안정되지 못할 수 있습니다. 자신을 둘러싼 애매함을 극복하는 데 많은 에너지를 소비하다 보니 다른 곳에 쓸 에너지가 부족해지는 것입니다. 이러한 불안을 경험한 아들은 결코 성숙하지 못하거나, 더 큰 내적 갈등을 겪게 되지요. 전폭적인 보살핌을 필요로 하는 시기에 발전 없이 머물러 있을 수 있습니다. 혹은 거만한 태도를 보이거나, 항상 자기중심적인 사고에 빠져 있기도 합니다.

남자아이들의 여러 사소한 문제들이 학교에서 가장 많이 발생하는 이유는 우연이 아닙니다. 학교에서는 남자아이들이 서로를 자극하지요. 또한 함께하는 사람들 간의 상호 작용이나 태도 등을 뜻하는 집단 역학이 큰 영향을 미치므로 문제점이 더욱 부각됩니다. 이런 상황에서 남자아이들은 자신이 진짜 추구하는 것(든든한 지지, 방향 제시, 안정감)에 대해 깊이 생각하지 못하며, 관심사를 명확히 표현하지 못합니다(그 나이 때에는 그럴 수 있습니다).

남자아이들이 다루기 힘든 행동을 보이는 원인은 밝혀지지 않고,

학교 측에서 집집마다 찾아가 볼 수도 없는 노릇입니다. 게다가 그 문제들은 지속적이지도, 매번 눈에 띄지도 않지요.

남자아이들은 때에 따라서는 아주 잘 행동하지만 어떤 조건이 충족되면 각 아이들에게서, 또는 그룹 내에서 좋지 않은 역학이 발생합니다. 한편으로 이것은 반 구성과 아이들 간의 관계에 달려 있습니다. 다른 한편으로는 교사들이 학부모들과 마찬가지로 약한 리더십을 보이는 경우에 상황이 더 격한 분위기가 되기도 합니다.

눈에 띄는 점은 이런 현상이 많은 가정에서, 모든 사회 계층에서 나타난다는 것입니다. 과거에는 이런 일을 문제가 있는 가정에서 자란 다루기 힘든 아이들에게서나 볼 수 있었습니다. 예를 들면 사회적 지원이 필요한 청소년이나 부모와의 유대가 없는 아이들 등이지요. 그러나 오늘날에는 그런 문제점이 중심까지 잠식하고 있습니다. 아주 일반적인 남자아이들과 아주 보통의 가정까지 말이지요. 20년 전에는 반마다 한두 명에게 그런 결함이 있었다면, 요즘은 그 수가 3분의 1 이상인 경우가 많습니다. 청소년기에는 그러한 '문제아'들이 늘어나는 현상이 자연스러웠으나, 오늘날에는 5세나 6세부터 사춘기 말에 이르기까지 모든 나이대에서 관찰됩니다.

그렇다면 우리는 파국에 이른 것일까요? 아무런 가망이 없는 상황일까요? 결코 그렇지 않습니다. 불안을 조장하고, 절망하고, 남자아이들의 상황을 심각하게 볼 이유는 전혀 없습니다. 우리가 무교육이나 무규율 시대에 사는 것도 아니고, 남자아이들이 두 손 두 발 다 들고 아무 것도 안 하겠다고 선언한 것도 아닙니다. 현재 눈에 띄는 결핍과 경향이 그렇다는 것이지요. 우리는 그에 대해 무언가를 할 수 있고, 또 해야 합니다. 경험상, 남자아이들뿐만 아니라 부모와 교사들의 노력도 필요합니다. 부족한 것은 교육이라는 정글 속에서 방향 잡기, 충분한 설명과 허용, 남자아이들에게 명확한 리더십 보여 주기입니다.

더 알면 좋아요!

부모와 기타 교육자들은 일반적으로 자기가 할 일을 잘 해냅니다. 나아가 아들에게 안정적이고 활기차고 자신감 있는 모습으로 항상 긍정적인 인상을 주는 아주 훌륭한 부모들도 있습니다. 아들을 잘 키우고 싶어 하는 부모들도 많습니다. 아들들에게 도움이 되는 것은 분명한 지원과 방향 제시입니다.

마마보이로 키우지 않으려면

모든 교육적 관계는 처음부터 불균형합니다. 특히 부모에게는 권력이 주어지지요. 신체 사이즈와 신체적, 정신적인 힘, 나이와 그에 따른 삶의 경험, 능력, 권한, 지식, 자격, 통찰력, 지위, 돈, 재산, 자유, 책임 등에서 우위를 차지합니다. 아들의 모든 나이대(물론 사춘기도 포함!)에 부모는 아들의 상태와 행동, 발달에 매우 큰 영향력을 갖습니다. 부모가 권력과 영향력을 행사하는 방식은 리더십에서 아주 중요한 요소입니다.

예전에는 아이들이 부모의 권력에 무조건 복종해야 했고 그 결과 아이의 반항, 정신적 문제나 겉으로만 그럴 듯하게 꾸미는 겉치레 행동 등이 나타났습니다. 오늘날에도 권위적인 부모들이 있지만, 대부분의 사람들은 이를 매우 비판적으로 받아들입니다. 요즘에는 오히려 반대로 부모가 아이에게 져 주는 경우를 자주 봅니다. 어떻게 해야 좋을지 몰라서, 또는 아들과의 갈등을 피하고 싶어서 리더십을 포기하는 것이지요. 별 수 없이 아이에게 굴복하는 것과 부모로서의 권력을 포기하는 것 모두, 권력 남용에 해당합니다.

세 살배기 루카를 밤에 재울 때마다 극적인 상황이 벌어진다고, 루카의 엄마는 말했습니다.

"침대에 눕혀 놓으면 금세 다시 거실로 나와서 못 자겠다고 말하곤 해요. 몇 번이나 그러고 나면 저와 남편은 짜증이 나고, 그러다 제가 언성을 높이면 결국 루카는 울음을 터뜨리죠."

그녀는 아들의 입장에서 생각해 본 뒤, 루카가 부모를 화나게 하려는 것이 아니라 무서워서 자꾸 일어났음을 알게 되었습니다. 이에 루카의 부모는 더 애정 어린 리더십을 통해 아들을 지지해 주기로 하고, 좀 더 길고 일관적인 수면 의식을 해 주었습니다(발, 다리, 가슴 쓰다듬기, 인형 놓아 주기, 수면등 켜 주기 등).

아들에게 우위를 넘겨주는 부모

부모와 아들의 리더십 관계는 서로 같은, 동등한 관계가 아닙니다. 그러나 어린 남자아이들을 동등한 파트너로 보고 그에 상응하게 행동하는 보호자는 아이들에게 무리한 요구를 하는 것이지요. 남자아이들은 심지어 청소년기에 접어들어서도 결정을 잘 못 내릴 때가 있습니다. 이는 통찰력이 부족하거나, 다른 것보다 욕구 충족에 더 집중하기 때문입니다. 이런 경우에도 남자아이들에게는 부족한 것을 보충하기 위한 리더십이 필요합니다.

리더십 있는 어른들은 항상 우위에 있으며 관계에 영향을 미칩니다. 이런 상황을 감추려 할 때, 가령 모두가 항상 동등한 파트너인 척 할 때 난관이 발생합니다.

모든 양육과 교육 활동 또한 자동으로 리더십과 연결됩니다. 원래 독일어에서 '교육자(Pädagoge)'라는 단어는 '소년 지도자'를 의미하기도 했습니다. 지도자는 목표를, 아니면 적어도 다음에 나아갈 단계를 알고 있는 사람이지요. 어른들이 역할을 혼동하면 남자아이들과의 관계를 해쳐 그 관계마저 불분명하게 만듭니다.

아이들이 볼 때 온전한 어른은 그들의 우위를 자각하고 있습니다. 동시에 그 불균형을 서서히 줄여가는 데 관심을 둡니다. 즉, 어른으로서의 우위를 줄여감을 관계의 목표로 삼고 계속 주시하는 것이지요. 남자아이가 성인 남성이 되면 보통은 균형이 맞춰집니다. 명확하고 침착한 어른은 그러한 성장과 격차의 감소를 기뻐합니다. 다 자란 아들은 휴대폰이나 컴퓨터를 다룰 때처럼 전문적인 능력을 비롯한 여러 영역에서 아빠와 엄마를 능가하게 됩니다. 명확한 리더십을 지닌 부모는 그 사실을 자랑스럽게 여깁니다. 그리고 기꺼이 자신의 '우위'를 아들에게 넘겨줍니다.

리더십의 파트너로서 아들은 얻는 것이 있지만, 일단 그 리더십을 따르려면 부모와 아들 사이의 신뢰가 필요합니다. 확실하고 실용적인 리더십 관계라면 아들은 자발적으로 따릅니다. 그런 이상적인 경우에는 아들에게 무엇도 강요할 필요가 없습니다. 다만 이끄는 사람은 무언가 줄 것이 있는 사람으로 인식되어야 합니다. 리더십은 금지 없이는 불가능하지만, 그 금지가 권력의 과시가 되어서는 안 됩니다.

반면에 이기적이거나 자아도취적인 부모는 관계의 격차를 위계로 이용합니다. 그 차이를 강조하고 유지하거나, 심지어는 더 벌어지게 만들려고 합니다. 엄격함, 규율, 맹목적인 복종과 종속을 요구하는 부모는 자신의 유익에만 집중하는 경우가 많습니다. 리더로서 적합하지 않지요.

인간은 개인인 동시에 사회적 존재입니다. 교육은 개인의 발전뿐만 아니라 공동체의 발전, 그리고 사회의 존속과 발전에도 관심을 기울여야 합니다. 그 과정 속에서 불편한 것들도 있습니다. 이 역시 숨길 일이 아닙니다. 특히 교육 기관인 학교는 여러 분야에서 의무적이고 강제적입니다. 가정에서 배우는 것에도 강제적인 부분이 있고 앞으로도 그럴 것입니다. 학교와 관련해서는 우선 취학 의무가 강조되어, 부득이한 경우에는 경찰이 개입하기도 합니다. 이는 독일의 경우에 남자아이들과 관련하여 문제가 될 때가 많습니다. 남자아이들은 여자아이들에 비해 취학 의무를 회피하려는 비율이 훨씬 더 높기 때문입니다. 예를 들면 남학생들이 학교를 더 자주 빠지며, 전체 학업 기피자 중 3분의 2는 남학생들입니다.

그럼에도 대부분의 남자아이들은 불균형한 관계를 맺거나, 그런 관계로 이끌려 들어갈 준비가 되어 있습니다. 우선은 타고난 특성이 그 원인입니다. 물론 이 특성은 개인별로 다르며, 삶의 단계별로도 달라서 어떤 때에는 더 크게(유년기), 어떤 때에는 더 적게(사춘기) 나타납니다. 하지만 청소년기에도 남자아이들은 부모를 기쁘게 해주고 싶어 하는데, 부모는 정말 불행해졌을 때에야 이것을 뼈저리게 느끼게 됩니다.

남자아이들은 쓸모 있는 존재, 다른 사람들에게 도움이 되는 존재가 되고자 합니다. 적어도 중기적으로는 사회에 일조하려고 하지요. 비록 그 아이들의 사회적 측면을 항상 첫눈에, 또 모든 아이에게서 발견할 수 있는 것은 아니지만 말입니다. 남자아이들이 사회적 문제에 관여하고 자기보다 어린 동생들을 보호하고 안내하는 모습, 또 다루기 힘들었던 아이들이 양로원에서 봉사하는 학교 과제를 잘 해냈을 때 자부심을 갖는 모습을 지켜본 사람이라면, 그것이 무슨 의미인지 알 것입니다. 심지어 아주 거친 남자아이들 중에서도 직업, 아내, 아이들, 집, 차, 대형 텔레비전, 고급 소파 등에 대한 매우 강한 갈망을 품고 있는 경우를 종종 보게 됩니다.

남자아이들은 소속되기를 원하고, 삶이 어떻게 돌아가는지 배우고 싶어 합니다. 그리고 공동체에서 자신의 자리를 찾기 위해 자기 개발과 교육에 관심을 갖습니다. 그래서 그들은 타인의 욕구를 존중하는 법을 배울 준비가 되어 있습니다. 또 부모, 형제자매, 교사를 비롯한 다른 사람들이 느끼는 삶의 기쁨에 부분적으로 책임이 있음을 인정합니다. 명확하고 애정 어린 리더십은 그 아이들의 그런 바람에 대한 응답입니다. 어떤 사람은 그 아이들이 잘 성장하고, 어떤 분야에 정통하거나 좀 더 앞서 간 사람으로부터 무언가를 얻기를 기대합니다. 그래서 자신의 개성을 지키고, 그 개성으로 사회에서 좋은 위치를 찾기를 바랍니다. 남자아이들은 누군가가 그렇게 해 주기를 바라고 기다리다가, 기회가 오면 바로 달려듭니다.

하지만 여기에는 종종 함정이 있습니다. 리더십은 설득력이 있을 때만 효과가 있다는 점이지요. 남자아이들은 단지 역할(아빠, 엄마, 교사 등)만 보고 무조건 복종하지는 않습니다. 틀에 박히고 규격화된, 활기와 애정이 없는 리더십에는 결코 혹하지 않는다는 말입니다. 아이들이 충분히 실행되지 못한 리더십에 대해 회의를 갖는 일은 매우 타당합니다. 성공적인 리더십이란 결단력이 있어야 하며, 신뢰와 매력을 줄 수 있도록 제시되고 설계되어야 합니다. 그래야 아이들은 그것을 존중하고 활용할 수 있습니다.

팀은 닌텐도 위(Wii) 게임에 푹 빠져 있었습니다. 한 시간 동안 게임을 하고 약속한 시간이 되어 끝낼 때마다 난리가 났습니다. 팀의 부모는 아들이 난리칠 때마다 벅찼지요. 팀이 어찌나 성을 내는지, 아빠인 에리히는 그로부터 한참 뒤에야 다시 아들에게 말을 걸 수 있을 정도라고 합니다. 아홉 살밖에 안 됐는데 이게 정상이냐고, 당황한 에리히는 제게 물었습니다. 저는 그런 갈등은 아주 흔한 일이라고 그를 진정시켰습니다. 우선 시간을 정해 두는 것은 옳은 일입니다. 팀은 약속을 지키는 법을 배워야 합니다. 그리고 에리히는 아들과의 관계도 중요하지만 그 약속을 철저히 지켜야 합니다. 아홉 살에게 한 시간은 충분히 긴 시간입니다. 어쩌면 팀이 그렇게 '미쳐 버리는' 이유는 부모가 단호한 행동을 보이지 못했기 때문은 아닐까요? 아니면 아빠와 엄마가 강조하는 것이 서로 달라서는 아닐까요?

상담 후에 팀의 부모는 다른 방법으로 상황에 접근해 보기로 했습니다. 팀과 차분히 앉아서(즉, 이미 갈등이 고조되었을 때가 아니라) 게임을 너무 많이 했을 때의 결과와 그들의 걱정에 대해 이야기했지요. 팀이 화를 내거나 난리를 피우면 하루 동안 게임을 못할 것이라고 통보하고, 게임 시간이 끝나기 10분 전에 미리 팀에게 알려 주기로 약속했습니다. 자, 어떻게 됐을까요? 그때부터 게임을 끝내는 일이 문제나 소란 없이 잘 진행되었습니다.

의존성을 키우는 과한 자원

어린 남자아이들에게 어른들과의 관계는 내적 안정감이 성장할 수 있는 연습장과 같습니다. 만약 아이가 안정적인 리더십을 경험하지 못하고 너무 일찍 동등한 수준으로 대우를 받는다면 과중한 부담을 느끼게 될 것입니다. 물론 파트너십 관계도 부모와 아들 관계의 목표 중 하나입니다. 하지만 어린 남자아이들은 아직 파트너 역할을 할 능력이 부족합니다. 우리는 남자아이들이 아직 의존적일 수밖에 없는 어린아이이지, 성숙하고 사려 깊은 상대가 아님을 당연시해야 하지요.

너무 이른 파트너십이든 요구를 거의 하지 않는 과보호이든 간에, 두 가지 모두 남자아이들에게 부담이 됩니다. 항상 너무 많은 것을 받는 남자아이들은 그 무엇도 쟁취하거나 기다릴 필요가 없고, 아무것도 할 필요가 없습니다. 무언가를 얻기 위해 헌신할 필요도 없지요. 스스로를 돌볼 필요 없이 돌봄만을 받는 동시에 추진력은 퇴화됩니다. 자기 능력에 대한 자부심과 동기는 제대로 발달하지 못하고 심지어는 파괴됩니다.

도전과 경험을 해야 한다는 불편한 진실을 극복해보지 않은 아이들은 자신의 욕망에 쉽게 사로잡히거나 현재 지향적인 성격이 강합니다. 관계를 맺을 만한 능력도 상황도 안 되지요. 이러한 아이들은 청소년이 되었을 때 의존적 성향을 갖기 쉽습니다. 어떤 아이들은 사회생활에서 의존적인 모습을 보입니다. 또 어떤 아이들은 주로 자기 방에서 주구장창 인터넷만 하며 전적으로 남의 도움에 의지한 채 은둔 생활을 하기도 합니다.

어른들에게 주어진 더 많은 자원과 자유는 청소년기 남자아이들에게 종종 열망을 불러일으킵니다. '나도 저걸 갖고 싶어!'라고 생각하게 되지요. 그런 경우에는 기다리는 법을 배우거나, 원하는 것을 갖든지 쟁취해야 하지요(그에 따라오는 갈등들을 참고 견디며). 이때에도 성별 역학이 작용합니다. 아들은 자신을 아빠나 다른 남성과 동일시합니다. 동성이라는 사실 등으로 인해 그러한 열망은 특별한 유사성을 띠게 되지요. 따라서 남성 보호자들과의 긴장이 발생합니다. 과거에는 아빠와 아들 사이의 긴장감이 사그라질 줄 모르고 타오르다 폭발했습니다. 세대 간 갈등의 핵심이 바로 여기에 있지요. 오늘날 이러한 긴장은 오히려 더 일반화되어, 특히 학교의 모든 어른들에게 영향을 미칩니다.

야노쉬는 15세입니다. 야노쉬의 아빠는 중소기업을 운영하며, 행정 전문가로 일하던 엄마는 두 아이가 어느 정도 클 때까지 휴직 중입니다. 야노쉬는 원하는 것은 거의 무엇이든 얻습니다. 아무런 문제 노력을 하지 않아도 모든 것이 다 갖춰져 있습니다. 야노쉬는 어떤 상황에서든 교묘하게 잘 빠져나갑니다. 하지만 학교에서 자꾸만 문제를 겪습니다. 특히 독일어 선생님과 심한 갈등을 겪고 있습니다. 야노쉬는 선생님의 요구와 지켜야 할 규칙을 받아들이지 못해 매번 화를 내며 길길이 날뜁니다. 선생님도 더 이상은 참을 수 없어서 그를 학교에서 쫓아내고 싶어 합니다. 마침 야노쉬는 두 번째 인턴십을 앞두고 있는데, 인턴십을 할 곳을 혼자 알아서 정해야 할 상황이 되었습니다.

이런 상황에서 학교 사회복지사가 야노쉬를 돕겠다고 자청했습니다. 야노쉬는 사회복지사에게, 인턴십할 곳을 열심히 찾아보겠다고 약속했습니다. 다음 만남에서 야노쉬는 이미 세 군데를 찾았는데, 그중 어디를 가도 잘할 수 있다고 단언했습니다. 하지만 결국 모두 거짓이며, 그가 실은 아무 것도 하고 있지 않았다는 진실이 밝혀졌습니다. 마지막 순간에 야노쉬의 아빠는 자신의 거래처에 아들의 인턴십 자리를 마련했습니다. 그곳은 야노쉬가 2년 전에 이미 첫 번째 인턴십을 마친 곳이었습니다. 야노쉬에게 어떤 즐거움이나 흥미도 없는 곳이었지요. 야노쉬는 주어진 상황에 확신이 없을 때면 아빠가 상황을 바로잡아 주리라고 믿습니다. 그리고 명확한 리더십을 경험하지 못했기 때문에 결국 실패하고 맙니다.

더 알면 좋아요!

부모의 너무 많은 걱정은 너무 적은 걱정과 마찬가지로 아들을 힘들게 합니다. 도리어 권위는 금지할 것이 있는 부모가 아니라, 아이에게 무언가 줄 것이 있는 부모에게 있습니다.

함께하는 식사

함께하는 식사는 가족을 만듭니다. 가족이 함께 식사하는 시간은 기본적인 연결고리이지요. 또한 사춘기 자녀가 있는 가정에서 함께하는 식사는 가족이 다 함께 보내는 유일한 시간이 되고는 합니다. 그 중요성이 커지다 보니, 부모가 식사 시간을 위해 노력을 기울이는 것도 당연합니다.

산업화로 인해 경제적으로 풍요로워지고, 노동 시간이 변화하면서 사람들의 식단과 식습관이 바뀌었습니다. 언제, 어떻게 먹어야 한다는 의무적인 규칙은 사라졌습니다. 식단은 점점 더 개별화되어, 사람들은 각자 자기에게 맞는 때에 먹습니다. 이에 따라 여러 부분에서 원칙과 연결고리가 사라지게 됩니다. 이러한 변화의 좋은 점은, 권위적인 관점 또한 눈에 띄게 사라진다는 것입니다("점심은 12시 정각에 먹을 거야!" 혹은 "애들은 밥 먹을 때 조용해야 해!" 같은). 강압적인 태도는 식사 시간을 아이들에게 스트레스로 만들었지요.

동전의 이면과 같이, 개별화된 '각자 밥 먹기'는 가족 간의 유대 관계를 없애버리거나 애초에 생기지 않게 합니다. 부모는 가족의 연결고리로써 함께하는 식사의 중요성을 잘 알기에, 구미가 당기는 식생활을 조성하고자 노력합니다. 식사 시간에 가능한 한 스트레스가 적은, 좋은 분위기를 만들고자 하지요. 대부분의 경우에 엄격한 규칙 같은 것은 전혀 필요치 않습니다. 중요한 점은 가족과 함께하고 대화하고 즐기는 것입니다. 따라서 아이와 함께 식사할 때는 나중에 해결해도 되는 갈등이나 숙제하기 같은 사안에는 최소한의 시간만을 쓰도록 해야 합니다. 또 아들의 사춘기 시기에도 식사하는 시간이 권력 다툼의 장으로 변질되어서는 안 됩니다.

명확한 부모는 원칙만을 고수하는 것이 아닙니다. 유연하고 참을성 많은 태도를 보이면서도, 함께 식사하고 싶은 바람과 욕구를 분명히 표현합니다.

주방과 식탁은 가정의 중심이며, 따라서 남자아이들에게도 이롭습니다. 그곳은 일상에 규칙성, 좋은 리듬과 일관된 양식을 부여합니다. 함께하는 식사에서는 음식의 가치와 공통된 경험에 중점을 두어야 합니다. 휴대폰이나 계속 틀어놓는 텔레비전 소리는 물론이고 라디오에서 들리는 음악이나 잡담도 당연히 없는 편이 낫지요. 여유 있게 식사하면 언제 배가 부른지도 더 잘 느낄 수 있습니다.

학습과 갈등이 동시에 이루어지는 분야는 식탁 문화, 즉 식사 예절입니다. 부모는 아들이 보고 따라하는 대상입니다. 식사 예절은 집 밖에서 식사할 때에도 적용됩니다. 식당에서 아들이 다른 손님들을 짜증나게 할 때 외면하는 부모는 그러한 상황을 오히려 더 편안하게 느낄 수도 있습니다. 하지만 이는 아들에게 도움이 되는 행동이 아니며, 조용히 식사를 하고자 하는 다른 사람들에게는 더더욱 그렇지요. 리더십이 있는 부모는 아들과의 갈등을 피하지 않으며, 식당에서의 일반적인 예절을 철저히 지킵니다.

이러한 긍정적인 효과가 있다고 해도, 함께하는 식사가 억지로 강제하는 행사가 되어서는 안 되며, 예외도 당연히 있을 수 있습니다. 또 함께하는 식사가 벌칙이 되어서도 안 됩니다. 예를 들어, 늦게 귀가했을 때 "7시 정각에 아침 먹을 거니까 시간 맞춰서 일어나"라고 하는 것처럼 말입니다. 그리고 벌로 음식을 주지 않는 것도 완전히 잘못된 행동입니다.

가족이 함께하는 식사는 공동체 의식과 팀워크 능력뿐만 아니라 건강에도 영향을 미친다는 사실이 입증되었습니다. 영양은 건강에 필수적인 요소이며, 남자아이들은 여자아이들에 비해 과체중 비율이 높습니다. 일주일에 세 끼의 식사를 함께하는 것만으로도 남자아이들의 건강에 긍정적인 영향을 줄 수 있습니다. 더 건강하게 먹고, 과체중이 되거나 섭식 장애를 겪을 확률도 낮아집니다.

식사를 하기 전에는 요리를 합니다. 이때에도 남자아이들은 나이에 걸맞은 임무를 부여받는 등, 함께 무언가를 할 수 있습니다. 함께 요리하는 활동은 공동 행동이며, 그 결과물인 맛있는 음식은 성공

경험과 자기 효능감을 불러일으켜 남자아이들에게 이롭습니다.

남자아이들은 요리를 통해 자기 관리, 요리 기술, 좋은 신체 감각과 같이 살아가는 데 중요한 능력들을 배웁니다. 그러므로 식품 및 화학 공장에서 다 만들어져 나온 상품들에 가족의 영혼을 파는 일은 있어서는 안 되며, 혹시 있더라도 최소화되어야 합니다. 그렇다고 해도 대부분의 남자아이가 패스트푸드를 먹지 못하게 막기는 힘들겠지요. 하지만 아이들이 건강한 음식을 맛보고 차이를 알게 된다면, 계속해서 건강하고 좋은 음식을 찾을 확률이 높아질 것입니다.

2장

“엄마는 몰랐던 아들의 몸”

몸

아들이 딸보다 산만한 이유

아들의 남성성을 결정짓는 중요한 요소는 우선 신체적 조건입니다. 또 중요한 점은, 남자아이들은 신체적으로 매우 다르다는 것입니다. 신체적 영향은 행위를 촉발합니다. 그 대부분은 남자아이와 남성이 어떤 모습인지, 혹은 어떤 모습을 갖추어야 하는지에 대한 관념과 표상에 의해 촉발되지요. 생물학에 의해 확실히 실현된 것이 있다면, 성별에 따른 다양성과 다채로움입니다. 그리고 우리는 되도록 그러한 능력을 보존해야 합니다.

여자아이에 비해 남자아이의 몸은 질병과 장애에 더 취약합니다. 남자아이의 몸에는 X 염색체와 Y 염색체가 하나씩만 존재하기 때문이지요. 보통 염색체는 두 개씩 있어서 결함이 있으면 스스로 보완할 수 있습니다. 하지만 남성의 X와 Y 염색체는 그렇지 못합니다.

남자아이의 몸은 체질상 이러한 약점을 갖고 있는 것입니다.

아들의 에너지가 넘치는 이유

Y 염색체는 근육의 발육을 촉진하는 테스토스테론이 생성되도록 합니다. 근육은 힘과 관련되어 있어서, 잘 발달한 근육들은 사용되기를 원합니다. 아들이 딸보다 더 활동적인 이유가 바로 여기에 있습니다. 사춘기에는 테스토스테론이 근육의 성장을 더 크게 자극하여 남자아이들의 체력이 증가하는데, 근육을 자꾸 쓰고 단련시키는 경우에는 더욱 그렇습니다. 여자아이들과 비교하면 확연한 힘의 차이가 나게 되지요. 그렇다면 그 힘은 다 어디로 갈까요?

남자아이들의 몸은 새로운 힘을 시험하고 더 발전시킬 만한 장소와 기회를 찾습니다. 청소년기 초기의 이러한 욕구를 올바르게 이끌어 주기 위해서는 격려와 한계 설정, 모범이 되는 행동 등이 특히 필요합니다. 이는 리더십을 갖춘 가까운 어른들이 해 주어야 할 일입니다.

테스토스테론은 또한 남자아이들의 활동을 자극하고, 몸의 에너지 수준을 높이고, 운동에 대한 관심을 불러일으킵니다. 행동하고 나아가고, 분출하고, 한계를 뛰어넘고자 하는 소망을 싹틔우지요. 이것들은 다른 욕구들(배고픔, 목마름, 졸음)과 마찬가지로 존중을 받고자 하고, 또 존중해야 할 욕구들입니다. 신체적 충동을 보이고, 통제하고, 점차 연마해 나가는 학습 과정에는 격려, 지도, 규칙, 방향 제시가 필요합니다. 어른들은 지도자로서 남자아이들의 운동과 행동에 대한 충동을 인정하고 지지해 주어야 합니다. 아이들이 점차 스스로 통제해 나갈 수 있도록 돕는 것이지요. 단지 막기만 하는 것은 적절치 않으며, 좋은 결과를 불러올 수 없습니다.

유치원이나 초등학교 시기의 남자아이들은 보통 얌전히 있지 못하며, 여자아이들에 비해 참을성이 없어 보입니다. 뇌 연구에서는 이를 억제력의 발달과 연관지어 설명합니다. 억제력이란, 충동적인 행위를 멈추거나 조절하는 능력을 말합니다. 평균적으로 남자아이들의 이러한 능력은 여자아이들에 비해 느리게 발달합니다.

남자아이들은 어른들로부터(그리고 또 다른 사람들, 특히 또래들로부터도) 충동을 매번 즉각 해소할 수는 없으며, 그럴 필요도 없다는 사실을 알게 됩니다. 자극이 있을 때마다 반응하거나 대꾸하거나 도망칠 수는 없다는 점을 인지하지요. 또 한계에 대해서도 배웁니다. 열정이 넘치는 모든 행동에는 금기시하고 자제해야 할 부분이 있으며, 잔뜩 흥분한 뒤에는 다시 차분해지고 진정할 수 있어야 함을 말입니다. 부모와 다른 교육자들은, 운동 욕구를 가진 남자아이들에게 나이에 맞는 길을 제시해 주어야 합니다. 여기에는 몸을 위해 규칙적으로 무언가를 해야 한다는, 즉 어떤 운동이나 스포츠를 골라 꾸준히 하라는 당부나 요구도 포함됩니다. 어린 시절에는 이것이 비교적 간단합니다. 그 나이대의 남자아이들은 대부분 조직적으로 움직이고, 서로를 자극하고 성가시게 굴며, 무엇보다도 부모가 제시하고 계획한 대로(유아 체육, 축구, 수영, 핸드볼 등) 행동하기 때문입니다.

남자아이들의 운동에 대한 관심은 사춘기에도 계속됩니다. 사춘기 초기에는 재미, 열정과 어느 정도의 진지함을 가지고 하는 규칙적인 스포츠가 새롭고 흥미로운 활동 분야가 되는 경우가 많습니다. 남자아이들은 이제 다른 문제, 이를테면 성취나 확고한 투지 같은 것이 더 중요해짐을 서서히 깨닫게 되며, 이에 따라 운동에서 느끼고자 하는 경험의 강도와 요구가 증가합니다.

더 알면 좋아요!

아들과 부모의 신체 놀이는 어린 시절에는 아주 즐거운 일일 수 있습니다. 그런데 나이가 들면서, 특히 사춘기가 되면 심각한 상황이 발생합니다. 아들의 힘이 너무 세지면 즐거운 신체 놀이는 언쟁으로 넘어가고, 갈등은 더 이상 몸이 아닌 말로 해결됩니다. 이때에는 항상 조심하고, 충돌을 다른 수준으로 끌어올릴 때가 된 것입니다. 그러나 이처럼 사라질 위험에 처한 신체적 접촉은 여전히 필요합니다. 안아 주기, 어깨동무하기, 가볍게 치기, 머리 쓰다듬기, 대화할 때 손으로 팔 쓰다듬기 등이 있지요. 이러한 신체 접촉은 서로간의 친근함과 관계에서 중요하니까요!

아들의 단답은 호르몬 때문이다

테스토스테론의 또 다른 작용은 바로 뇌를 자극하는 것입니다. 테스토스테론은 남자아이들의 뇌가 습득한 정보를 강조하거나 간결하게 만드는 역할을 하는 경우가 많습니다. 전부는 아니어도 많은 남자아이가 요점을 잘 파악하고, 여자아이들에 비해 과도하거나 빙빙 맴도는 설명과 세부 사항들에 무관심합니다. 아래의 대화처럼 말이지요.

"그래, 오늘 학교는 어땠어?"
"좋았어."
"농구 연습은?"
"그것도 좋았어."

아들에게 확실하게 메시지를 전달하는 법

아들의 생각은 테스토스테론의 영향으로 걸러지거나, 분명하고 뚜렷하게 형성됩니다. 이것은 특히 남자아이들이 테스토스테론의 영향을 많이 받는 단계(유년기 초기와 사춘기가 시작될 때, 몸과 뇌가 아직 늘어난 테스토스테론에 익숙하지 않을 때)에 촉진됩니다. 그리고 그들이 주장의 충돌로 해석하는 상황들에서도 촉진되지요. 가령 부모가 아들한테 무언가를 원할 때(학교 공부나 상 차리기 돕기 등)처럼 말입니다. 갈등 상황에서 신체는 뇌에 테스토스테론을 공급하며, 그 즉시 필터를 작동시킵니다.

본질적이고 강조되는 것으로 축소시키는 남자아이들의 능력은 주위 사람들 역시 그와 비슷한 방식으로 표현하리라는 일종의 기대로 이어질 가능성이 큽니다. 따라서 리더십을 보여야 하는 어른들은 그 아이들에게 맞게 말을 가리고, 좀 더 요점에 집중할 필요가 있습니다. 명확하고 이해하기 쉬운 의사소통은 남자아이들에게 확실한 메시지를 전달할 수 있는 방법입니다.

평균적으로 남자아이들의 뇌는 여자아이들의 뇌보다 균형이 덜 잡혔기 때문에 극단적으로 치닫기가 더 쉽습니다. 게다가 활성화 호르몬인 테스토스테론의 효과까지 더해져 사춘기 남자아이들은 때때로 거칠고, 직접적이고, 충동적입니다. 그들은 대개 자신의 아이디어와 생각을 그냥 내뱉습니다. 남자아이가 충동적으로 말하는 경향은 어른들과의 관계에도 물론 영향을 미칩니다.

그리고 테스토스테론에는 부모와 아들 관계에서 중요한 효과가 하나 더 있습니다. 테스토스테론은 사회적 지위와 계급에 대한 남자아이들의 관심을 불러일으킵니다. 그들은 주로 비슷한 나이대의 다른 남자아이들과의 관계에서 자신의 지위를 찾고자 합니다. 그리고 어른들과의 관계에서도, 또 사춘기부터는 다른 남성들과의 관계에서도 그렇습니다. 이것 역시 유전적으로 프로그래밍된 것으로 짐작되며, 이로부터 진화상의 이익이 생겼습니다. 남자아이들은 지위라는 주제에 흥미를 가짐으로써 계급의식을 발달시킵니다. 남자아이들이 어린 시절에 이미 지위라는 주제와 투쟁욕에 흥미를 가지고 있다면, 사춘기부터는 그 두 가지가 새로운 가치를 지니게 됩니다. 키가 크고 체력이 향상됨에 따라 지위 다툼은 더 심각해질 수 있습니다. 아빠와의 세대 간 갈등은 어린 시절에는 그저 장난일 뿐이었지만 충동성이라는 배경, 체력 향상과 맞물려 현실적이고 실제적인 문제가 되는 것입니다.

더 알면 좋아요!

아들은 명확하고 이해하기 쉬운 메시지를 더 잘 듣습니다.

"지금 식기세척기 좀 비워 줘."
"숙제를 한 다음에 바로 컴퓨터를 하면 안 돼. 뇌가 소화시키려면 두 시간은 쉬어야 하니까, 나가서 좀 움직여!"
"오늘은 네 방을 좀 치우면 좋겠구나."

'몸 숭배' 문화가 아들에게 미치는 영향

신체 기능 외에도 신체상(사람의 몸에 관한 측면)과 신체의 규격화가 아들의 남성성에 영향을 미칩니다. 신체는 언제나 성적 이상화에 노출됩니다. 예를 들어, 남성의 몸은 여러 세대에 걸쳐 강인함과 스포티함을 기준으로 평가되었습니다. 게다가 남성의 몸이 점차 소비적, 경제적 요소로 부각되고 중요한 자기표현의 수단이 되었지요. 오늘날 새로운 의문과 문제점들이 나타나고 있습니다. 부모가 입장을 밝히기 위해서는 우선 아들의 몸에 대해 생각해 볼 필요가 있습니다.

지난 수십 년간, 멋진 외모와 그것의 표현은 남자아이들과 남성들에게 눈에 띄게 중요해졌습니다. 몸은 점점 더 젊고, 날씬하고, 팽팽하고, 팔팔하고, 근육질이고, 관리가 잘 되어 흠 잡을 데가 없어 보이는 이미지를 갖게 되었지요. 인터넷 검색만 해 봐도('남성의 몸'을 한 번

검색해 보세요) 인상적인 결과가 나옵니다. 부모가 원하든 원치 않든 아들은 그러한 생각, 규범, 이상에 노출됩니다. 그 원인은 유튜브와 같은 다양한 미디어에 등장하는 광고 이미지들뿐만이 아닙니다. 청소년기에는 특히 또래들끼리 규범을 더욱 심화시키고 신체적 기대치에 못 미치면 서로 무시하는데(가령 '꼬챙이' '막대기'라 부르는 등), 이는 그들의 신체에 대한 자아상(자신의 역할과 존재에 대해 갖는 생각)과 기대에 큰 영향을 미칩니다.

근육질의 멋진 몸에 대한 욕망

남성의 몸치장은 머리 모양과 피부에서 시작되어 옷과 액세서리로 이어집니다. 그다음에는 특별한 식품, 기능성 음식이나 보충제 등이 수반된 바디 스타일링 및 모델링 단계로 넘어가지요. 그리고 결국에는 건강상의 자기 최적화와 자기 측정 경향으로 이어져, 여러 관련 장치와 앱들(특히 남자아이들이 중요시하는)로 자신을 수치화(Quantified-Self)하기에 이르지요.

오래 전부터 미용 업계는 남자아이들과 성인 남성들을 목표 집단으로 한 광고를 지속적으로 노출시키고 있습니다. 미디어는 이러한 추세를 따르거나 선도합니다. 계속 새롭게 이어가며 가속화하거나 강화하지요. 새로 출간되는 남성 잡지들은 남성들의 스타일에 영향을 줍니다. 온라인상에서 남자아이들에게 보여지는 것들은 너무도 빠르게 변하기 때문에 포착하기가 어렵지요. 사실 남자아이들에게 영향을 미치고, 보통은 무의식적으로 기억에 남는 것은 어떤 개별 이미지나 공식화된 기준이 아니라 그것들의 집합체입니다. 즉, 아이들이 새로운 이미지에 맞추어 자신체적으로 더 노력하도록 압박하거나 동기를 부여하는 여러 인상들의 묶음인 것입니다.

성인 남성의 몸만 되어도 미디어와 사회의 요구에 따라 남성성을 부각시킬 수는 있습니다. 하지만 아직 발달 단계에 있는 남자아이들의 몸으로는 불가능한 일입니다. 더불어 광고 이미지들은 남자아이들의 몸이 곧 하나의 자원이라는, 다시 말해 청소년으로서 시장(우정, 경제, 또는 파트너 관계 영역)에 진출할 수 있도록 하는 일종의 개인 자산이라는 생각을 심어 줍니다. 신체의 중요성이 이토록 커지다 보니, 남자아이들은 근육질의 멋진 몸을 갖고 있지 않으면(보통은 당연히 그럴 수밖에 없는데도) 불안해합니다.

남자아이들이나 남성들이 자신의 몸과 건강, 아름다움에 신경을 쓰는 것에는 사실 긍정적인 면도 있습니다. 문제는 편협한 기준, 성과에 대한 높은 기대치와 압박이 작용할 때(가령 엄격한 사회적 관계에서처럼) 발생합니다. "남자다워지려면 너는 무조건 더 튼튼해지고, 건강해져야 해", "사회의 일원으로서 남들과 경쟁하려면, 남들을 능가하고 뒤처지지 않으려면, 너는 어떻게 해서든지 강하고 능력 있고 적극적이어야 해"라는 압박을 받는 것이지요.

남성의 몸에 대한 관점이 변해야 평등을 향해 한 걸음 다가갈 수 있습니다. 외모가 그다지 중요하지 않았던 과거에는 그 분야에 관한 한 남자아이들이 여자아이들보다 더 자유로웠지요. 하지만 이제는 남자아이들도 점점 더 강한 압박을 받고 있습니다. 이는 새로 나타난 현상이라서 아직 그 문제와 원인에 대한 어른들의 관심이 부족한 상황입니다. 남자아이들 스스로가 극복해야 하는 것이지요.

여자아이들의 경우와 마찬가지로, 이제는 외모의 중요성이 무척 강조됩니다. 이제껏 젊은 세대가 이렇게 많은 셀피를 찍고, 이렇게 많이 외부에 노출된 적은 없었습니다. 시각적 의사소통에 중점을 둔 시대에 눈에 보이는 겉모습은 의미가 더욱 커졌습니다. 따라서 적절한 보디워크(Body Work, 몸이 균형있게 기능하도록 치유하는 작업)로 유지되고 개선되어야 합니다.

오늘날 신체는 '자기 창조'의 표현, 즉 바뀔 수 있고 외부의 영향을 잘 받는 하나의 조형 수단으로써 더욱 중요해졌습니다. 아름다움을 찾으려는 심미적인 신체 수정, 잔손질 등이 그 증거입니다. 이는 지난 20년간 크게 늘었으며 사회적으로도 용인되는 분위기입니다. 실제로 음악계나 스포츠계의 인기 스타들 가운데 커다란 문신이나 수많은 피어싱, 또는 근육질 몸매를 보여 주는 사람을 쉽게 찾을 수 있지요. 또한 일상생활에서도 남성들의 신체적 스타일은 규격화되었습니다. 사람들은 문신, 피어싱 외에도 수술을 통한 남성들의 신체 변화에 점점 더 관대한 반응을 보입니다.

소셜 미디어라는 무대는 끊임없는 비교와 자신을 표현하고자 하는 강박을 불러일으킵니다. 셀피에서는 자기표현이 실현되고, 몸은 이미지화됩니다. 신체와 스타일에 대한 평가는 더 이상 또래들과의 인간관계나 자기 평가 안에서만 이루어지지 않습니다. 외출 전에 거울을 보거나, 친구들로부터 스타일에 대한 솔직한 평가를 듣는 것에서 그치지 않지요. 그 자신뿐만 아니라 다른 사람들이 스냅챗, 인스타그램, 페이스북의 화면에서 그를 보고 평가하는 것은 차이가 있습니다(자기가 직접 올린 게시물인지, 아니면 다른 사람이 올린 이미지인지는 상관없이).

남성성을 드러내고 싶어 하는 아들

신체의 아름다움, 시각적 표현, 외모는 개성을 표현하는 중요한 수단이 되었습니다. 남자아이들과 젊은 남성들에게는 그들의 성별, 남성성이 본질적으로 개성의 일부입니다. 자신을 꾸미는 경향은 그들 사이에서 더 증가하고, 더 급진적으로 변형되고 있습니다. 옷은 벗으면 되고, 긴 머리는 자르면 되고, 짧은 머리는 몇 주면 다시 자라나지요. 반면에 문신이나 수술은 신체를 영구적으로 변형시킵니다.

여자아이들과 성인 여성들은 날씬함, 풍만한 가슴, 허리가 잘록한 몸매를 선호하지요. 반면에 남자아이들은 상체가 뚜렷이 부각되는 근육을 가진 날렵한 몸을 선호합니다. 그렇기 때문에 남자아이들과 남성들은 날씬한 몸뿐만 아니라 더 많은 근육까지 갖기를 원하는 경우가 많습니다. 이러한 조율을 위해 그들은 전통적인 남성상에 의지합니다. 결과뿐만 아니라 그들의 행동도 성별에 적합해야 합니다. 남자 청소년들과 젊은 남성들은 몸을 만들기 위해 피트니스 센터에서 운동하고 트레이닝을 받습니다. 이때 발생하는 사회적 의무들(가령 트레이너나 팀에 대한)은 몸 만들기의 동기를 뒷받침해 줍니다.

운동, 트레이닝, 그리고 신체적 경험(아주 힘든 것도 포함해)은 육체적 쾌감을 불러일으킵니다. 멋진 몸에 대한 자기만족, 즉 남자들의 자기애는 정신 건강의 자양분이 됩니다. 그러나 많은 이에게 이러한 경험은 닿을 수 없을 만큼 멀리 있지요. 목표가 너무 높거나 몸이 따라주지 않기 때문입니다.

멋진 몸을 만드는 일의 어두운 면은 자기 배려(또는 자기애) 없이 자기 몸을 경쟁자로, 심지어는 적으로 여길 때 드러납니다. 전통적인 남성상은 몸을 엄격함과 규율에 의해 형성되는, 더 나아가 극복되어야 하는 대상으로 봅니다. 그렇기 때문에 곧 건강상의 위험으로 이어질 수 있습니다. 이상화된 남성의 표준 신체는 엄청난 작용들 없이는 달성될 수 없습니다. 강제적이고 고된 훈련, 다이어트, 먹고 마시는 즐거움을 적대시하는 행동들과 일방적이고 목표 지향적인 생활 방식 등이 요구되는 것이지요.

비판적인 외부의 시선은 청소년들을 위험에 빠뜨립니다. 그 결과, 그들은 대세에 따르지 못하고 실패자로 남게 됩니다. 이상적이지 않은 몸이 곧 명백한 증거이지요. 특히 사춘기에는 그러한 압박, 완벽을 추구하는 욕망에 의해 본연의 신체에 대한 불만과 불안이 증가합니다.

젊은 남성들 사이에서는 무엇보다도 너무 마르거나 빈약한 몸매에 대한 걱정이 흔합니다. 그들은 상체는 넓고 하체는 날씬한, 근육질의 남성다운 V형 몸매를 목표로 합니다. 많은 남자아이와 젊은 남성의 이상적인 신체상이 '건장한 남성'으로 치우쳐 있다 보니, 한편으로는 '꼬챙이'로 남는 데 대한 두려움도 존재합니다('남자답지 못하거나', '실패자'로 치부될 위험이 있으므로). 과거에는 직장에서 지능, 지위나 업무 수행 능력만 갖춰도 충분했지만, 오늘날의 남성들은 점점 더 외모에 신경을 쓰고 사회적 기대에 부응해야 합니다. 이러한 상황에서 남자아이들은 종종 스스로를 너무 '남자답지 못하다'고 느낍니다. 이는 근육이 없이 빈약하거나 지나치게 홀쭉한 몸을 의미합니다. 사회적 표준에 맞추려다 보면 자신의 신체와 신체상을 과도하게 부정적으로 평가하고 문제라고 생각할 수 있습니다.

다행히 이상적인 기준에는 크게 신경 쓰지 않고 자기 자신에게 아주 만족하는 남자아이도 많습니다. 그러나 그 외의 아이들은 사회의 압박 때문에 행동에 돌입합니다. 다이어트를 하고, 힘든 운동을 하거나 피트니스 센터에서 트레이닝을 받지요. 영양 보충제와 커다란 통에 든 단백질 보조제를 먹습니다. 모든 업계가 이러한 흐름에 발맞추어, 그 기준을 높이는 관념들뿐 아니라 몸 만들기를 위한 제품과 수단들을 선보입니다. 이는 항상 위험하지는 않지만, 그렇다고 무해하지도 않습니다.

남자아이들은 한동안 비정상적인 행동을 보이다 다시 균형을 되찾기도 합니다. 하지만 이것 역시 지나치면 극도로 편중된 식사를 하거나 헬스장에서 살다시피 하는 등, 문제가 됩니다. 헬스장의 여러 기구들은 성장기 남자아이들의 몸에는 전혀 이롭지 않습니다. 사실, 나이와 성별에 따른 전문적인 지도가 필요하지만, 대부분의 헬스장에서는 그런 것을 제공하지 않습니다. 또 관련 식품을 구매할 때 상담이 이루어지는 경우는 거의 없으며, 인터넷 주문은 더욱 그렇습니다. 그러므로 아들을 둔 부모는 혹시 모를 위험 요소들에 대해 알려 주거나, 전문적인 조언을 받도록 도와주어야 합니다(이때 설교는 금물입니다).

어린 시절의 식단이 중요하다

'고기를 좋아하고, 샐러드와 채소에는 보란 듯이 무관심하고, 게걸스럽게 먹고, 맥주를 즐기고, 술이 세다'는 특징들은 예나 지금이나 남자답다고 여겨지는 요소들입니다. 이 사실을 깨달은 남자아이들은 특히 그들의 남성성이 아직 잘 발달하지 않은 사춘기에 그러한 관념에 물들지요. 다른 사람들과 자기 자신에게 남자답게 보이고자 그런 이미지들을 이용합니다. 고정관념적인 이미지들은 산업계에 의해 촉진됩니다. 설탕과 카페인이 과다하게 함유된 에너지 음료나 기름진 햄버거처럼 남성들을 겨냥한 제품들은 남자아이들의 요구를 잘 포착해 남자다워진 느낌을 주지요. 하지만 신체에 큰 해를 끼치기도 합니다. 풍족한 사회에 만연한 남성적 이상들은 수많은 결과를 초래합니다. 독일에서는 14세에서 17세 사이의 남자아이들 중 약 4분의 3은 체중이 정상 범주에 속합니다. 하지만 10세 남자아이들은 열 명 중 한 명이 이미 과체중이며, 18세에서 19세 사이의 경우에는 그 비율이 무려 4분의 1이나 됩니다! 남자아이들은 체중이나 체중을 감량하는 문제에 여자아이들보다 주의를 덜 기울입니다.

사춘기에는 확실히 부모가 주는 식습관에 대한 정보가 도움이 됩니다. 이때 아들을 통제한다기 보다는 돌본다고 생각해야 합니다. 양육의 기회는 주로 식습관을 배우고 터득하는 어린 나이에 주어집니다. 유년기의 식습관은 부모의 태도에 따라 변하지요. 아빠가 무엇을 어떻게 먹는지, 음식에 대해 어떤 말을 어떻게 하는지 곁에서 지켜봅니다. '아빠는 채소를 먹을 때 얼굴을 찡그리나?', '뮈즐리에 들어있는 크고 굵은 귀리 알갱이를 좋아하나?' 하면서 말이지요.

아빠의 행동은 아들의 식사 태도를 형성합니다. 하지만 부모가 식습관에서 건강을 지나치게 신경 쓰는 경향이 있으면 남자아이들은 저항합니다. 어느 정도 균형 잡히고 건강한 식단은 아이들에게 확실히 좋습니다. 하지만 윤리적 의미가 있거나 유행 중이라고 해서 모두 아이들 입맛에 맞고 영양을 공급해 주지는 않습니다. 양배추 스무디와 채식주의 음식은 엄마의 양심을 달래줄 수도 있겠지요. 하지만 아들이 볼로네제 스파게티를 좋아한다면 가끔이라도 그것을 먹게 해 주는 편이 더 낫습니다.

새로운 신체적 관념들이 생겨나면서 식습관에서도 아들들은 더 많은 위기를 맞게 되었습니다. 사춘기 시기의 성장 촉진, 그에 따른 외모 변화는 아이들의 신체 만족도를 완전히 떨어뜨립니다. 높아진 외모의 중요성과 달성할 수 없는 기준에 아이들의 불만은 더욱 커집니다. 신체 불만족을 극단적으로 경험하고 오래 지속되는 경우, 섭식 장애를 일으키는 위험 요소가 될 수 있습니다. 예를 들어 자기 몸에 만족하지 못하는 남자아이들이 다이어트를 하는 빈도가 늘고 있는데, 다이어트는 섭식 장애의 원인이 될 수 있습니다. 독일에서는 이미 12세에서 17세 사이의 남자아이들 중 10퍼센트가 그런 경험을 했습니다. 물론 균형이 깨지지 않는 범위 내에서 하는 다이어트는 일반적으로 문제가 되지 않지요. 그 이후 아이들이 자기 몸에 다시 만족하고 다시 자신을 좋아하게 된다면 반대할 이유는 없습니다.

하지만 남자아이들의 섭식 장애와 과체중이 증가하는 것도 사실입니다. 이 둘 모두 여성에게 속한 문제로 간주되어 왔지요. 그래서 남자아이들이 겪는 위기는 등한시되고 문제적 행동들은 제대로 인식되지 않거나, 되더라도 너무 늦습니다. 이 사안에 대해서는 전문가들과 부모의 더 큰 관심과 사랑이 절실히 필요합니다.

더 알면 좋아요!

남자아이들에게서 나타나는 섭식 장애는 종종 정형화되지 않은 증상을 보입니다. 남자아이들은 여자아이들만큼 자주 폭식 후에 화장실에서 먹은 것을 게워 내지는 않습니다. 그 대신 며칠 동안 극심하고 과도한 운동을 하곤 합니다.

운동은 아들에게 좋기만 할까?

남자아이들은 보통은 잘 움직이고, 운동을 하며, 꽤 괜찮고 균형 잡힌 식사를 합니다. 그러므로 부모가 끊임없이 통제하거나 큰소리로 으름장을 놓을 필요는 없지만 항상 경계할 필요는 있습니다.

엄마나 아빠는 아들이 나중에 자기 몸에 만족할 수 있도록 어려서부터 몸에 대한 긍정적인 태도를 심어 줄 수 있습니다. 예를 들어 "너 따뜻한 코코아 좋아하지? 맛을 즐길 줄 안다니까!", "부지런한 네 발을 좀 보렴. 하루 종일 너를 지고 다녔으니, 이제 좀 쉬게 해 줘"라고 말해 주는 것이지요. 부모는 애정 어린 신체 접촉(더 확실한 방법으로는 레슬링이 있습니다)과 몸에 대한 태도를 통해 몸은 아름다움, 좋은 경험과 향유를 위해 존재한다는 사실을 알려 줄 수 있습니다. 몸은 선물이며 있는 그대로 좋은 것임을 전합니다.

외모에 대한 평가는 아들의 인식, 감정과 연결됩니다. 그리고 감정은 부모와의 관계를 좌지우지합니다. 따라서 좋을 때나 나쁠 때나, 즉 활력이 넘쳐흐를 때에도 기력이 없을 때에도, 아들의 신체적 문제에 공감해 주는 것이 중요합니다. 이에 관해 여자아이들은 너무 많이, 남자아이들은 너무 적게 관심을 받는 경향이 있습니다. "너 정말 멋지다", "그 셔츠 너한테 진짜 잘 어울려!"라고 말해 주세요. 부모는 아들의 신체적 스트레스와 불만족이 어디서 비롯되는지를, 또 부모 자신이 그 원인이 될 수도 있음을 알아야 합니다. 몸에 대한 계속되는 비난과 트집은 아들의 마음에 화살처럼 꽂힙니다. 몸에 대한 불안증과 완벽한 건강 추구는 아들을 불안하게 만듭니다. 지나친 기대는 또한 부정적인 신체상을 유발합니다. 가끔씩 신체적 자극을 주는 것은 좋지만, 끊임없이 부족하다고 말하는 것은(어떤 부분에서든지) 결국 동기 부여가 아닌 자기 몸에 대한 증오로 이어집니다.

이러한 상황은 대부분 사춘기에 심화되어, 아들은 자기 몸을 다른 눈으로 경험하거나 바라보게 됩니다. 미디어, 또래들의 시선에 압박을 받지요. 이런 상황에서 많은 부모가 아들과 비슷한 반응을 보입니다. 부모 역시 그런 새로운 현상을 어떻게 이해해야 할지 알 수 없기 때문입니다. 부모는 불안감 때문에 종종 신체에 관한 아들의 대처 행동을 걸고넘어지고, 과민한 모습을 보입니다. 아들을 비난하고, 엄격하게 통제하려 들지요. 그러면 아들은 곧 자신이 오해를 받고 조종당한다고 느껴 변명거리를 찾을 수밖에 없습니다. 이는 문제 행동을 더 강화시킬 수 있습니다. 부모가 그들의 불안감을 인정하고, 아들의 행동에 우선은 중립적인 태도로 관여한 뒤 지나치다고 여겨지는 부분만 파고든다면, 아들에게 훨씬 더 도움이 됩니다.

보통 남자아이들은 운동을 하면서 한계, 규칙, 공정성, 동기 부여, 자기 효능감, 자신감을 비롯한 많은 것을 배웁니다. 남자아이들은 해당 종목에서 자기보다 더 앞선 트레이너들로부터 무언가를 전수받습니다. 어떤 아이들은 이를 통해 진정한 스승을 찾기도 하지요. 만일 그런 사람이 십대이거나 젊은 성인이라면 남자아이들은 자신을 그와 동일시하기가 더 쉽습니다. 그래서 부모는 아들이 운동 종목을 선택할 때 관여하고 관심을 보여야 합니다. 운이 나쁘면 아들은 권위적인 사람과 조직, 강압, 심한 훈련, 그리고 반동적인 남성성 이념을 가진 '흑색 교육학'을 만나게 될 수도 있으니 말이지요.

안타깝게도 많은 운동 단체에서는 사춘기가 한창인 십대들을 서로 연결시키거나 지켜 줄 능력이 없습니다. 아이들에게 성과를 내거나 아니면 단체에서 나가라는 식의 반응을 대놓고, 또는 은근히 드러냅니다. 물론 남자아이들은 성장하면서 조직적인 신체 단련이라는 속박을 점점 더 내키지 않아 합니다. 여전히 운동을 좋아하긴 하지만 성과 지향적인 단체 운동의 구속, 성공에의 압박, 스트레스는 거부하는 것이지요.

일반적으로 운동은 사교적이고 멋있고, 에너지를 발산시키며 재미있지요. 남자아이들은 운동을 할 때나 한 뒤에 기분이 좋아지며 자기 몸을 느끼고 더 잘 알게 됩니다. 이것은 운동의 밝은 면입니다. 그러나 운동으로 몸 만들기에 대한 동기가 점차 커지고 있습니다. 운동과 다이어트가 건강이 아니라 근육질의 몸을 만들기 위한 조합이 된 것입니다.

운동선수들, 특히 축구선수들은 남자아이들의 롤 모델입니다. 하지만 그런 스타들에 의해 스포츠가 점점 더 상업화되기도 합니다. 남자아이들과 젊은 남성들은 자신의 우상을 모방하지요. 소셜 미디어상의 사진에서는 프로 선수와 같은 포즈를 취합니다. '나도 언젠가는 저렇게 잘 단련된 멋진 몸을 갖고 말거야!'라고 생각하면서요. 이는 보통은 실현되지 못하는 욕망입니다. 우선 트레이닝에 드는 비용은 너무 비싸지요. 또한 광고에 나오는 운동선수의 몸은 이미지 편집 덕분에 흠 잡을 데 없이 완벽해 보이는 것일 뿐입니다. 하지만 불안한 시기의 남자아이들은 대부분 자신의 문제에만 집착하며, 그러한 불안감은 아이들의 영혼을 더 깊이 파먹습니다.

실제로 오늘날에는 운동과 관련된 문제적 폐단들이 늘고 있지만, 남자아이들이나 부모들 모두 이 점을 쉽게 간과하는 듯합니다. 운동과 트레이닝은 긍정적인 이미지를 지니고 건강한 것으로 간주되지요. 성과 면에서도 남성의 성공과 결부됩니다. 어른들과 남자아이들은 롤 모델은 서로 다를지언정(부모는 마라톤 완주에 대해 자랑하는 끈질기고 금욕적인 사람에게 더 끌릴 수도 있습니다), 그들이 가진 맹점은 같습니다.

어디서부터가 과도한 것이고 문제가 되는지 스스로 정하기는 어렵습니다. 이때 전문적으로 조직화되지 않고 통제 없이 이루어지는 개인 운동은 더욱 위험합니다. 함께 하는 동료나 트레이너가 있으면 훈련이 지나칠 때 지나치다고 말하지만, 피트니스 센터에서나 혼자 장거리 달리기를 하는 경우에는 그런 말을 해 줄 사람이 없습니다.

일부 남자아이들은 사춘기에 겪는 수많은 어려움을 운동으로 감추려고 너무 많이, 홀린 듯이 운동을 합니다. 높은 목표와 비현실적인 자기 평가에 사로잡혀 자신의 행동을 제대로 통제하지 못하니 '홀렸다'는 표현이 딱 맞지요. 아무리 몸이 안 따라 주고 더 이상 기분이 좋지 않아도 억지로 계획에 따라 운동을 하는 것입니다.

부모가 이와 관련해 아들이 겪는 문제에 대해 알고 있거나 걱정이 된다면 바로 나서야 합니다. 아들에게 질문과 생각을 말하고, 전문적인 조언을 구하고, 필요한 경우에는 돈줄을 끊는 방법도 써야 합니다.

3장

"

아들의 마음

"

심리

여성성만큼 복잡한 남성성

아들에게는 더 많은 지지와 명확한 방향 제시가 필요할까요? 평균적으로는 그렇습니다. 하지만 개별적으로 보면 다 그렇지는 않습니다. 남자아이들도 기질, 성격이나 삶의 경험 등에서 당연히 개인별로 많은 차이를 보입니다. 이런 관점에서 보면 어떤 아이도 다른 아이와 같지 않습니다. 남성성 또한 서로 매우 다릅니다. 그러나 남자아이들을 하나로 묶어 주는 많은 요소가 있음은 의심할 여지가 없습니다.

아이들이 리더십 있는 부모, 명확하고 친밀한 관계에 의존한다는 사실은 성별에 상관없이 적용됩니다. 하지만 관계란 언제나 부분적으로나마 성별적 색채를 띠므로 '여자아이와 관계'는 '남자아이와 관계'와는 다른 주제입니다. 이는 아이와 어른의 관계를 고려해 보면 명백해집니다. 여자아이와 남자아이 중 누가 건방진 말을 하고, 자기 능력을 보여 주려고 하며, 뽐내기를 잘하나요? 누가 한계에 도전하나요? 누가 규칙에 대해 공격적인 태도를 보이거나 소극적 저항을 통해 피해가려고 하나요? 누가 부모와 선생님에게 대놓고 반항하나요? 주로 남자아이들입니다. 그렇다고 해서 여자아이들에게는 이런 일이 일어나지 않는다거나, 리더십이 필요 없다는 말은 아닙니다. 하지만 아이들은 타고난 성별에 의해 다르게 행동합니다. 이 장에서는 남자아이들의 남성성(여자아이들과 구분되는)에 따른 심리에 대해 이야기할 것입니다.

남성성의 세 가지 원천

남성성은 남자아이들에게 간단한 문제가 아닙니다(여자아이들에게 여성성이 그렇듯). 자세히 들여다볼수록, 복잡하고 여러 영향을 받으며 아주 많은 요인에 의해 형성된다는 사실이 더욱 분명해집니다. 물론 나이, 사회 계층이나 자란 환경, 민족적, 국가적 출신과 소속된 종교도 중요합니다. 그 차이는 엄청나지요. 테스토스테론이 많이 분비되면 지나친 전투욕으로 이어져 운동선수가 되려고 노력하는 남자아이가 있습니다. 그런 반면에, 신체적 충동을 진정시키거나 다른 곳으로 돌려 독서광이나 음악가가 되는 아이도 있습니다.

사람들은 일상생활에서 남성성이 존재한다는 사실을 알고는 있지만 그것이 정확히 무엇인지, 무엇과 결부시켜야 하는지는 잘 모릅니다. 남성성에 이름을 붙이려고 할 때마다 완전한 동의가 불가능한 이상한 상황이 벌어집니다. 확실한 사실은, 남성성은 다양하고 남자아이들도 마찬가지라는 것뿐입니다! 따라서 남성성에 대한 단일 문화적 사고는 박물관에나 갖다놓아야 할 것입니다.

남자아이들의 남성성은 세 가지 원천, 즉 신체적 조건, 심리적 요인, 마지막으로 사회적 영향으로부터 나옵니다. 이 세 가지 동기는 끊임없이 서로 영향을 주고받으며 밀접하게 연관되어 있지요. 그래서 남성성의 어떤 측면도 하나의 영역으로만 국한되거나 축소될 수 없습니다. 마치 케이크처럼 결국에는 어떤 재료 때문에 '맛있다'는 평가가 나오는지 모를 수도 있습니다. 초콜릿 케이크는 밀가루가 들어있어서 맛있나? 설탕이나 버터 때문인가? 아니면 초콜릿 때문일까? 모든 것이 혼합되어 함께 작용하는 것이며, 남성성의 세 가지 원천도 그와 마찬가지입니다.

더 알면 좋아요!

누구나 남자아이들은 거칠고 움직이기를 좋아한다고 생각합니다. 하지만 그런 것을 그다지 좋아하지 않는 남자아이들도 많습니다.

아들은 어떻게 남자가 될까?

아들은 남성성의 본질적 요소를 정신 속에서 발달시킵니다. 자아상과 자기이해 안에서, 정체성 안에서 성별은 보통 큰 의미를 지닙니다. 기본적인 성격, 기질, 또는 특정한 인격적 측면들은 아마 유전되기도 할 것입니다. 하지만 대부분은 후천성으로 가까운 관계들 속에서, 또 성숙해지고 발달하면서 형성됩니다. 유년기에는 기초가 다져지고, 사춘기와 청소년기에는 새롭게 조합되며 남성성은 어느 정도는 재구성되기도 합니다. 이러한 발달은 성인이 되어서도 보통은 요란하지 않은 방식으로 계속 이어집니다.

믿을 수 있고 명확하고 투명하며 진정한 관계(특히 부모와의)는 아들의 건강한 정신 발달에 중요한 전제 조건입니다. 성인이 되어서도 아주 어렸을 때 맺었던 관계들이 잘 기억나는 것을 보면, 그것이 평생 동안 우리의 정신에 영향을 미친다는 사실을 알 수 있습니다. 안정적인 관계 속에서, 사랑을 받는 환경(자존감을 높여 주는)에서 자란 남자아이들은 청소년기에 어른들과 점점 더 성숙한 관계를 맺어 갈 수 있습니다. 따라서 부모는 명확한 입장을 취해야 합니다. 나약한 성격이거나 가치 판단이 불분명한 부모는 아들을 잘 이해시킬 수 없습니다. 또한 성급히 아들을 엄격하고 권위적으로 대하는 경우가 많습니다.

남성성이 만들어지는 곳

아들의 심리를 조금이나마 이해하는 일은 부모에게 중요한데, 우리는 정신을 통해 권위 있는 관계를 맺을 수 있기 때문입니다. 물론 아들의 심리란 여전히 난해한 분야입니다. 심리적 남성성의 발달, 즉 성 정체성은 많은 아이들에게 큰 의미를 지니기는 하지만 그 역시 다른 여러 요소들 중 하나일 뿐입니다. 성 정체성의 발달은 복잡한 과정입니다. 그리고 남자아이들의 심리도 개인별로 상당히 달라서, 종종 개인적인 면이 성별적인 면에 가려진다고 말할 수도 있습니다.

그래도 어쨌든 아들을 이해하고 아들과 관계를 형성하는 데 도움이 되는 남성성은 정신 속에 들어 있습니다. 그중에서도 아들 양육에 중요한 것은 특히 관계에 영향을 미치는 요인들입니다. 양육이란 언제나 하나의 관계이니까요. 본래 남성성은 항상 최초의 애착 관계들에서 발견됩니다. 그런데 여기서는 개별적 관계보다는(각기 차이가 매우 클 것이므로) 구조적인 문제에 더 주목해야 합니다. 중요한 것은 성 정체성과 총체적인 측면들인 것이지요.

심리

첫 관계들, 초기의 애착 관계들은 성에 눈을 뜨게 되는 성의식 발달에 특히 중요합니다. 물론 남자아이들은 다른 사람들(특히 또래들)이나 미디어로부터, 또는 얻은 정보들로도 자아상을 강화해 나갑니다. 하지만 그 핵심에는 맨 처음 성의식을 각인시키는 아빠와 엄마가 있습니다. 성의식은 어른들과의 관계로부터 도출됩니다. 성에 관한 한 언젠가는 결국 아빠와 엄마에게로, 부모와의 관계와 부모가 전해 주었던 성적 메시지들로 귀결되는 것이지요.

일반적으로 정체성은 서로 반대되는 두 가지 경험과 관계 방식들에 의해 생겨납니다. 그중 하나는 동일성, 소속감, 미러링(무의식적으로 상대의 행위를 모방하는 것), 공감의 경험, 즉 간단히 말해 긍정적인 것들입니다. 다른 하나는 분리, 배제, 상이함, 차이, 즉 부정적인 것들입니다. 흥미롭게도 아이들이 '나'라는 말을 시작할 때 생기는 초기의 정체성은 그 부정적인 것들을 발견하기 시작하는 발달 단계에서 드러납니다.

그 이유는 무엇일까요? 분리, 즉 부정적 관계에 있어서, 아들은 엄마의 여성성과 자신의 남성성에 의해 일찍부터 더 강한 심리적 자극을 받습니다. 아들이 성별에 대해 생각하기도 전에 엄마는 '나는 여자고 너는 남자니까 우리는 달라'라는 신호를 보냅니다. 이로 인해 성적 분리와 부정적 관계가 생겨나는 것입니다. 만일 '나는 남자고 너도 남자니까 우리는 같아'라는 메시지를 보내는 다정한 아빠를 두었다면 어떨까요? 이것은 긍정적 관계를 뒷받침해 주므로 아들에게 유익합니다.

심리

엄마가 아들의 남성성을 만든다?

생물학적으로만 봐도 임신과 모유 수유를 통한 엄마와의 친밀함과 그에 따른 분리 자극은 더욱 의미가 큽니다. 그리고 사회적으로도 일반적인 역할 분담에 의해 아들이 아빠와 지내며 동일성을 경험하는 시간은 비교적 적지요. 이러한 분리적 측면의 강화가 무조건 심각한 영향을 미치는 바는 아니지만, 아들의 화합적 측면을 약화시키고 갈등과 자기주장에 더 많은 에너지를 소모하게 할 가능성은 있습니다.

남자아이들은 빠르게, 더 강하게 반항적이 됩니다. 갈등 상황이 있을 때 관계 구조 속에서 자신의 지위를 개선하려고 하기 때문입니다. 이러한 지위 문제는 리더십과 관련된 모든 사안에서 결정적이며, 아들 교육의 핵심이라고 할 수 있습니다. 분리적, 대립적 관계는 딸보다는 아들과의 사이에서 더 자주 발생하기 때문입니다. 부모는 자신의 지위를 견지하고, 필요한 경우에는 애정 어린 단호함도 보여 줄 수 있는 능력을 갖추어야 합니다.

심리

심리적인 성차를 만드는 또 다른 요인은 엄마와의 오래되고 매우 친밀한 애착 관계로부터의 분리입니다(전문적으로는 공생에서 벗어난다고 합니다). 아이들은 4세에서 5세가 되면 심리적으로 차츰 성숙되어 애착 관계로부터 완전히 떠날 수 있습니다. 아이들은 기존의 관계에서 벗어나 엄마와의 내적 거리두기를 통해 분리되기 시작합니다. 이제 어느 정도 자라서 독립심, 안정적인 심리 구조, 자아와 신체와 존재에 대한 관념을 갖게 되지요. 그래서 아주 가깝고, 더할 나위 없이 친밀한 그 동조자를 더 이상 필요로 하지 않습니다.

그러나 이러한 분리 성향과 동시에 한편으로 아이들은 친밀하고 다정한 관계가 지속되기를 원합니다. 바로 이때가 딸과 아들의 발달이 차이를 보이는 '성별 분기점'입니다. 이 나이대의 아이들은 '결혼'이 친밀한 관계의 한 형태가 될 수 있음을 알게 됩니다. '결혼한 사람들'은 서로를 어린 아이처럼 대하는 것이 아니라 성숙하게 대합니다. 아이들은 그것을 본받아 부모 중 이성에 대한 새로운 관계 형태로 삼습니다. 그 나이대의 많은 남자아이가 엄마와 결혼하고 싶어하고, 또 그런 표현을 합니다. 하지만 또 어떤 아이들은 애어른 같은 신사적인 행동으로만 엄마에 향한 애정을 드러내기도 합니다.

그러나 여기에는 한 가지 문제가 있습니다. 그러한 관계는 아들이 벗어나려고 했던 엄마와의 공생 관계를 연상시킵니다. 그래서 아들은 다시 거리를 두었다가, 또 다시 접근해 친밀함을 느끼고, 다시 멀어지기를 반복합니다. 참 어려운 시기가 아닐 수 없지요. 사실 아들은 엄마와 아주 친밀하고, 동시에 아주 멀리 떨어지기를 바랍니다. 반면에 딸들은 엄마와의 공생 관계에서 분리되어 아빠와 결혼하고 싶어 하는데, 이는 자연스러운 과정이므로 문제가 되지 않습니다.

엄마와의 관계는 모든 인간이 경험하는 최초의 관계입니다, 그뿐만 아니라, 한 사람의 미래에 있을 모든 관계에도 강한 영향을 미칩니다. 만일 이 최초의 관계에서, 즉 심리적으로 성별이 고정되는 시기에 양면성이 주된 성적 경험이 되면 그 영향이 모든 관계에 전반적으로 스며듭니다(개인적 성향에 따라 각기 다른 양상을 띠긴 합니다).

여기서 찾을 수 있는 남성적인 흔적은 '어떻게 하면 친밀한 동시에 거리를 둘 수 있을까?'라는 질문으로 관계의 양면성을 극복하는 것입니다. 남자아이들은 그에 대한 두 가지 전형적인 패턴을 주변의 실제 남성들, 특히 아빠의 남성적 고정관념에서 발견합니다. 이 패턴들은 남자아이들에게 해결책을 제시하지요. 어른들과의 관계에서도 중요한 의미를 갖습니다.

더 알면 좋아요!

남성성에 관한 한 남자아이들은 부정적인 것을 더 강하게 인지하는 경우가 많습니다. 사춘기의 반항기와 절정기뿐만 아니라 거의 항상, 부정적인 것은 특별한 매력을 지닌 듯 보이지요. '아니'라는 말은 많은 남자아이들이 가장 자주 하는 대답이 됩니다. 마치 그러한 한계가 남자아이들의 남성적 정체성에 더 많은 에너지를 부여하는 것처럼 말이지요.

아들은 아빠의 거울이다

남자아이들은 친밀함이나 관련성이 아니라 과업, 과제, 문제, 목표 등이 주를 이루는 과업적 관계 속에서 심리적 편안함이나 해결책을 찾습니다.

축구를 예시로 살펴볼까요? 축구는 과업적 관계의 전형적인 변형입니다. 경기에 참여하는 팀은 경기 전이나 후의 관계가 명확하지 않아도 됩니다. 오히려 공동의 목표나 과제를 함께 극복하며 아주 바람직하고 친밀한 관계가 생기는 경우가 많지요. 따라서 아들을 양육하고 교육할 때에는 과제를 기반으로 한 관계 형성이 매우 중요합니다.

과제, 과업은 아들과의 관계를 발전시키는 매개체입니다. 과업적 관계는 주어진 임무에만 머무르는 것이 아니라 함께 겪는 행위와 경험을 통해 애착, 친밀감, 자기이해와 같은 다른 부분들까지 심화시키기 때문입니다.

좋은 점은, 과업적 관계 모델은 종종 남자아이들에게 더 편안한 느낌을 주어서 아들과의 관계 형성을 좀 더 쉽게 만들어 준다는 것입니다. 무언가를 함께하거나 도움을 청하고, 축구나 가족을 주제로 관심사나 열정을 공유하거나 토론할 수 있습니다. 이처럼 과업적 관계는 어디에서나 생기고 발전할 수 있습니다. 특히 어린 시절의 동일한 경험에 의해 비슷한 면을 지닌 아빠, 삼촌 또는 할아버지에게 관계의 열쇠가 되고는 합니다.

엄마, 이모, 할머니는, 특히 남자 형제가 없는 경우에는 이 과업적 관계 모델에 덜 익숙하여 친밀함에만 초점을 맞추는 '관계적 관계'를 더 높이 평가할 수도 있습니다. 그러나 그들 역시 함께 하는 활동이나 정치적 토론 등을 기회 삼아 아들과 그러한 형태의 관계를 맺을 수 있습니다.

갈등이 관계를 만들기도 한다

관계의 양면성을 해결하는 전혀 다른, 그러나 역시 효과적인 방법은 바로 '갈등'입니다. 분쟁의 당사자들은 분쟁에 감정적으로 관여해 감정을 통해 관계를 맺습니다. 그런 동시에 서로 대립하고 반감을 가지며 거리를 둡니다. 즉, 양쪽 모두 친밀함과 유대를 느끼면서도 멀찍이 거리를 두는 것이 가능해집니다! 또 이때에는 부정적 정체성(남자아이들은 이를 통해 자신의 남성성을 경험하고 드러낼 수 있습니다)이 더 강하게 작용하기도 합니다.

남자아이들은 양면성의 공존을 이유로 갈등 또한 하나의 관계로 여긴다는 점을 유념해야 합니다. 남자아이들을 이해하려면 분쟁과 갈등이 그들에게는 타인과 관계를 맺기 위한 수단임을 아는 것이 중요합니다. 부모들조차 보통은 분쟁을 거부나 분리라고 느끼지만 말입니다. 그러니 앞으로는 갈등이 생기면 아들이 당신에게 일종의 관계를 제안하는 것으로 여기고 기뻐하길 바랍니다!

아빠의 모든 것을 흡수하려는 아들

아들의 심리적 성 정체성의 분리와 발견이 이루어지는 시기에 작용하는 또 다른 요인은 아빠와의 경험입니다. 아빠는 아들이 세상에 태어나 처음 만나는 남성입니다. 그래서 그 경험은 아들의 남성성에서 매우 큰 의미를 지닙니다. 아들은 엄마와 결혼하고 싶어 하거나 엄마의 짝이 되고자 합니다.

엄마에게 작은 남자로 인정받으려고 하면서 아들과 아빠의 경쟁 관계가 시작됩니다. 아들은 더 크고 강해지고 싶어 하고, 아빠에게 시합을 하자고 하거나 아빠의 자리를 빼앗습니다. 아빠와 엄마가 사이좋게 나란히 앉아 있으면 그 사이를 비집고 들어가 마치 아빠가 필요 없는 존재임을 알려 주려는 듯 보란 듯이 엄마에게 착 달라붙습니다.

이러한 싸움에서 아들에게 필요한 것은 '아빠가 나를 사랑한다'라는 확신입니다. 확신이 있어야 아들은 아빠가 갈등이라는 까다로운 문제(어쨌든 누가 엄마와 결혼하느냐 하는 문제가 있으므로)가 발생했을 때 아빠가 나를 때려눕히거나 해치지 않으리라는 믿음을 가질 수 있습니다(아빠가 충분히 그럴 능력이 있다는 사실을 아들은 이미 알고 있습니다). 아빠는 아들과의 관계에서 이런 또 하나의 부담을 받아들이고, 아들의 도전에 장난스럽게 응하되 파트너라는 자신의 실제 위치는 지키는 편이 좋습니다.

갈등의 시기가 지나고 5~6세가 되면 아들은 엄마와 결혼하지 못한다는 사실을 받아들입니다. 그러고는 자신을 아빠와 동일시하며 아빠처럼 되고 싶어 하기 시작합니다. 이것 역시 하나의 정신적 지침이 되어, 아들은 아빠의 태도, 가치관이나 행동방식을 자신의 남성성으로 편입시킵니다(좋든 나쁘든 상관없이). 이로써 아들은 곧 아빠의 거울이 되는데, 모든 아빠가 이 사실을 편안하게 여기지는 않을 것입니다.

핀은 아빠인 마틴을 닮았습니다. 두 사람 모두 충동적이고, 화를 잘 내고, 쉽게 흥분합니다. 벌써 몇 번이나 그들은 서로 화를 내며 싸웠습니다. 어느 날 또 다시 격렬한 충돌이 일어났습니다. 핀은 자신의 행동 때문에 '타임아웃'을 받고 진정이 될 때까지 밖에 나가 있어야 했습니다. 마틴은 곧 그것이 전혀 공평하지 않다는 사실을 깨닫고 이렇게 덧붙였습니다.

"아빠도 마음을 가라앉혀야 하니까 밖에 나가 있으마."

더 알면 좋아요!

아들의 눈에 아빠는 남성성의 원형입니다. 아빠와의 경험은 아들의 남성적 정체성에 고스란히 새겨지지요. 따라서 이 문제는 가족 외 다른 사람들과의 관계, 특히 남성성이 요구되는 곳에서 영향을 미칩니다. 자기표현 및 정의와 관련된 주제에서, 부모나 기타 양육자들과의 권위적 관계와 같은 위계 구조에서, 그리고 관계를 맺는 방식에서도(자꾸만 싸움을 벌임) 영향을 미치지요. 아들이 어린 시절의 경험 때문에 남성성을 경쟁적인 것으로 보게 되면, 후에 어른들과도 갈등적 관계나 싸움에 의한 관계를 맺으려 하게 되는 것입니다.

또래 집단에서 배우는 것들

아들은 자신들에게 부정적인 것이나 여성성으로부터의 분리와는 완전히 대조되는 것을 또래 집단, 특히 다른 남자아이들에게서 발견합니다. 여기서는 보통 '긍정적인 것'과 '우리'라는 개념이 더 선호되지요. 이미 유치원에서부터 남자아이들은 혼자가 아니라 다른 남자아이들과 함께 놀기를 좋아합니다. 여자아이들에 비해 자신의 성별에 더 강하게 집중하지요. 나른 남자아이들과의 경험은 그 이후로 꾸준히 아들의 정신적 발달을 특징짓습니다. 그들과의 경험이 남성성과 정체성에 영향을 미치는 것입니다.

남자아이들은 남성성이 특히 부각되는 시기에 남성적인 문화를 배우고 개발하고 더 발전시킵니다. 다른 남자아이들과 어울리며 함께 한 경험은 아들의 심리에 반영되고 행동을 통해 드러납니다. 그러므로 남자아이들 간의 관계와 문화, 남성성의 문화적 이미지 및 남자아이들의 관계에 미치는 영향에 관한 논쟁은 아들 교육에서도 중요합니다.

아들은 모방을 통해 배운다

아빠와 엄마가 언제부터 아들의 심리에 영향을 줄까요? 바로 아들이 태어날 때부터입니다. 그 순간부터 아들은 배우기 시작합니다. 아들은 무조건적인 사랑을 주는 부모 리더십의 따뜻한 면을 경험하고, 스스로 수양하고, 영향을 받습니다. 물론 정신은 성별뿐만 아니라 다른 수많은 요소들에 의해 형성됩니다. 하지만 보통은 성별이 정체성의 중심을 이룹니다. 따라서 남자아이들의 성별, 관계, 정신적 발달은 서로 밀접하게 연관되어 있지요.

한편으로는 따뜻함, 이해심, 공감이, 다른 한편으로는 명확한 메시지, 방향 제시, 지지가 올바른 조합을 이루어 특히 유년기 남자아이들의 정신에 큰 영향을 미칩니다. 그러다 나중에 사춘기가 되면 저항하기 시작합니다. 기존의 고루한 생각들에서 벗어나 자기 생각을 주장하고, 어른들의 가치관에 맞설 수 있습니다. 이는 아들에게 어느 정도 단단한 기반이 전혀 또는 거의 갖추어져 있지 않은 상황에서는 불가능에 가까운 일입니다.

유년기 후기와 청소년기에도 남자아이들의 심리는 경험과 배움에 의해 형성됩니다. 주로 모방을 통해 남자아이들의 특성과 행동 방식을 배웁니다. 성적 행동 역시 마찬가지로, 자신에게 중요한 사람들의 행동을 따라합니다. 그래서 남자아이들에게는 남성의 존재가 반드시 필요합니다. 다른 남자가 없으면, 모방할 기회도 없으니까요. 그런 경우 아이들은 남성성의 관념만 배울 뿐이며 그들의 정신은 상상력을 통해, 그리고 특히 미디어 상의 이미지들을 통해 발달합니다. 또는 여자들이 하는 일과 반대로 하는 전략이 이용되기도 합니다. 이때에는 특히 여성에 대한 고정관념들이 큰 영향을 미칩니다. 그러면 모든 것이 단순화, 축소화됩니다. 이것이 남성성의 반대를 찾는 것보다 더 쉽기 때문입니다.

엄마와 아빠가 관계에서 아들에게 성적으로 영향을 준다는 사실은, 아들의 어린 시절부터 간과할 수 없는 문제입니다. 부모의 동일성(아빠 역할 및 엄마 역할에 있어서) 및 그 동일성의 방식뿐만 아니라 성별에 따른 차이점 역시 아들에게는 세상을 이루는 한 부분입니다. 그의 자아의 중심에는 모든 성이 함께 묶여 있습니다. 엄마, 아빠, 그리고 어느 정도의 이치도 함께 말이지요.

아들과의 애정 어린 유대는 관계와 공감, 부모의 영향력을 이루는 기본 요소입니다. 중요한 것은 이른 격려도, 기계적이고 꾸준한 자극도, 끈질긴 요구도, 트집 잡기도, 또 다른 사람들이 이미 하고 있거나 할 수 있는 일들에 대한 훈계도 아닙니다. 유년기 남자아이들은 근본적으로 부모가 "그래도 괜찮아, 너는 이미 잘하고 있어. 남자아이로서도 잘하고 있고. 당연하지, 너는 내 아들이니까"라고 느끼게 해 주기를, 그런 말을 들려주기를 심리적으로 갈망합니다. 끊임없이 불평하는 엄마나 자꾸만 부루퉁해져서 아들을 멀리하는 엄마, 항상 피곤해하는, 집에 잘 없는 아빠나 아들의 말보다 휴대폰이 더 중요한 아빠, 센 척하려고 툭하면 탁자를 내리치는 아빠는 아들을 실망시키는 유형들입니다. 비록 아직은 아들이 그 모든 것을 간파하지 못한다고 해도, 무조건적인 수용에 대한 욕구가 충족되지 않으면 아들은 일찍부터 그것을 느낍니다. 그러고는 반항, 불안, 공격성, 또는 위축과 우울증 등의 반응을 보입니다.

더 알면 좋아요!

남자아이들에게는 가치관을 상징하고 그들을 온전히 받아들여 줄 부모만의 명확함이 필요합니다.

아들 방의 질서와 혼돈

아들은 커 가면서, 특히 사춘기를 보내는 동안에는 자기 방을 자신의 영토로 여기고 감정을 표현하는 수단으로 삼습니다. 오늘날 대부분의 아이들은 자기 방을 갖고 있으며, 그렇지 못한 경우에는 함께 쓰는 방 안의 개인적인 공간도 같은 역할을 합니다. 이 개인 영역에서는 많은 아이들이 자율성을 거세게 주장합니다. 아들이 '제대로' 사춘기에 접어드는 순간 그의 방은 이제 그의 영역이 되며, 그 원인 중에는 은밀한 일들(신체적 수치심, 자기 자신과의 또는 다른 아이들과의 성생활)도 있습니다. 이 상황은 계속 유지되므로, 부모는 그것을 존중하고 받아들여야 합니다.

아들이 자기 영역을 지키려는 행동은 곧 독립의 상징적 표현입니다. 상당수의 아빠와 엄마들은 받아들이기 힘들어 하지요. 마치 아이가 '나를 놓아주어야 해요'라고 강조하는 듯 느낍니다. 이는 일종의 영토적 표현이기도 해서, 부모는 더 이상 강력하게 개입하거나 아들의 영역을 멋대로 돌아다닐 수 없습니다. 아들은 이제 훨씬 더 확고하게 자신의 발달과 내적, 외적 삶의 방향을 잡고 조절해 나갑니다. 부모는 아들에게 그러한 공간을 허락해 주어야 합니다. 사춘기로 접어드는 시점에는 아들이 스스로 방을 정리하도록 도와주면 좋습니다. 이것이 반드시 효과가 있으리라는 보장은 없지만, 부모가 안심할 수 있는 방법입니다.

그리고 마침내 아들 방이 정말로 아들만의 방이 되는 때가 옵니다. 이는 아들이 어른이 되어가는 과정에서는 작은 발걸음이지만, 아들과 부모에게는 큰 도약입니다. 그러한 변화의 중요성을 공식적으로 강조하는 것도 좋습니다. 부모가 어떤 의식을 치러 주는 것도 좋을 것입니다. 축하의 의미가 담긴 열쇠 전달식, 규칙들에 대한 동의서 작성 및 서명, 선물하기 등이 있지요.

부모가 방에 대한 책임을 아들에게 넘겨 주는 일이 부담이 될 수도 있지만, 오히려 편한 면도 있습니다. 집안일이 줄어들고, 정기적으로 돌보거나 검사해야 할 영역이 사라집니다. 그리고 정리정돈을 둘러싼 끝없는 다툼이 끝나지요(승패나 무승부와 같은 결과는 중요치 않습니다).

이 시점부터 개입은 합의된 틀 내에서, 그리고 비상 상황에만 이루어집니다. 관대함의 정도는 다르겠지만 아들과 미리 그에 관해 논의해야 합니다. 참을 수 있는 한 멀리 가도록 하세요. 시급한 위험이 있는 경우가 아니면 부모는 개입을 미리 알리고, 가능하면 사전에 최후통첩을 해야 합니다. 이에 해당되는 상황으로는 위생 관련 위반, 즉 곰팡이가 발생하거나 쓰레기가 쌓여 있거나 해충이 나타나는 경우가 있습니다. 또한 방에서 참기 힘들 정도의 악취가 날 때, 촛불로 인한 화재를 예방하고자 할 때는 개입이 정당화될 수 있습니다.

아들의 영역을 존중하는 부모는 집안의 나머지 구역에 대한 존중을 아들에게 당당히 요구할 수 있게 됩니다.

4장

“아들에게 아빠가 중요한 이유”

성

아들이 성에 눈을 뜬다면

성(性)을 대하는 태도는 지난 50년 동안 엄청나게 변했습니다. 아이들이 결국에는 성에 눈을 뜨게 된다는 사실을 다들 인정하는 분위기입니다. 남자아이들이 원하는 것을 인지하고 말하는 일은 당연하며, '아무 문제없다'고 여겨지지요. '성 문제가 갈등을 초래한다고? 말도 안 되는 소리. 아마 1950년대에나 그랬겠지. 요즘은 전혀 문제없어!'라고 생각할 수 있습니다. 그러나 그 어떤 문제도 없어야 한다는 이런 태도는 또 다른 문제점들을 야기합니다.

과거에는 성이 어려운 문제였기에 금기시되었다면, 오늘날에는 성적인 문제를 어렵게 다루는 것이 금기시됩니다. 그래서 우리도 모르는 사이에 불쾌함이나 답답함이 다시 서서히 생겨나는 것이지요. 사실 대부분의 부모들은 성에 대해 이야기하기를 어려워합니다(아들과는 물론이고 부부끼리도). 또 아이가 있는 많은 부부들이 자신들의 성생활에 행복해하거나 만족하지 못하고 있습니다. 이런 이유로 오늘날의 성은 새로운 문제들로 가득합니다.

학교의 성교육은 충분치 않다

성에 대한 관심을 말로 솔직하게 표현하는 남자아이들도 있지요. 혹은 몸을 직접 탐구하거나 4세 때 이미 자위행위를 하는 아이들도 있습니다. 어떤 아이들은 인터넷에서 성관련 상품들을 접하거나 의도적으로 그런 것을 검색해 부모를 놀라게 하기도 합니다. 부모들은 그럴 때 관대하면서도 당황스러워하지요.

하지만 성 문제가 과연 아들과의 갈등을 불러오기만 할까요? 성 문제에 대한 다툼은 보통 일어나지 않습니다. 성은 관대하게 취급되며, 모든 것이 가능하고 허용될 수 있다고 봅니다. 그러면 남자아이들은 어떻게 성적 가치관을 세우고, 그들이 해야 할 일은 무엇일까요? 미디어 세계나 현실에서의 욕구 충족은 어느 선까지 이해할 수 있을까요?

남자아이들은 성을 배울 수 있고, 또 배워야만 합니다. 부모는 말로 표현하고, 아들과의 애정 어린 스킨십과 부부간의 성애(다정함, 포옹, 키스, 사랑이 넘치는 가벼운 음담 등)를 행동으로 보임으로써 최초의 전달자가 됩니다. 이를 통해 아들은 성은 좋은 것, 허용되는 것이라고 알 수 있습니다. 부모들은 이에 더해 성적으로 상대에게 부담을 주거나 치근덕거리지 않는 모습도 보여 줄 수 있습니다.

사춘기부터는 성이 남자아이들에게 더 이상 외부의 문제가 아니라 내부적인 문제가 됩니다. 호르몬과 문화적 이유로 성에 대한 관심이 증가하지요. 대화 상대로서 부모의 중요성은 덜해집니다. 여기에는 물론 예외도 있지만, 명령은 물론이고 의도적인 대화도 먹히지 않습니다.

부모들은 성에 관한 질문을 받으면 어떻게든 스스로 터득하거나 학교의 도움을 받게끔 합니다. 그런데 대부분의 경우에 이는 잘못된 방법입니다. 교육적 임무를 중시하지 않는 학교들은 남학생들에게 좋은 성교육을 해 주지 못할 때가 많기 때문입니다. 원칙적으로 성교육은 성에 대해 말하기를 꺼리거나 관련 지식이 아주 적은 아이들에게 특히 도움이 되어야 합니다. 하지만 그러한 교육은 양적으로나 질적으로나 상당히 부족한 실정입니다. 부모들 역시 그 부족함에 크게 일조합니다. 학교에서 성교육을 한다고 하면 대다수의 부모는 환영하지만 보통 속으로만 그럴 뿐이지요. 그에 대해 적극적으로 건의하거나 문의하지는 않습니다. 결국 아들이 성에 대해서 올바르게 아는 일보다 주요 과목들에서 좋은 점수를 받는 일이 훨씬 더 중요하다고 생각하는 것입니다.

반면에 까다롭고 보수적인 부모들은 성교육에 대한 반대 의견을 내는 일도 있습니다. 자기 생각과 맞지 않으면 함께 저항하거나 소송을 걸겠다고 협박하기도 합니다. 이런 상황을 미연에 방지하고 학부모들과의 갈등을 막는다는 이유로 많은 학교에서 좋은 성교육이 이루어지지 못하고 있습니다. 그렇다 보니 남자아이들이 성에 실제로 관심을 갖기 시작하는 시기에 성교육이 갑자기 없어지는 일도 생깁니다.

하지만 이런 부족함에도 성이 국영화되기는 힘든 일입니다. 그렇게 될 경우 성교육은 일종의 예방책으로 오인될 것입니다. 국가의 건강 증진 정책상 성생활은 질병, 임신, 폭력의 예방과 관련된 문제로 정의될 뿐입니다. 남자아이들이 더 큰 관심을 보이는 성의 본질(성적 쾌락과 실용적인 측면)은 등한시되지요.

성 전반에 대한 정보는 한정적이고 욕망, 쾌락, 성적 욕구에 대해 말하기 힘든 상황입니다. 그러다 보니 성은 여전히 수치스러운 것으로 여겨집니다. 남자아이들이 성 문제의 여러 측면에 대해 말하는 방법을 배울 수 있는 곳이 있다면 환영을 받을 것입니다. 유혹의 분업과 성생활에서의 역할 분담에 대해, 여러 방식들과 폭력으로 넘어가는 회색 지대에 대해, 넘을 수 있고 넘어야 하는 경계와 넘어서는 안 되는 선에 대해, 성폭력이라는 부당한 비방이나 소송을 당하는 것에 대한 두려움에 대해 이야기할 수 있지요. 또한 폭력, 공격, 과실과 연루, 수치스럽거나 위협적일 수도 있는 돌발 사건을 막는 데 필요한 능력들에 대해, 욕망과 성적 환상(지배와 복종을 아우르는)에 대해, 좋은 성관계의 정의와 방법에 대해 말할 수 있습니다. 하지만 그런 곳이 없다 보니, 남자아이들이 다른 데에서 돌파구를 찾는 것도 이해할 만합니다. 그 돌파구란 또래 집단(대부분 할 말이 없기는 마찬가지이지만)이 될 수도, 또 포르노가 될 수도 있습니다.

더 알면 좋아요!

새로운 성적 경험은 아들에게 부끄러운 동시에 시급한 문제입니다. '정보와 조언은 어디서 얻을까? 자위로 인해 생긴 얼룩은 어떻게 처리할까? 남자한테 끌리면 어쩌지? 실제로 성에 눈을 뜨려면 어떻게 해야 할까? 성적인 요구를 받으면 내가 그것을 충족시킬 수 있을까?'라는 온갖 의문과 시급한 성적 욕구들에도 침착할 수만 있다면 참 좋을 것입니다.

포르노는 필요할까?

기술이 발달하고 우리는 인터넷상의 포르노 콘텐츠들을 그다지 어렵지 않게 이용할 수 있게 되었습니다. 그래서 부모가 문화적으로 받아들이기 어려운 새로운 성 관련 상황이 발생했지요. 부모들은 아들이 포르노 영상을 얼마나 자주 보는지 알지 못하며, 대부분은 정확히 알려고 하지도 않습니다. 성생활은 여전히 난처하고 곤혹스러울 때가 많은 주제라서 남자아이들의 포르노 소비는 악한 행동으로 매도되거나 은폐됩니다.

남자아이들은 포르노를 통해 그들이 종종 아주 열렬한 관심을 보이는 성적 측면을 접하게 됩니다. 즉 쾌락적이고 충동적이며 '음탕한' 성이지요. 인터넷에 의해 기존의 진입 장벽은 허물어지고, 포르노를 무제한 무료로 이용할 수 있게 되었습니다.

포르노는 순전히 섹스 그 자체만을 노출하며 성기를 노골적으로 드러냅니다. 그리고 사회적으로 억압받기 쉬운 쾌락, 힘, 욕망의 심연을 보여 줍니다. 이러한 개방성에 많은 남자아이가 끌리는 것은 놀랄 일도 아닙니다. 포르노는 보통 남성들을 위해 만들어지며 남성의 욕구를 충족시키니까요. 반면에 포르노는 성에 대한 일방적이고 단순하고 폄하적인 시각을 훈련시키고, 형성시킵니다.

도달할 수 없는 환상

포르노는 '끝내주는 쓰레기'라고, 한 남자아이가 제게 아주 적절한 표현을 한 적이 있습니다. 흥분시키기는 하지만 질적으로는 미심쩍은 것이지요. 이 견해에는 부끄럽고 굴욕적인 면도 포함됩니다. 게다가 포르노는 남자아이들에게 상당한 압박이 될 수 있습니다. 남자아이들이 그런 기술적인 성행위를 따라 하는 것은 체격, 지구력과 실력 면에서 불가능합니다. 또한 포르노에 등장하는 남성들이 여성들에게 미치는 영향력 또한 똑같이 따라할 수 없습니다. 그것은 달성할 수 없는 한계이자, 따라잡을 수 없는 성적 완벽함입니다.

이것은 남자아이들에게 큰 불안감을 안겨 주기도 합니다. 어떤 아이들은 자신에게 무슨 문제가 있는 것은 아닐까 걱정하지요. 아무리 포르노가 현실이 아닌 미디어상의 재현일 뿐임을 알고 있어도 반의식, 또는 잠재의식 속에는 해결되지 않은 무언가가 남아 있는 경우가 많습니다. 특히 아이의 경험한 성적 영역의 범위가 제한되어 있을 때 더 그렇습니다.

여자아이들이 따라잡고는 있지만, 미디어상의 포르노 콘텐츠를 더 많이, 더 심도 있게 이용하는 대상은 남자아이들입니다. 이 정도면 남자아이들에게 포르노가 필요하다고 생각할 수도 있습니다. 하지만 과연 그럴까요? 상황에 따라 다르다고 봅니다. '필요하다'는 말을 '다른 방법으로는 그들의 성생활이 발전하고 성공할 수 없다'는 의미로 본다면 당연히 아닐 것입니다. 그것은 포르노 없이도 가능한 일이기 때문입니다. 반면에 인터넷상의 성적 콘텐츠들은 정보 제공, 교육 및 예방 수단의 역할을 함으로써 남자아이들에게 긍정적인 영향을 미칠 수도 있습니다.

냉정하게 보면, 포르노에는 흥분 효과 외에 몇 가지 유용한 기능들이 있습니다. 벌거벗은, 성적으로 활동적인 몸과 성적 관행들을 보고 배울 기회를 줍니다. 그럼으로써 청년기 남성들의 능력을 향상시키는 것입니다. 또 나체나 노골적인 성행위를 관찰하고 시청각적으로 경험하는 것은 아름답고 긍정적인 경험이 될 수도 있습니다. 게다가 포르노 소비와 그에 관한 의사소통은 남성성과 성에 대한 관심을 드러내는 일입니다. 그래서 남성적인, 성숙하고 현대적인 면을 드러낼 수도 있습니다. 이 모든 것은 다른 남자아이들 사이에서 좋은 사회적 위치를 얻거나 유지하는 데 도움이 됩니다. 게다가 (좋은)

포르노는 남자아이들의 상상력을 자극하며 자기 자신과 자신의 쾌락적 욕구를 일깨워 줍니다. 이처럼 이 문제에 좀 더 여유 있게 대처할 이유들은 충분히 많습니다.

당연히 포르노는 남자아이들에게 부정적인 영향도 줍니다. 생각해 볼 점은 '어떤 포르노가 어떤 아이들에게 어떤 압박을 줄까?'라는 문제입니다. 우리는 그에 대해 아는 바가 거의 없습니다. 현실 속 경험과 상업적 포르노 세계를 분명히 구분하고 포르노를 그저 돈 안 드는 심심풀이나 자극제로 삼아 아무 때나 보는 아이들이 있습니다. 이런 경우에는 그 압박이(만약에 있다면) 자신의 성적 능력에 대한 기대감으로 미묘하게 작용할 수 있습니다. 어떤 남자아이들은 포르노에서 규격화된 성행위를 일반적인 기준으로 여기며, 여러 면에서 그대로 따라 해야 한다고 생각합니다. 이는 그들에게 심리적 압박을 주어 성생활에 온전히 집중할 수 없게 합니다. 그리고 미래의 파트너 역시 포르노의 내용과 똑같은 것을 원한다고 생각합니다(성에 대한 소통이 부족한 경우에 특히 힘들어지지요). 또는 다른 남자아이들의 성공담이나 경험담과 비교하게 만듭니다. 이것은 편안하고 즐겁고 만족스러운 성생활을 위한 좋은 기반이 될 수 없습니다.

청소년들 사이에서는 때때로 잔인한 영화나 사진을 보는 일이 용기를 시험하는 수단으로 여겨집니다. 그것이 남자다움을 보여 주는 일이라고 생각하며 남들 앞에서 과시하지요. 그런 터프함의 상징을 통해 다른 사람들의 긍정적 반응과 인정을 얻기를 바랍니다. 하지만 사실 그런 행동은 오히려 성 정체성이 여전히 미숙하다는 점을 암시합니다. '장차 남성이 될 소년으로서 나는 누구이며, 앞으로 어떻게 자랄 것인가?', '남들은 나에게 어떤 기대를 하고 있으며, 그중에서 내가 충족시키고 싶은 것과 그렇지 않은 것은 무엇인가?' 하는 고민을 하지 않지요. 그러면 부모들은 이런 상황에서 아들이 불확실한 수단에 의존하지 않고 남성성을 확고히 할 수 있는 방법에 대해 궁금해합니다. 이때에는 포르노 소비와 제한에 대한 명확한 메시지만으로는 충분하지 않습니다. 남자아이들에게 가상 세계의 남성성 이미지에 대한 반대 자극 역할을 하는 것은 긍정적인 실제 롤 모델입니다. 그리고 남성성을 경험하고 시험하고 발전시켜나갈 수 있는 '실제' 환경이지요.

더 알면 좋아요!

다음은 포르노 소비가 확실히 안 좋은 영향을 미치는 경우들입니다.

- 폭력적이고 과장된 장면들을 제한 없이 시청할 때
- 잘못된 정보가 전달될 때
- 남자아이들이 그로 인해 성적 피해를 입거나 남에게 피해를 입히게 될 때

선정적인 노랫말을 어떻게 받아들여야 할까?

포르노는 무언가 금기시되는 것, 부끄러운 것, 하지만 인간의 생존을 위해 절실히 필요한 행위를 표현하는 일에 초점을 맞춥니다. 이는 규범 준수의 문제를 일으키고 감정을 격앙시킵니다. 이러한 포르노의 도발적인 폭발력을 남자아이들도 느낍니다. 포르노뿐만 아니라 일부 음악들의 선정적인 가사들은 그것을 정확히 표현합니다. 래퍼들이 부르는 매우 공격적이고 성차별적인 포르노 랩 가사들은 도발하는 것이 목적입니다.

남자아이들은 성이라는 주제가 부모와 다른 어른들을 자극한다고 느끼기 때문에, 또 그렇게 느낄 때 그것을 이용합니다. 선정적인 음악은 남자아이들을 어른들과, 또 때로는 너무도 깨끗한 어른들의 성도덕과 확연히 분리시킵니다. 남자아이들은 그런 음악이 어른들에게 충격을 주거나 걱정을 끼치거나 적어도 화를 돋운다고 느낍니다. 따라서 그것은 아주 영리한 도구가 되지요. 포르노 랩, 갱스터 랩은 청소년 문화의 일부이자 시위, 도발, 반란의 한 형태입니다. 청소년들은 이를 통해 다른 아이들, 그리고 그들의 문화적 성향에 소속되어 있음을 드러냅니다.

포르노 랩은 또한 남자아이들이 성 문제에서 느끼는 불안감, 성 관련 주요 발달 과제들이나 성적 좌절과 같은 문제들을 극복하는 데 이용하는 수단이 되기도 합니다. 하지만 중요한 점은, 남자아이들이라고 해서 다 그것을 좋아하지는 않으며, 아예 싫어하는 경우도 많다는 것입니다! 또 어떤 남자아이들에게는 그것이 현재 자신이 몰두하고 있는 주제에 관한 것이라서 잠시 듣고 마는, 짤막한 멜로디일 뿐입니다.

미디어상의 성적 콘텐츠와 관련된 크나큰 자유는 남자아이들이 극복해야 하는, 극복할 수 있는 하나의 도전입니다. 인터넷상의 포르노에 제한 없이 접근하게 된 지난 수년을 돌아보세요. 아이들은 그것을 해낼 수 있습니다. 전에는 진입 장벽이 존재했던 곳에서 아이들은 자기 조절 능력을 발휘하고 개발합니다.

성에 관한 허심탄회한 이야기가 필요하다

오늘날 엄청난 양의 포르노가 존재하고, 별다른 제한 없이 접근이

가능합니다. 그리고 남자아이들이 포르노에(컴퓨터 게임과 마찬가지로) 흥미를 갖고 현혹되는 상황에서 아이들에게 주어진 새로운 발달 과제는 무엇일까요? 바로 포르노를 능숙하게 다루는 법을 배우는 것입니다. 이러한 '포르노 역량'은 남자아이들이 성 관련 미디어 콘텐츠를 의식적으로, 점차 더 잘 다룰 수 있도록 하는 것이 목표입니다. 기능적이고 예방적인 교육은 학교에서 받는다고 하지만, 포르노 역량은 어디서 배울 수 있을까요? 부모와 학교가 나서지 않는다면 또래 아이들과 상업 시장밖에는 남지 않을 것입니다.

부모가 포르노 소비를 금지할 수도 있지만, 금지로는 통제가 거의 불가능합니다. 막 사춘기가 시작되는 어린 남자아이들의 경우에는 어떻게든 통제해 볼 수는 있겠지요(브라우저 기록을 통해). 그러나 이것은 이미 아이들의 사생활 영역에 대한 침해이며, 금지와 통제는 효과가 별로 없습니다. 부모가 관심을 기울여 아들이 무엇을 들여다보는지를 어깨 너머로 지켜보는 편이 차라리 더 낫지요. 매서운 비판이나 분노 대신 권유를 통해 그 문제에 대한 부모의 견해를 전달하는 것입니다.

만약 아들이 포르노를 본다면 부모는 이것을 기회로 삼아 다소 민감한 문제들에 대해 허심탄회하게 이야기를 나눌 수도 있습니다. 경우에 따라서는 의견 차이를 발견하거나 가치관에 관해 논쟁을 해 볼 수도 있겠지요. 아무리 힘들고 어색하더라도 부모(특히 아빠)는 포르노에 대해, 그 즐거움과 위험성에 대해 아들과 대화를 해야 합니다.

현재 15세가 된 아들 노아의 아빠는 이렇게 말했습니다.

"열두 살이던 노아에게 스마트폰을 사 주면서, 저는 먼저 성적인 콘텐츠들에 대해 이야기했습니다. 어쩌면 곧 성관계를 묘사하는 사진이나 동영상을 보게 될 수도 있는데, 그게 싫으면 창을 닫으면 된다고 했죠. 그리고 결국에는 '나는 네가 좋아하는 아름다운 것들을 많이 보고, 너를 역겹게 만드는 것들은 안 봤으면 좋겠어. 성이란 아름다운 거니까'라고 말했습니다."

학교에서 가르치는 기본적인 정보들은 중요합니다. 하지만 안타깝게도 그것이 전부일 때가 많습니다. 남자아이들이 포르노를 보는 이유 중 하나는, 정보에 대한 아이들의 관심을 학교에서는 결코 충족시켜주지 못하기 때문입니다. 학교에서 제공되는 교육적 정보의 문제점은 사례를 보여 주지 못한다는 것입니다. 즉 '좋은' 포르노와 '나쁜' 포르노를 교육 자료로 보여 줄 수 없지요.

포르노는 많은 남자아이, 특히 청소년들에게는 일상적이고 일반적인 것입니다. 이것은 일종의 긴장감을 유발합니다. 어른들은 도덕성과 일반화('모든 포르노는 아이들에게 나쁘다')의 함정에 쉽게 빠져듭니다. 하지만 남자아이들에게 더 유용한 것은 성에 대한 정보와 명확한 입장입니다. 즉, 아이들에게 길잡이 역할을 해 줄 수 있을 뿐 아니라(따라서 어른들에게 약간의 보수적인 면은 허용됩니다), 불균형과 위험성들(폄하, 착취, 성의 규격화, 혐오감이나 심리적 압박)에 주의를 기울이는 사람들이 필요합니다. 또 교육학적 정보는 도덕적으로 전달되어서는 안 됩니다. 포르노를 싸잡아 사악하다고 매도하거나 극적으로 보이게 해서는 안 된다는 뜻입니다. 쉽지 않겠지만 중요한 일입니다. 다만, 안 그래도 성교육이 여러 모로 부족한 상황에 그럴 만한 여지가 있을까요? 그러므로 앞으로는 포르노를 포함시킬 수 있는 성교육이 더 많이 이루어져야 한다고 생각합니다.

유년기와 청소년기의 남자아이들 곁에 대화 상대가 되어 줄 만한 남성이, 가능하면 여러 명 있으면 좋습니다. 따라할 수 있는 롤 모델로서, 거리를 두고 그 안에서 자기만의 무언가를 발견할 수 있는 대립상으로서 말이지요. 그들은 '아, 남자답다는 것이 저런 거구나!'라고 느끼게 해 줄 것입니다. 성별이 같으므로 비슷한 점도 있고 다른 점도 있겠지요. 좀 더 앞서간, 같은 문제를 극복했던 정보 제공자로서 말입니다.

반대로 롤 모델이 되어 줄 남성이 없는 아이들은 도움을 받기가 힘듭니다. 그래서 미디어상의 인물들, 즉 실제 남성이 아닌 이미지에 의지합니다. 그러나 남자아이들의 대화 상대로서 성인 남성의 중요성은 시간이 지나면서 줄어듭니다. 특히 남자아이들이 처음으로 성적 경험을 하는 시기에는 더욱 그렇습니다. 이제 아이들은 어른과 대화하기보다는 스스로 경험하고 싶어 하며, 대화를 하더라도 또래 아이들과 하려고 들지요. 하지만 이용하지는 않더라도 언제든 이야기를 나눌 수 있는 남성 상대가 있다는 것은 남자아이들에게 좋습니다. 다만 이때도 '남성'이라는 특징만으로는 충분치 않습니다. 자신의 성의식이 어느 정도 바로잡힌 여성 한 명이 그렇지 않은 남성 세 명보다 더 도움이 됩니다. 따라서 남자아이들이 책임감 있는 남성이 될 수 있게 도우려면 우선 자신의 남성성 혹은 성의식을 바로잡아야 합니다.

더 알면 좋아요!

남자아이들은 대부분 순진하지 않고 포르노에 능합니다. 상업적인 포르노 세계가 현실을 그대로 표현하지 않는다는 사실을 알지요. 그들은 포르노에 지배당하는 것이 아니라, 자신의 성적 흥미와 선호에 따라 포르노 소비를 결정하는 방식으로 인터넷 콘텐츠를 다룹니다. 그러므로 경고할 이유까지는 없습니다. 하지만 부모나 다른 어른들이 명확한 태도로 곁에서 잘 안내해 주어야 합니다.

새로운 남성성을 배워야 한다

남자아이들의 남성성을 형성하는 또 다른 요소는 사회적 영향입니다. 아이들은 사회적 존재로서 성별에 대한 정보들을 받아들여 해석하고 처리합니다. 자신이 남성이라는 사실을 이해하는 순간, 남자아이들은 롤 모델을 찾기 시작합니다.

남자아이들은 문화 속에서 발견한 남성성의 개념에 초점을 맞춥니다. 이때 장난감과 미디어는 중요한 발견 장소이며 광고, (그림)책과 농담들, 특히 주변 사람들을 남성적 특징을 중심으로 관찰합니다. 하지만 남성들만 롤 모델이 되는 것이 아니라, 여성들도 남자를 주제로 한 이야기 등을 통해 남성성에 대한 관념을 전달합니다. 이미 어린 시절부터, 특히 사춘기가 시작될 때부터 남자아이들에게는 또래들이 점점 더 큰 의미를 갖습니다. 이때부터 자신을 '남성적'으로 표현하고 남자다움에 대해 잘 아는 일이 중요해집니다.

올바른 남성성으로 안내하기

성

남자아이들이 남성성에 대해 배우고 습득한 정보는 때로는 공개적으로, 때로는 간접적으로 행동에 반영됩니다. 남자아이들은 주변에서 얻은 남성성 관념들을 깊이 생각한 뒤에 재현해냅니다. 그 과정에서 시대에 뒤떨어진 생각들이 전달될 수 있습니다. 그러므로 어른들이 반드시 곁에서 그것을 바로잡아 오늘날에 어울리는 남성성의 의미를 알려 주어야 하지요.

남성성 관념을 가진 아들은 여성성 관념을 가진 딸들에 비해 더 엄격한 경향이 있습니다. 남자아이들은 어떤 행동이 남자답지 못하다고 느낄 때 서로를 더 강하게 다잡습니다. 남자아이가 불공평한 대우를 받는다고 느껴서 불평을 하면 "여자애처럼 징징거리지 마"라는 말을 들을 수 있습니다. 또는 여자아이들과 놀면 "걔네야, 우리야?"라는 선택의 기로에 놓입니다.

남자아이들은 왜 이렇게 엄격할까요?

남성성의 이미지는 여전히 꽤나 좁게 해석되며, 이는 복장 규정에서 잘 드러납니다. 아들은 바지만 입어야 하고 딸은 바지나 치마, 원피스 중에 선택할 수 있는 것처럼요. 이러한 남성성의 편협함은 남자아이들이 유년기 생활에서 교류하는 남성의 수가 훨씬 더 적다는 사실과 관련된 것입니다. 그렇기 때문에 남자아이들은 남성들을 통해 남성성을 경험하기보다는 여성성으로부터의 경계에 의해서나 미디어, 장난감, 또는 그 밖의 전해 들은 정보를 통해 간접적으로 경험합니다. 하지만 그러한 이미지들은 결코 현실만큼 다양하지 않습니다. 진짜 남자들을 경험할 기회가 거의 또는 전혀 없기 때문에 실제 남자들의 다양성과 차이를 분석해 볼 기회가 별로 없습니다. 게다가 남자아이들은 자기가 습득한 남성성의 이미지와 이념들을 남성들과 교류할 때 거의 상대화하지 못합니다. 주변에 남자가 너무 적다 보니 그러한 생각들과 실제로 일치하는 남자가 없다는 사실을 깨닫지 못하는 것이지요.

남성성의 이미지에는 현대적이거나 민주적인, 또는 다채로운 표현들도 있지만 끈질기게 지속되는 낡은 이미지들도 있습니다. 권력에 기반한, 지배적이고 권위적인 이미지들이 바로 그것입니다. 이로 인해 남성들은 다른 사람들을 지배하거나 스스로를 그러한 권력층의 지배하에 두게 됩니다. 권력자들은 그들이 옹호하는 가치관 때문이 아니라 권력 때문에 굴종에 가까운 존경의 대상이 되는 것이지요. 미디어와 게임에서도 이것을 다루고 묘사하지만(주로 악당으로), 경제, 행정, 정치, 그리고 텔레비전에서도 아무 문제없이 통합니다. 반대로 무력함은 경멸을 불러일으킵니다. 마치 그것이 인간을 지배하고 무시하거나 모욕할 권리를 주는 것처럼요. 이런 종류의 권력은 남자아이들이 유혹 당하기 쉬운 특별한 자극이 되기도 합니다.

권력에 대한 낡은 이미지들이 사회에 굳게 뿌리박혀 있다는 사실은 오늘날 남자아이들이 일반적인 남성성 관념을 따르지 않는 곳에서 볼 수 있습니다. 학교, 여가 시간(주요 목표는 긴장 풀기), 직업적 목표(남성들이 선호하는, 또는 선호하지 않는)와 같은 영역이지요. 이런 영역에서 남자아이가 남성성이 충분히 드러내지 않으면 어른들은 금세 불안감에 휩싸입니다.

성

이것을 긍정적으로 볼 여지는 없을까요? 남자아이들은 아빠의 남성성과 대조되고 모순되는 남성성을 개발하기도 합니다. 이때 아빠의 남성성이란 자기 자신, 아빠 노릇, 사랑, 삶의 다른 아름다운 면들을 돌아볼 시간도 없이 성취, 성공, 일에 몰두하는 것입니다. 그런데 아빠나 다른 성인 남성들이 보여 주는 그러한 남성성을 그다지 매력적으로 여기지 않는 남자아이도 많습니다. 그러므로 학교에 대한 무관심은 세대를 구분하거나, 아빠를 향한 비판의 한 형태가 될 수 있습니다. 아빠 세대는 귀가 따갑도록 들었던 낡은 남성성의 원칙들("참아!", "불가능한 건 없어!", "성공이 전부야!", "남자답게 해!", "포기하지 마!", "제대로 하려고 노력하면 다 돼!")을 더 이상 따르지 않으려는 남자아이가 많습니다.

아이들의 이러한 태도 뒤에는 남성성의 또 다른 면이 존재합니다. 학교에 대한 많은 남자아이의 태도는 남성성의 편안하면서도 삶을 즐기는 측면을 보여 줄 수 있습니다. 즉 기존과는 다른, 더 아름답고 느긋하고 즐길 줄 아는 남성성을 표현하는 방법이 될 수 있습니다. 우리 모두를 위해 그런 발견은 좋은 일이 아닐까요? 아이들이 무엇을 창조하는지 앞으로 지켜볼 일입니다.

아들이 마초로 자라지 않으려면

남성성의 이미지는 당연히 리더십과 얽혀 있습니다. 오늘날에도 남성성은 자기주장이나 개척 정신과 연관되지요. '리더십은 남자답다, 남자다운 것이 곧 리더십이다'라는 일종의 상호 작용은 남자아이들에게만 통하는 것은 아닙니다. 예를 들어 종교적 지도자나 정치적 우상은 남자인 경우가 대부분입니다. 예수, 마호메트, 부처, 달라이 라마, 체 게바라, 피델 카스트로, 넬슨 만델라, 마하트마 간디, 마틴 루터 킹, 버락 오바마 등이 있지요. 물론 여성 중에도 영향력 있는 인물이 존재했고 지금도 있지만, 그들은 과연 진정한 지도자로, '권위자'로 여겨지고 있나요? 마더 테레사는 어떤가요? 독일 최초의 여성 총리인 앙겔라 메르켈은요? 메르켈이 전략적인 거물 정치인인 것은 확실하지만, 정말 존경을 받는 지도자로 여겨질까요? '무티(Mutti, '엄마'라는 뜻)'라는 그녀의 별명을 보면 별로 그렇지 못한 듯합니다. 만약 그렇다고 해도 예외적인 경우로 간주되는 것이지요. 유치원 교사와 마찬가지로 말입니다.

권력을 남용하는 사람은 동시에 자신의 약점을 드러내는 셈입니다. 그런 지배적인 태도는 항상 제대로 발달되지 못한 성격과 부족하거나 연약한 성 정체성을 암시하기 때문입니다. 강한 모습의 가면 뒤에는 진실하고 동등한 관계를 맺지 못하는 무능함이 있습니다. 또한 어떤 조건을 충족시키지 못하거나 열등한 위치에 놓이는 상황에 대한 불안이 숨어 있지요. 부모가 아들을 그런 마초로 키우지 않기 위해 할 수 있는 일이 없는지 궁금해 하는 것도 당연합니다. 실제로 부모가 명확한 태도와 모범적인 행동을 보이면 아들이 남성성을 잘 개발하는 데에 큰 도움이 됩니다.

이 경우에도 부모가 허둥거리는 것은 적절치 못합니다. 아이들은 자신의 남성성을 실험합니다. 성차별적인 말과 같은 한두 번의 실수만 가지고 어린 성 범죄자 취급을 하기에는 이릅니다(적어도 그런 행동에 대한 피드백은 받아야겠지만요). 친밀하고 다정하면서도 길잡이가 되어 주는 태도는 아들이 무례하고 모욕적인 행동을 할 필요를 못 느끼게 하는 중요한 기반이 됩니다. 혹은 거만한 태도를 보이며 상대방을 무시하던 아이들은 뭔가 잘못되었다는 사실을 깨닫습니다.

더 알면 좋아요!

남자아이들은 남성성의 이미지를 자신이 살고 있는 사회로부터 얻습니다. 노동 분업을 통해 사회의 성별 구조를 알게 되고, 공공건물의 공간 배치와 설계(화장실, 탈의실)를 보고 성별 특성을 이해합니다.

엄마들이 아들에게 더 관대한 이유

엄마들은 아들에게 너무 많은 것을 해 주고 스스로 책임질 기회를 너무 적게 허락하는 경향이 있습니다. 물론 모든 엄마가 그런 것은 아니지만요. 지나친 엄마 노릇과 과잉보호는 아들을 까다로운 어린 '왕자'로 만드는 원인입니다. 이러한 현상은 모든 아이들과 관계가 있습니다. 딸에게 그렇게 봉사하는 엄마들도 있지요. 그 개별적 특성 뒤에는 더 큰 흐름이 존재합니다.

제가 문의했던 많은 교사가 특히 엄마들이 아들을 대할 때 명확함이 부족하다는 현상이 사실임을 확인해 주었습니다. 이는 의식적인 결정이 아니라 성적 상호작용의 결과입니다. 다음의 두 가지가 그런 태도의 원인입니다.

첫 번째 이유는, 아들이 과격하고 충동적인 경우입니다. 이 경우에 엄마는 아들에게 참여나 책임감을 특히 더 적게 요구합니다. 그런 요구가 갈등으로 이어질까 봐 두렵기 때문이지요. 요구를 할 때마다 언성을 높이게 되면 상당수의 엄마들은 물러서는 경향이 있습니다. 아들과의 갈등을 회피하고 자신들의 기대를 낮춥니다. '차라리 내가 직접 하고 말지'라고 생각하지요. 충분히 이해되는 결론이긴 하지만 변명이기도 합니다. 너무 빠른 포기는 장기적으로 아들에게 좋지 않은 영향을 끼칩니다. 아들이 편안함만 추구하고 달갑지 않은 일들을 해내려는 동기를 거의 발휘하지 않게 됩니다.

두 번째 이유는, 첫 번째 이유와는 반대로 어떤 엄마들은 자신의 여성성을 지나친 보살핌의 형태로 아들과의 관계에 적용합니다. 어쩌면 이것은 우리 문화에서 예로부터 전해 내려온 '장손 증후군'의 잔재일 수도 있지요. 하지만 아마도 엄마가 아들을 연약하고 돌봐주어야 할 존재로 여기는 태도에 대한 반응일 것입니다. 사실 성별로 비교하면 남자아이들은 평균적으로 여자아이들에 비해 여러 상황에서 뒤처지며, 이 간극은 엄마의 보살핌이 지나치게 만연하고 당연시되는 원인이 됩니다.

두 가지 원인 모두 남자아이들에게는 해롭습니다. 엄마가 아들에게 너무 많은 것을 해 주게 되면 아들은 어떤 일을, 나아가 자신의 삶을 책임질 기회를 얻기 힘들기 때문입니다.

아이에게 이래도 되는 걸까?

아들 역시 어린 시절 엄마와 결혼하고 싶다는 상반된 감정 등을 통해 엄마와의 관계 형성에 적극적으로 관여합니다. 그러한 어린 시절 관계의 잔재는 모녀 사이에서는 찾아볼 수 없는 부분입니다.

부모가 가사를 분업하는 결과(엄마는 하루 종일 또는 하루 몇 시간씩 집에 있고 아빠는 직장에서 하루 종일 일하는)도 아들에게 영향을 줍니다. 항상 그 자리에 있는 엄마의 존재, 무제한적인 이용 가능성은 엄마의 지위를 떨어트리지요. 시장에서처럼 공급과 수요가 가치를 결정하는 것입니다. 제약 없는 이용 가능성은 '과잉 공급'으로 작용해 엄마의 가치를 하락시킵니다(아마도 이것이 전통적인 모성 이데올로기가 가족을 위한 무제한적인 헌신을 요구하는 이유일 것입니다). 엄마가 항상 아들 중심으로 행동한다고 아들 스스로 느끼면, 엄마를 서비스 제공자쯤으로 여기게 됩니다. 이것은 아들이 커 가면서 서서히 진행되며, 결국에는 균형이 깨지고 맙니다. 게다가 자신을 충분히 돌보지 않고, 희생하고, 언제든지 이용 가능한 엄마는 아이에게 죄책감을 느끼게 합니다. 이는 불명확한 관계와 좋지 못한 의존의 싹을 틔웁니다.

특히 엄마들이 자기 일에만 몰두하느라 아이들을 곁에서 돌보지 못하고 다른 사람의 돌봄을 받게 하는 경우에 엄마들은 종종 내적 불안감에 빠집니다. '내가 이래도 되는 걸까? 내가 아이들을 위해 충분히 희생하지 않는 건가?' 하는 불안과 의문은 죄책감으로 향하는 관문입니다. 이 죄책감이 너무 강하거나 적극적으로 해결되지 않으면 과잉 반응이 나타날 수 있습니다. 그것도 서로 다른 두 가지 형태를 보일 위험이 있지요. 예를 들어 어떤 엄마들은 차갑고 이성적으로 행동하고 아들의 요구를 인지하지 못합니다. 또는 공감을 차단하고 무감각하게 반응할 수 있습니다. 자신이 느끼는 양심의 가책을 비난이라는 형태로 아이에게 전가합니다. 아니면 반대로 과한 다정함을 보이는 엄마들도 있지요(제 생각에는 이런 경우가 더 많습니다).

하지만 아들이 잘 발달하려면 전통에 부합되는 엄마보다는 요즘처럼 자기 일을 하는 엄마가 더 중요한 듯합니다. 일하는 엄마들은 아빠가 아들의 남성성을 완전히 충족시키지 못하는 상황에서 그것이 확장될 수 있는 여지를 만들어 냅니다. 장기적으로는 고루한 성 역사 속의 유일한 부양자 모델이 사라집니다. 그럼으로써 아들은 예전부터 있었던 남성에 대한 부당한 요구가 완화되는 경험을 합니다. 동시에 아이들은 엄마가 항상 무제한으로 이용할 수 있는 존재가 아님을 알게 됩니다. 이는 엄마의 가치를 높이고 아들이 마초적 망상에서 벗어나도록 해 줍니다. 그러기 위해서는 평등과 대등의 모델을 적극적으로 지지하고 형성해 나가는 아빠의 역할이 중요합니다.

더 알면 좋아요!

아들은 엄마를 통해 여성의 지위를 경험합니다. 그리고 일하는 엄마로부터 전달받은 요구들을 충족시킴으로써 성장할 수 있습니다.

아빠는
남성성을 물려준다

남자아이들을 마초적 특성에서 벗어나게 하는 또 하나의 카드는 아빠가 쥐고 있습니다. 앞서 말했듯 아들에게 아빠는 남성성의 원형으로서 특별한 의미를 지닙니다. 특히 엄마와의 관계 형성에서 더욱 그렇습니다. 아들은 아빠로부터 여성을 대하는 방법과 그때 적용되는(또는 적용되지 않는) 가치관을 배웁니다.

아빠는 또한 여성성이 전혀 두려워할 대상이 아니며, 그러기 위해서는 제대로 알아야 함을 알려 줍니다. 물론 아빠는 자녀 교육과 집안일에 적극적으로 참여할 때 더 큰 존중을 받습니다. 아빠는 아들에게 남성성의 방향을 제시하며, 남성성의 모델이 되니까요. 아들은 아빠를 따라하고, 무의식적으로 '남자가 할 일'을 보고 배웁니다.

아들이 충분히 찾아볼 수 있는 남성성에 대한 이미지들과는 달리,

아빠와는 진짜 접촉, 남자다운 주고받기가 이루어집니다. 그러므로 아빠는 본보기일뿐만 아니라 상호 자극을 위한 발달 상대이기도 합니다. 관계의 친밀도와 강도에 따라 다르겠지만, 함께 살지 않는 아빠와 역시 아들에게는 중요한 존재입니다.

아들이 아빠를 전혀 알지 못하는 경우에도 마찬가지입니다. 아들은 아빠에 대해 자기가 아는 얼마 안 되는 사실을 넘어서는 환상을 갖습니다. 이 모든 것은 아들의 사고방식은 물론 학업 태도에도 영향을 미칩니다.

아들의 길잡이가 되는 아빠

어떤 아빠들은 자기가 아들의 삶에서 그토록 중요한 역할을 한다는 사실을 깨닫지 못합니다. 또 어떤 아빠들은 그것을 두려워하며 거기서 발생하는 책임을 거부합니다.

한편으로 생각하면 아빠는 모든 아이가 필요로 하는 부모 중 한쪽일 뿐입니다. 하지만 아빠로서 아들의 남성성 관념과 본질적으로 관련되어 있습니다. 아들은 자기도 모르는 사이에 아빠로부터 남성들에 대한 메시지를 받으며, 아빠와 비슷한 남성성 관념을 따르게 됩니다. 동시에 아빠들은 아들과의 공감 속에서 자신이 겪어 온 남성성의 시기와 단계들을 다시금 경험합니다. 이를 통해 아빠들은 몇 가지를 발전시키거나 수정할 기회를 얻습니다. 이러한 개방성을 이용해 남성성의 이미지를 현대화시킬 수 있다는 점은 특히 유용합니다. 이는 비단 미래의 애정 관계에 관한 것만은 아닙니다. 현대적이고 평등주의가 반영된 남성성을 지지하는 남자아이들은 학교생활도 더 쉽게 잘합니다.

남성성의 모델로서 아빠는 아들에게 타인과 관계를 맺는 방식부터 시작하여 남성성의 여러 동력원을 개발했는지 여부, 남성성과 여성성을 얼마나 엄격하게 구분하는가 하는 특성들에 전부 영향을 줍니다. 아빠는 아들과 함께(아니면 혼자) 하는 공동 경험을 통해 신호를 보내는 방식으로 아들을 도와줍니다. 그 신호는 관계를 맺고, 스스로를 보살피고, 자신을 강하게 단련하고, 자기 자신의 긍정적인 면과 약점 모두를 받아들이고 드러내는 것이 곧 남자다운 것임을 알려줍니다.

하지만 모성애가 특히 크게 자리잡은 상황에서는 아빠가 보살핌을 주기 힘들어집니다. 지나치게 완벽한 엄마는 전능하며, 아들 교육에 있어서도 모든 면에서 남자를 앞서갑니다. 극단적이지는 않더라도, 아이들이 어릴 때는 조급한 감정들이 불쑥 드러나며 아빠가 설 자리를 위협하지요. “그냥 둬, 내가 할게” 또는 “그렇게 하면 안 돼, 이렇게 해야지”와 같이 말이지요. 이는 현대적 역할에 적응이 필요한, 적극적인 아빠 역할에 관한 지식이 별로 없는 아빠들을 주춤하게 만듭니다. 그런 태도는 아들이 학교에 갈 때까지 그대로 굳어집니다. 그리고 아들 교육과 관련해서는 아빠가 할 말이 별로 없다는 사실이 명백해집니다. 결국 아빠는 교육 문제에서, 그리고 종종 아이와의 관계에서도 어느 정도 이탈하게 됩니다. 이것은 아들의 발달에 부정적인 영향을 줄 수 있으며, 아빠가 지닌 남성성의 가치를 떨어트립니다.

더 알면 좋아요!

아들은 여러 면에서 우선 아빠를 길잡이로 삼으며, 다른 남자아이들, 남성들, 미디어의 남성성 관념들은 나중에야 추가됩니다. 아들은 아빠와의 동일시 속에서 기본적인 태도와 평가들을 보고 배웁니다. 그리고 어느 정도는 아빠와 같은 남성적인 눈으로 세상을 바라봅니다. 특히 어린아이들은 아빠가 하는 행동을 정확히 기억합니다. 아빠의 진심은 태도와 행동으로 표현되기 마련이니까요.

아들의 영역을 존중해야 하는 이유

원인은 변했을지 몰라도 여전히 남아 있는 현상이 있습니다. 바로 부모가 아이의 자기중심적인 행동에 대해 불평할 때는 주로 아들이 그 대상이라는 것입니다. 예전의 부모들은 집안일이 아들을 나약하게 만든다고 걱정했다면, 요즘에는 아들이 거절을 하거나 투덜대고 반항하면 너무 쉽게 받아 줍니다. 결과는 둘 다 비슷해서, 아들은 집안일에 책임을 덜 지게 됩니다. 공동체의 책임을 분담하지 않고 주위에서 모든 것을 다 해 주는 데에 맛을 들이면, 아들의 남성적 과대망상이 조장됩니다. 지나치게 불쾌감을 표현하거나 교묘하게 빠져나가는 아들의 행동은 많은 부모를 불안하게 만들지요. 여자아이들에 비해 남자아이들이 더 자주 그렇습니다. 여자아이들도 투덜대긴 하지만 조화로운 관계를 더 소중히 여기는 경향이 있습니다.

아들이 집안일을 하며 투덜거리는 이유

집안일에 대한 문제는 두 가지로 나누어볼 수 있습니다. 먼저, 아들 자신과 아들의 발달, 그리고 공동체라는 큰 영역에서 아들이 담당할 몫이 있지요. 부모는 명확한 태도를 통해 아들이 점차 자기 일을 스스로 하도록 이끌어 줄 수 있습니다. 학교 준비물, 빨래, 방 정리, 자전거 관리, 그리고 물론 공동생활에서 함께 해야 하는 일들(가령 부엌과 지하실, 욕실에서 할 일 등)의 적정 부분까지도 포함합니다.

유년기 끝 무렵부터 많은 남자아이가 공동체의 일에 참여하기를 좋아하지 않습니다. 특히 집안에서 자기가 맡은 일을 다 하거나 다른 과제를 맡기를 꺼립니다. 그러나 아무리 싫은 표현을 한다고 해도 그것이 곧 남자아이들이 공동체에 기여하는 데 부적합하거나 그럴 의향이 없음을 의미하지는 않습니다. 이 나이 때부터, 사춘기에는 더더욱, 남자아이들은 그런 태도를 통해 자기 심정을 드러내는 것입니다. 다른 여러 일들이 있는데 시간은 부족한 상황에서 남자아이들이 노골적으로 내키지 않아 하는 것은 매력적인 무언가를 포기해야만 하는 상황에 대한 표현입니다.

식기세척기를 비우거나 토끼 우리를 청소하는 일은 재미있는 활동들의 단계에서 한참 하위에 자리잡고 있습니다. 보통은 부모도 마찬가지이지만 숨기고 있을 뿐입니다. 빨리 저녁이 되어서 다림질을 하거나 식탁을 치울 수 있기를 하루 종일 고대하는 사람은 없겠지요. 그러므로 그 모든 것을 극적인 상황으로 치닫게 할 필요는 없습니다. 그저 여유롭게 '남자아이들은 내키지 않더라도 자신의 역할을 해야 한다. 아이의 마음이 조금이나마 편해질 수 있다면, 아이는 내키지 않는 감정을 표현해도 된다'라는 태도를 가지면 됩니다.

공동체를 위해 일하면 유대감과 소속감이 생깁니다. 보살핌만 받고 남이 해 주는 것을 누리기만 하면 편할 수는 있겠지요. 하지만 혼자 사는 기간이 더 길어질 수 있는 현대의 삶을 살아가는 데에는 도움이 되지 않습니다. 비협조적인 남자아이들에게는 경계와 한도를 정해 줄 필요가 있습니다. 하지만 그것만으로 건전한 남성성이 발전하지는 않으며, 어쩌면 더 심한 저항에 부딪칠 수도 있습니다. 이때 효과적인 방법은 기본적으로 협동을 받아들이는 데 필요한 참을성, 공정한 분배에 대한 부모의 요구입니다. 또한 공동체를 위해 수행되는 일에 대한 존중, 그리고 해야만 하는 일이 있으므로 분담이 마땅한 순리임을 당연하게 여기는 태도입니다.

영역 다툼을 하는 아이들

남성성 관념은 공간적인 것과도 자주 연관됩니다. 자기 구역이나 영토는 일반적으로 삶과 생존을 위한 중요한 공간을 뜻합니다. 서로 다른 문화를 비교하고 연구하는 비교 문화연구 결과, 모든 사람은 영토를 중시합니다. 그래서 영토를 표시하고 경우에 따라서는 방어하기도 합니다. 공동체, 즉 가족, 씨족, 마을, 도시, 사회 등에 관한 남성성은 전통적으로 영토와 관련될 수밖에 없었습니다. 영토 방어는 모든 남자, 또는 특정 직업(전사, 민병대, 경찰, 군인)을 가진 사람들의 책임이었습니다. 영토는 삶에 중요하기 때문에 상대를 후퇴시키거나 주눅들게 하는 위협이나 싸움을 했지요. 이를 통해 침략과 공격으로부터 방어했습니다. 전통적으로 남성이 그 책임을 져야 한다는 생각은 점차 약화되고 있지만(여자도 군인이나 소방관이 되는 등) 그 속도는 더딥니다. 동물의 세계에서는 남성적 영역 행동(동물이 자신의 영역을 지키려고 취하는 행동)의 본능적 잔재들을 볼 수 있지요. 그 잔재가 인간 세계에도 존재할 수 있습니다.

산업 사회에서는 영역을 지키는 행동의 형태들이 상당히 정교해져서 알아채기가 쉽지 않을 정도입니다. 가령 극우주의자, 폭주족, 범죄 조직, 훌리건 들을 생각해 봅시다. 이들처럼 공격적이고 전통적인 남성성의 극단에 있는 사람들에게는 영역의 의미가 여전히 중요하고 아주 확실한 비중을 차지합니다. 이들은 단체로 어떤 구역을 점령하거나, 공공장소(버스 정류장, 길 모퉁이, 광장)를 차지하거나, 체육시설이나 거리를 둘러싼 진짜 영역 다툼을 벌이기도 합니다.

오늘날 영역 행동은 울타리와 건물 경계벽 설치, 자리에 앉는 습관(대중교통에서 남자다움을 과시하듯 다리를 쩍 벌리고 앉지 않도록 주의할 것)이나 사람들 사이의 거리 두기 등으로 나타납니다. 기업이나 관청에서 간부의 지위는 주로 그들의 사무실 크기에 의해 강조됩니다. 영역 행동은 부분적으로는 성별과 관계없이 이루어집니다. 그래서 여자아이도 남자아이와 같은 크기의 방을 갖고 관리자급 직원들은 남녀 구분 없이 똑같은 주차 공간을 갖게 되었지요. 하지만 사회 지도층은 여전히 남성 중심적인 경우가 많아서 남자아이들은 훨씬 더 당연하게, 그리고 종종 영토적 요소들에 대해 의식하지 못한 채 남성성을 배우고 훈련합니다.

'남자다움은 곧 영역 행동'이라는 맥락은 반대로 자기 자신을 남자답다고 표현하는 형태로도 작용합니다. '나는 영역 행동을 함으로써 남자다움을 강조하는 거야'라고 생각하는 것이지요. 그러므로 적지 않은 남자아이에게 영역 행동은 비록 무의식적이긴 하지만 아주 중요한 것입니다. 개인 소지품이 흩어져 있거나 방에서 독특한 향기가 나는 것은 아들의 공간적 표시에 해당합니다.

한편으로 부모는 공동 구역과 개인 구역들을 관리하고, 다른 한편으로는 아들의 영역을 존중함으로써 아들의 영역 행동을 다스려야 합니다. 양말, 운동 장비, 외투나 책가방이 공용 공간에 놓여 있어서는 안 되겠지요. 하지만 반대로 아들이 자기 방이나 욕실 문을 잠그고 싶어 할 때에는 받아들여 주어야 합니다.

성

더 알면 좋아요!

영역 다툼은 종종 학교에서 자리 다툼의 형태로 일어납니다. 예를 들어 남자아이들은 함께 앉는 책상에서 누군가가 영역의 경계를 침범할 때 다투곤 합니다. "쟤는 항상 자리를 혼자 다 차지하고 내 자리에 자기 물건을 놓아둬요!"라고 말하지요.

소변은 서서 봐야 할까?

대부분의 나라에는 가정집에 좌변기가 있지요. 그럼에도 '남자가 앉아서 소변을 보면 진정한 남자가 아니며 건강에도 해롭다'는 소문이 끈질기게 이어지고 있습니다. 의학적으로 볼 때, 배뇨 시 앉아 있는 자세는 남성의 몸에 그 어떤 해로운 영향도 주지 않습니다. 문제는 오히려 사회적, 심리적 영역에 있지요. '앉아서 오줌 누는 사람(Sitzpinkler)'이라는 말이 경멸적으로 사용되는 경우도 적지 않습니다. 이는 상당수의 남성이 자신의 남성성을 확신하지 못하고 있음을 의미합니다. 자기 성별에 관해 아무 문제가 없는 남자아이와 남성은 앉아서 소변 보기를 아무렇지 않게 여깁니다.

좌변기는 괜히 좌변기라는 이름이 붙은 것이 아닙니다. 서서 소변을 보면, 분사된 소변이 변기에 맞아 튕기며 다소 강한 스프레이 효과를 내어 소변이 튀게 됩니다. 작고 미세한 방울들이 공중으로, 변기 가장자리와 시트 위로 튀고, 화장실 바닥에까지 뿌려집니다. 그곳에 말라붙은 소변은 세균에 의해 분해되면서 불쾌한 냄새를 유발합니다. 그렇게 생긴 잔류물은 없애기가 어려우며 악취를 풍기지요.

앉아서 소변을 보는 것은 하나의 문화적 기술이며, 특히 남자아이들이 우선 배워야 합니다. 야외에서 마음 놓고 소변을 누는 행위는 남자아이들에게, 그리고 종종 성인 남성들에게도 좋은 기분을 줍니다. 남성용 소변기를 써도 남자다운 느낌을 줄 수 있으나, 칸이 나뉘어 있지 않으면 남자아이들은 창피함을 느끼곤 합니다. 야외이거나 남성용 소변기 앞이라면 '서서 오줌 누기' 그 자체에 반대할 이유는 없습니다. 다만 좌변기와 남성용 소변기를 사용하는 것과 야외에서 오줌을 누는 것 사이에는 큰 차이가 있습니다. 그러므로 남자아이들에게는 지도와 훈련이 필요하지요.

많은 남성(아빠들을 포함해)에게 제 아무리 좋은 이유를 제시해도, 자신들을 뼛속들이 '서서 오줌 누는 사람'으로 여깁니다. 하지만 남자아이들은 아빠를 롤 모델로 하여 모방을 통해 많은 것을 배웁니다. 여기에는 위생 관리도 포함되지요. 따라서 이 문제에 대해서는 우선 남자를 설득하고, 엄마와 아빠 사이의 갈등을 극복해야 하는 경우가 많습니다. 여기서 갈등이란 성별에 따르지만 전적으로 해결이 가능합니다(예를 들어, 꼭 서서 소변을 보고자 하면 변기 시트를 올리고 소변을 보고, 매일 자발적으로 변기와 주변 벽, 바닥을 닦는다). 이 문제를 일찍이, 그리고 꾸준히 해결하면(되도록이면 아들이 서서 좌변기를 이용할 만큼 크기 전에) 부모가 힘을 얻습니다. 그리고 남성이 여성의 이익을 함께 대변하는 것은 양성의 연대감을 이끌어내는 훌륭한 수단입니다. 그렇지만 다른 창의적인 해결책들을 찾아보는 방법도 있습니다. 건축법에 위반되지 않고 돈이 있다면야 별 무리 없이 집에다 남성용 소변기를 따로 설치할 수도 있겠지요.

그러나 좌변기만 쓸 수 있는 상황이라면 원인자 부담 원칙에 따른 매우 간단한 규을 적용할 수 있습니다. 즉, 화장실을 더럽힌 사람이 청소를 하면 됩니다. 그것도 즉시(과도한 알코올 섭취 후 구토를 할 때에도 동일한 규칙을 권장합니다) 해야 합니다. 이 규칙을 시행하려면 일단 화장실 사용 후에 함께 분석하고 검사해 볼 필요가 있습니다. 결과는 자명하고 명백합니다. 경험상, 화장실을 두 번 사용할 때마다 한 번씩 청소하도록 시키면 남자아이들은 금세 배웁니다.

5장

“궁금한 아들의 사회생활”

학교생활

아들과 학교 사이, 부모의 역할

학교는 집과 함께 아들의 삶에서 가장 중요한 생활 터전입니다. 아들은 학교에서 유년기와 청소년기의 대부분을 보내며 삶을 위한 많은 것(공식적인 것뿐 아니라 여러 부수적인 것과 그 안에 숨겨진 것까지)을 배웁니다. 부모에게 학교는 미래의 동의어나 마찬가지입니다. 학교가 좋다고 하면 '내 아들이 잘하고 있구나!'라고 생각하지요. 반면에 학교가 안 좋다고 한다면 미래에 대한 불안과 패망의 시나리오가 눈앞에 닥칩니다. 아들의 현재와 미래에 관한 문제가 이 주제와 긴밀히 연관되어 있는 것은 놀랄 일이 아닙니다. 마찬가지로 아들과의, 아들에 의한 갈등도 학교생활에서 점화되는 경우가 많다는 사실 역시 그다지 놀랍지 않지요.

불안감은 잠시 내려놓기

지지, 방향 제시, 리더십과 때때로 전해 주는 명확한 메시지들은 아들이 학교생활을 잘할 수 있는 내면을 단계적으로 형성하는 데 중요합니다. 하지만 '아들과 학교'라는 주제는 종종 어른들을 힘들게 하여 현실을 왜곡하는 상황에 빠지게 만듭니다. 아들이 예상과는 다르게 학교생활을 잘 하지 못하면, 부모는 금방 아들의 미래가 걱정되고 불안합니다. 그러나 이런 감정들은 보통 상황을 악화시킬 뿐입니다. 좀 더 도움이 되는 것은 상대화와 더 큰 침착함입니다. 학교 공부는 아들에게 분명 중요하지만, 공부가 다는 아니지요. 그런데 요즘 학교들은 인지 학습을 지나치게 강조합니다. 하지만 학생들의 머리에 무언가를 가득 채우는 일에는 분명 한계가 있습니다. 아들을 미래에 꼭 필요한 인재로 만들어 주는 능력과 지식은 학교에서도 얻지만, 다른 곳에서도 얻습니다. 그리고 아들은 사랑을 받을 때 행복하지, 학교 성적이 좋아서 행복해지는 것이 아닙니다. 그러니 아들의 성적과 학교생활을 진지하게 받아들이되, 너무 심각하게 생각하지는 말기를 바랍니다!

남자아이와 학교에 대한 논의는 주로 여자아이들에 비해 낮은 평균 학력과 덜 성공적인 학교생활입니다. 인지 조건은 성별에 따라 큰 차이가 없으므로 그것 때문은 아닙니다. 학교생활을 잘하거나 그럭저럭 꾸려가는 남자아이도 많으므로 그 차이를 유전적으로 설명할 근거도 없습니다. 하지만 독일에서는 너무 많은 남자아이가 학업을 끝까지 마치지 못합니다. 이는 남자아이들 자신뿐만 아니라 교육을 잘 받은 전문 인력을 잃어가는 사회에도 큰 문제입니다.

자세히 들여다보면 모든 남학생, 즉 남학생 전부에게 꾸준히 문제가 있는 것은 아닙니다. 유독 그러한 집단이 따로 있지요. 가령 이민자 집안의 남자아이들은 평균적으로 초등학교 때부터 한 학년을 유급하는 경우가 많으며 훨씬 낮은 점수로 졸업합니다. 교육 소외 지역의 남자아이들도 이와 비슷합니다. 미디어에 많이 노출되는 아이들도 대개 낮은 학업 성적을 보여 줍니다. 물론 그러한 집단과 상관없는 개인적 차이도 있지요.

어떤 남자아이들은 주의 깊게 귀를 기울이지 않고 멍하거나, 인지능력의 껍데기가 두껍습니다. 그것을 뚫고 들어가려면 더 많은 노력이 필요합니다. 좀 더 강압적으로 표현하거나 언성을 높여야 할 때도 있습니다. 또 어떤 남자아이들은 예민하고 섬세한 기질을 인정해 주어야 합니다. 그런 아이들에게 직설적으로 과제나 지시를 내리거나, 결과를 요구하면 겁을 먹을 수 있습니다. 이 아이들에게는 '걱정하지 마'라는 눈빛이나 '괜찮아'라는 미소, 또는 곧 다시 평온해질 것이라고 알려 주는 편이 더 도움이 됩니다. 따라서 이 불규칙한 상황은 남학생들(모든 남학생)이 학교와 어울리지 않는다는, 심지어 '교육 실패자'라는 인상을 정당화할 수 없습니다.

어른과 좋은 관계 맺기

일부 남학생들에게 학교의 특별한(또한 성별에 걸맞은) 지원이 필요하다는 점만은 분명합니다. 하지만 그러한 지원의 형태와 방법은 아직 명확하지 않습니다. '교육 제도의 여성화'라는 슬로건은 흔하게 언급됩니다. 반면에 수정된 남성화는 어떤 모습이어야 할까요? 복싱, 럭비, 암벽 등반이면 충분할까요? 모든 작문의 주제를 기술과 축구로 해야 할까요? 혹은 특수 남학생 그룹(예를 들어 교육 소외 지역이나 이민자 집안 출신들)에는 성별에 따른 특별 지원이 필요할까요? 무엇이 남자아이들의 성공을 약속할까요? 원어민 남자 교사들? 그럼 여성화된 학교에서 성공하는 남학생들(여전히 다수를 차지하는)은 어떤가요? 이 아이들은 좀 더 남학생 중심의 학교에 다녀야 했을까요? 만약 그 아이들이 축구와 기술에 관심이 없다면 성공하기가 힘들어질까요? 이 질문들에 대한 대답은 대부분 추측일 뿐입니다.

구조적 측면 외에, 남학생 문제에 훨씬 더 결정적일지도 모르는 정신적, 행동적 요소들이 점차 부각되고 있습니다. 남학생들이 평균적으로 더 낮은 점수를 받는 영역은 인지 능력보다는 집중력과 끈기, 지구력, 조직력, 독립적으로 활동하는 능력 등입니다. 학생들의 학습 태도는 성적과 성공적인 학교생활에도 특히 중요합니다. 그런데 배움과 성취에 대한 의지가 다소 낮은 남학생들이 많습니다.

학교에서 남학생들을 연구하면서, 부모들, 교사들과 많은 대화를 나누었지요. 저는 남학생들의 학업적 성공이 어른들과의 관계의 질과 매우 큰 연관이 있다는 느낌을 받았습니다. 남학생들과 교사들뿐만 아니라 부모들에게도 크나큰 책임이 있습니다. 부모는 아들의, 아들이 학교에서 배우는 것들의 토대를 마련합니다. 그러므로 안정적이고 성공한 남학생들은 부모로부터 무엇을 얻었는가에 초점을 맞추어 볼 필요가 있습니다.

더 알면 좋아요!

독일에서는 동등한 자격을 갖춘 남학생들이 여학생들보다 더 낮은 시험 점수를 받습니다. 평균적인 읽기 능력 역시 오래 전부터 여학생들보다 훨씬 저조합니다. 일부 남학생들은 수업에 방해가 되며, 보충 수업이 필요한 실정이기도 하지요. 여학생들에 비해 유급 비율이 높으며, 평균적으로 더 낮은 점수로 졸업합니다. 등교 자체를 거부하는 것과 같은 극단적인 경우도 남학생들에게서 압도적으로 많습니다. 성적 차이는 주로 5학년 때부터 발생합니다. 시험에서 여학생들과 남학생들은 수학과 언어, 두 가지 영역에서 특히 차이를 보입니다. 이는 재능보다는 중요도, 이미지와 관계가 있습니다. 이 영역들은 성별적 이미지가 크게 영향을 미치는 '성별 영역'으로 간주됩니다. 남학생들은 언어 영역을 좋아하거나 그 과목의 시험을 잘 보면 '범생이'로, 혹은 남자답지 못하게 보일까봐 두려워하는 경향이 있기 때문이지요.

가정과 학교 사이,
아주 정상적인 남자아이들

남자아이들이 다루기 힘들어지는 중요한 이유 중 하나는 아이들이 어른들에게서 관계 문제에 대한 답을 찾지 못하기 때문입니다. 찾더라도 명확하지 않지요. 소수 아이들(특별히 문제가 있거나 트라우마가 있거나 아픈 아이들)의 개인적인 문제가 아니라 점점 더 많은 건강한 남자아이와 어른이 경험하는 일입니다.

이때 남자아이가 힘든 원인은 바로 혼란입니다. 즉, 어른들이 아무 것도 전달해 주지 않거나 할 일을 전혀 하지 않아서가 아니라, 명확하고 설득력 있게 행동을 하지 못할 때가 자주 있기 때문입니다. 명확하게 행동한다고 해도 어른들은 과연 그것이 옳은지, 그렇게 해도 되는지 확신하지 못합니다. 어른들이 남자아이들과 맺는 관계에는 부정확하고 헤아리기 힘든 부분이 많습니다. 그래서 아이들의 눈에는 어른과의 관계가 제한적이고 불분명하게 보입니다.

집과 학교에서의 모습이 다른 아이들

많은 부모가 아들의 문제를 전혀 인식하지 못하는 이유는, 집에서는 모든 것이 잘 돌아가기 때문입니다. 집에서 아무 문제가 없어 보이니까 학교에서도 큰 어려움 없이 다 잘 되고 있다고 생각하지요.

남자아이 문제에 대한 학교 교사들의 관점은 다릅니다. 가령 교사는 남자아이들이 지시를 받았을 때 반응하지 않거나, 과제하라는 말을 네 번은 반복해야 비로소 하기 시작한다는 점을 깨닫습니다. 이러한 현상은 아이가 잠깐 주의를 기울이지 않거나 무언가를 잊어버려서 발생하는 것이 아닙니다. 아주 정상적인 일이지요. 이는 공상에 빠져서 자기 성격대로 행동하는 소수의 남자아이에게만 해당되는 문제도 아닙니다. 눈에 띄는 점은 여러 남자아이들에게서 볼 수 있는 패턴이 있다는 사실입니다. 이 문제는 아이들이 학교와 가정에서 비슷한 경험을 한다는 사실 때문에 한층 더 악화됩니다.

학교에서도 진정한 리더십을 보여 주는 사람은 드물어서, 리더십은 대부분 불분명합니다. 이미 초등학교에서부터 남자아이들은 때때로 체계적이지 않고 엄마가 해 주는 것과 같은 보살핌을 받습니다. 그 이후에 부각되는 협력적, 설명적 접근법은 한편으로는 진보라 할 수 있습니다. 하지만 도전적이고 수준 높은 규율 체계, 분명한 구조라는 것들은 실제로는 개발이 덜 되었거나, 위기가 닥쳤을 때 최후의 수단으로만 여길 수 있는 수준인 경우가 많습니다. 이것은 우연이 아닙니다. 교사들도 아들을 둔 부모로서, 학부모와 마찬가지로 가정에서 아들과 갈등을 겪으니까요.

사무엘의 엄마인 자비네는 점점 더 악화되는 아들과의 관계 때문에 당황스러웠습니다. 그 상황을 대표할 만한 사건을 그녀는 다음과 같이 묘사했습니다. 다섯 살 때 사무엘과 자비네는 자전거를 타고 가고 있었습니다. 사무엘은 엄마의 뒤를 쫓다가 엄마가 가는 길 말고 다른 길로 가고 싶어서 엄마를 큰 소리로 불렀습니다. 그래서 자비네는 서서히 속도를 늦춰 자전거를 세웠지요. 사무엘은 소리를 지르다가 주의가 흐트러져서 엄마 자전거 뒷바퀴에 부딪치며 넘어졌습니다. 몸을 일으킨 아이는 거의 통제 불능 상태로 화를 내며 울고, 고래고래 소리를 지르며 엄마를 마구 때렸습니다. 엄마가 멈춰선 것이 잘못이라며 말이지요. 자비네는 참을성 있게 기다리며 아들이 진정될 때까지 공감하는 말을 해 주었습니다.

제가 보기에 그것은 과잉보호 같았습니다. 자비네는 대화 중에, 자기가 지금 무엇을 하고 있는지 전혀 알 수 없을 때가 종종 있다고 밝혔습니다. 자비네는 점점 더 많이 참고, 상황을 지켜보았습니다. 저는 그녀가 사무엘에게 더 도움이 되는, 리더십 있는 관계를 맺을 수 있는 방법들을 함께 찾아 보았습니다. 그 결과, 사무엘은 심한 반항보다는 당황하는 반응을 보이기 시작했고, 발작적 분노도 진정되었습니다. 엄마를 좀 더 잘 받아들일 수 있게 된 것 같았습니다.

부모를 통해 명확한 관계를 경험하고 그것을 원칙으로 삼는 아들은 보통 6세, 적어도 9세에는 리더십 관계를 일반적인 것으로 받아들입니다. 그리고 그에 걸맞게 행동할 수 있게 됩니다. 아이는 리더십을 내재화하고, 그것을 안정적이라고 받아들입니다. 아이는 자신의 행동에는 반응이 온다는 점을, 결과가 뒤따른다는 점을 굳이 생각하지 않고도 압니다. "상 차리는 것을 도와줄래?"라는 말을 들으면 바로 행동하기 때문에 세 번씩 되풀이하지 않아도 되지요. 이는 맹목적인 복종이 아니라 애정 어린 관계에서 비롯됩니다.

만약 어떤 남학생이 학교에서, 가령 남의 말을 가로막는 것과 같은 행동으로 계속 방해가 된다고 생각해 봅시다. 이때 교사가 경고한다면 학생은 자기가 문제를 일으켰다는 사실을 깨닫고 좀 더 차분하게 행동하는 등, 피드백을 통해 배움을 얻을 것입니다.

명확함을 경험한 적이 없는 남자아이들은 자신의 잘못을 수용하는 발달 단계를 아예 놓치거나 거의 인지하지 못합니다. 끊임없는 반복과 강조를 필요로 하고 방어적으로 반응합니다. 자신의 행동에 책임질 줄 모르고, 누군가 수정을 요구하면 자신의 내적인 일에 간섭하는 것으로 여기지요. 나이에 걸맞은 성숙함이 전혀 없지는 않아서 잠깐씩 책임감을 내비치는 경우도 있습니다. 하지만 대체로 안정적으로 고정되어있지는 않습니다. 경험하지 못한 부모의 명확함처럼, 아들의 행동도 모호해지는 것입니다. 아이는 내적 질서를 쌓지 못합니다.

내적 질서의 부족함은 학교에서 과제를 할 때도 드러납니다. 아이는 자기 지능에 맞는 성과를 올리지 못하지요. 명확한 관계 경험이라는 기반이 없는 남자아이들은 항상 부모가 동기 부여와 자기 조직화(주어진 상황에서 정확한 답을 모르는 상태에서 스스로 학습하는 능력)를 대신 해 주어야 합니다. 집에서는 부모가(대부분은 엄마가) 끊임없는 요구와 경고를 하지만 큰 효과가 없는 상황이 이어집니다. 부모가 대신 약속과 일정을 지키고, 숙제와 시험을 챙깁니다. 매번 도시락과 체육 가방을 놓고 가는 아들에게 다시 들려 보냅니다. 그런 아이들은 나중에 선생님한테도 습관적으로 그런 도움을 기대합니다. 하지만 선생님이 해 줄 수 있거나 해 줄 용의가 있는 부분은 매우 제한적입니다. 그것이 이루어지지 않으면 아이들은 해이해지고 흥미를 잃으며, 쾌락적인 활동만을 추구하고 타인에게 폐를 끼칩니다.

이때는 아이에 대한 진단을 꼬리표 달기나 낙인 찍기와 혼동하지 않는 일이 중요합니다. '남자아이들이 그렇지 뭐. 가망이 없어. 얘는 원래 사회성이 없고 적응을 못해'라고 생각하지 않는 것이지요. 아이들의 모든 단점은 개선할 수 있습니다. 부모는 발전할 수 있고, 아들은 계속 배우고 뒤늦게 성숙해질 수 있습니다. 학교와 부모가 책임을 서로 떠넘기는 상황은 무의미합니다. 상호간의 비난 섞인 탓하기는 해결책이 될 수 없지요. 도움이 되는 방법은 부모와 아들의 관계를 개선하는 것입니다.

독이 되는 과도한 동기 부여

모든 아이는 과제를 해내고 모든 일을 스스로 하고자 하는 욕망과 능력을 가지고 있습니다. 비록 처음에는 그 노력이 전혀 완벽하지 않으며 남자아이들은 스스로를 과대평가할 때도 많지요. 하지만 아이를 잘 이끄는 부모는 그런 점을 기쁘게 여깁니다. 혼자 해내려는 의지는 성공적인 성취에의 욕구로 이어지므로 부모는 차분함, 침착함, 인내심을 가지고 동행해야 합니다.

남자아이들의 경우에는 자신의 지적 능력에 대한 자신감이 실제 성취도에 비해 더 높은 경향이 있습니다. 성취도에 대한 이러한 낙천적 태도로 인해 학교에서 노력을 덜하고, 더 열심히 해야 한다고 깨닫지 못하기도 하지요. 이것이 바로 '재능은 있지만 게으른 남자아이들'이라는 이미지를 불거지게 만듭니다.

부모들은 딸과는 달리 아들에게는 근면함보다는 결과물, 성과를 칭찬하는 경향이 있습니다. 아마도 이것이 남자아이들이 스스로를 과대평가하는 원인일 것입니다. 하지만 남자아이들에게는 노력, 꼼꼼함, 끈기에 대한 피드백도 필요합니다. 성공은 알아서 하게 두고, 지원은 최소로 줄이세요. 아들의 기쁨을 빼앗는 진짜 적은 부모의 완벽주의와 시간적 압박입니다.

한 교사가 제게 슬프고도 분한 듯, 최근에 겪었던 상황에 대해 이야기했습니다.

초등학교 3학년인 맥스는 멋진 이야기를 씁니다. 교사는 이야기가 정말 마음에 든다며 맥스를 칭찬했습니다. 그런데 맥스의 집에서 그의 어머니는 맥스가 글씨를 잘 쓰지 못했다며 공책을 찢어버렸습니다. 맥스는 글을 깔끔하게 다시 써야만 했습니다. 이는 교사의 의도와는 전혀 다르지요.

맥스의 엄마는 처음에는 맥스의 글씨체 때문에 화가 났습니다. 하지만 자신의 과도한 완벽주의 때문에 맥스가 배움에 대한 기쁨을 느끼지 못하고 있음을 결국 이해했습니다.

남자아이에게 주어지는 요구 사항은 나이에 걸맞아야 하며 감당할 수 있는 일이어야 합니다. 아이들은 과제를 받음으로써 배웁니다. 또 많은 것을 쉽고 즐겁게 배우다보면 성취를 이루지요.

남자아이들이 성취를 거부하는 두 가지 경우가 있습니다. 하나는 아이들이 그저 흥미가 없어서 회피할 때입니다. 이때에는 끝까지 고집하고 할 일을 해낼 것을 강력히 요구하는 방법이 도움이 됩니다. 다른 하나는 아이들이 두려움을 느끼거나 자존감이 너무 낮을 때, 실제로 감당하기 힘들다고 느낄 때입니다. 두 경우 모두 부모는 최선을 다하도록 부추김으로써 아들의 거부하는 성향에 무릎 꿇지 말아야합니다. 하지만 동시에 아들이 굳게 닫은 문 밖으로 나올 수 있도록 도와주어야 합니다.

아들이 끝없이 거부한다면

아들이 무엇인가를 거부하는 상황이 생기면 부모와 아들이 함께 최대한 빨리, 곧바로 해결하는 편이 좋습니다. 아들의 거부를 잘 해결한 덕분에 사춘기에도 완전한 거부 상태에 빠지는 경우는 거의 없는 가정이 많습니다. 아이들은 이 닦기, 방 청소, 옷 걸기, 샤워하기, 상 차리기, 식기 세척기 비우기 등과 같은 일상에서의 도전 과제들에 맞닥뜨리며 성취하는 법을 배울 수 있습니다.

이때 중요한 전제 조건은 부모의 애정 어린 이해와 침착함, 그리고 약간의 유머 감각입니다. 아들이 악랄해서, 아니면 부모를 화나게 하려고 일부러 그런 요구들을 거부하지는 않습니다. 따라서 아들이 거부할 경우 이성을 잃지 말고 침착함을 유지하는 편이 좋습니다. 가능한 한 폭발하거나 소리를 지르거나 벌로 위협하지 마세요. 이런 분노의 폭발은 본보기로서도 문제가 있으며, 아들을 겁먹게 하고, 리더십을 잃은 부모의 모습을 보이는 행동입니다.

아들이 도움을 필요로 한다면 단계적으로 그 과제를 함께 해결하고 '묻고 답하고 해 보는 방식'으로 도와주세요. 끈질기게 그 과제를 반복하는 것입니다. "자, 이렇게 그릇장에서 접시를 꺼내 식탁으로 가져간 다음 각자 자리에 놓는 거야. 이렇게 같이 하니까 좋구나!"라고 말해 보세요. 사실은 부모가 직접 움직이지만, 아들의 입장이 되어서 하는 것입니다. 이로써 아들은 수동적으로 배웁니다. 이는 거부감을 없애고 할 일을 줄여 아들 스스로 성취하기 쉽게 만드는 방법입니다.

아들이 정체성을 찾아가는 사춘기에는 긍정적인 행동이 자신을 정의한다는 사실을 항상 기억하도록 해야 합니다(강조와 애정 어린 유머 감각을 더해). 즉, '나는 규칙을 어기고 부모님을 머리끝까지 화나게 하는 악당, 깡패야'라고 생각하는 것이 아니라, '나는 무언가를 해내는, 무엇이든 믿고 맡길 수 있는 사람이야'라거나 '나는 시원시원하고 일을 끝까지 철저하게 하는 사람이야'라고 생각하게 말입니다.

아들이 무엇인가를 거부한다고 해서 압박하거나 벌을 주겠다고 위협하는 방법은 대개 도움이 되지 않습니다. 남자아이들에게는 그런 상황에서 자신감을 얻고 두려움을 극복하는 데 도움을 줄 어른이 필요합니다. 이는 나이, 주제, 상황에 따라 크게 달라질 수 있습니다. 일반적으로는 거부가 심할수록 더 많은 도움이 필요합니다. '적음'에서 '아주 많음'에 이르는 도움의 단계는 다음과 같습니다.

1. 할 일을 상기시키거나 힌트 주기.
2. 그냥 근처에 있어 주기(아들이 들리는, 보이는 범위 내에 머무르기).
3. 곁에 있어 주기(부모가 할 일을 하며 가까이 머무르기).
4. 집중하며 곁에 있어 주기(할 일과 성취에 주의 깊게 참여하기).
5. 할 일과 성취에 첫 번째 도움 주기.
6. 상황이 힘들 때 마지막으로 도움 주기(대신 해 주기).

숙제를 예로 들어 각 단계를 살펴봅시다.

1. "숙제 할 시간이야!"
2. "넌 숙제를 하렴, 난 근처에 있을게."
3. "넌 숙제를 하렴, 난 네 앞에 앉아서 책을 읽을게."
4. "이 문제는 맞게 계산했구나, 잘했어! 그럼 다음 단계는 뭘까?"
5. "우선 무엇을 해야 하는지 잘 읽어봐.", "이봐, 방법을 알려 주는 중요한 힌트가 있어", "같이 큰 소리로 세어 보자."
6. 아빠(또는 다른 사람)가 아들이 보는 앞에서 숙제를 단계별로 해결합니다. 이때 아빠는 아들이 이해할 수 있도록 천천히, 상세한 설명과 논평을 해 줍니다. 가령 중간중간 아들에게 다음과 같이 확인합니다. "봤지? 너도 할 수 있어!"(옆에서 보기만 한 아들을 끌어들이기), "우리가 멋지게 해냈어!" 또는 "한 번 해봐!"나 "문제를 해결하고 나면 얼마나 재미있는데"라는 말로 동기 부여를 합니다.

더 알면 좋아요!

극단적인 상황에 처해 있거나, 정신적인 스트레스가 크거나, 아프거나, 트라우마에 빠진 아이들이 있습니다. 또한 상습적으로 범죄를 저지르거나, 극도로 폭력적인 남자아이들에게는 전문가가 필요합니다. 강력한 리더십만으로는 이러한 아이들을 도울 수 없습니다.

학교 가기 싫다고 하는 아들

많은 남자아이가 학교를 좋게 보지 않습니다. 아이들이 느끼는 학교의 분위기란 보통 감정에서 비롯된 것이지 의식적으로 고려된 것이 아니지요. 학교 이미지에 대한 질문을 받을 때에야 아이들은 비로소 자기 태도를 뒷받침할 실제 예시와 증거를 찾습니다. 다른 남자아이들의 평가나 설명에도 영향을 잘 받으며, 그것을 자신의 견해에 추가시킵니다. 따라서 학교에 대한 전체적인 그림은 매우 주관적이 됩니다.

학교의 이미지는 아이들의 행동에 영향을 줍니다. 아이들이 학교를 부정적으로 보면 동기 부여에 제동이 걸리고 모든 노력이 저지되지요. 그러한 평가의 일부는 전통적인 남성성의 이미지와 연관됩니다. 남자아이들은 독립적이고, 냉담하고, 미련이 없고, 자율적인, '진정한' 남자로서의 모습을 보여야 한다는 압박을 받습니다. 약점을 드러내거나 불안해하는 모습은 이에 맞지 않지요. 학교에서의 근면함과 세심함도 마찬가지입니다.

학교생활이 성공적일 가망이 별로 없는 남학생은 학교의 가치와 거리를 두거나 학교 자체를 깎아내립니다. 그렇지 않으면 그 아이는 실패자가 되고, 우월함과 승리, 능력에 대한 아이의 남성적 자아상이 약화될 위험에 처하니까요. 그러므로 학교를 거부하는 행동과 차단으로 이어질 수 있습니다.

반대로 남성성의 이미지들(냉담함, 쿨함, 자율성)에는 유익한 면도 있습니다. 만약 학교가 성공을 약속하고 정말 그럴 가능성이 있다면, 남학생들은 안정적인 자신감을 갖습니다. 어려운 내용도 이해하고, 자기만의 해결책을 찾습니다. 배운 것들을 더 깊이 흡수할 수 있다는 확신이 생기지요.

여학생보다 못하다는 편견

남자아이들이 학교와 좋은 관계를 잘 맺지 못하는 다른 이유가 있습니다. 그중 아주 중요한 이유는 편견과 관련이 있지요. 많은 남자아이가 초등학교 저학년 시기에 이미 남학생이 여학생에 비해 뒤떨어지며 어른들도 같은 시각을 갖고 있다는 생각을 굳힙니다.

PISA(국제학업성취도평가) 연구들이 증명한 바에 따르면 그것은 사실인 듯합니다. 다만 실험에서 남학생들이 여학생들에 비해 나쁜 점수를 받은 것은 그들이 여학생들보다 못하다는 정보를 들은 경우였습니다. 반대로 실험 전에 남학생들과 여학생들이 똑같이 좋은 점수를 낼 수 있다는 말을 들은 경우에는 남학생들의 성적이 향상되었습니다! 따라서 남학생에 대한 편견들은 자기 충족적 예언, 즉 결과가 아니라 나쁜 성적을 내는 원인인 것입니다. 자신이 평범하다고 믿는 사람은 중간 정도에서 그칠 가능성이 높습니다. 학교의 기대에 결코 부응할 수 없으리라는 무고한 비난을 받는(성별 때문에) 사람은 그에 따라 행동하게 됩니다.

게다가 학교에 다니기 시작하는 시기에는 대부분의 남자아이가 동기 부여가 잘 됩니다(그들은 더 이상 유치원생이 아니라 학생이라는 자신의 지위에 만족합니다!). 하지만 학교에서 등한시되거나 자기 요구가 어느 정도 충족된다고 느끼면 금세 실망하고 말지요.

학교에서는 교사들의 태도가 특히 큰 영향력을 지닙니다. 교사들은 좋지 않은 방식으로 눈에 띄거나 버릇없이 행동하는 학생들에게 더 나쁜 점수를 주는 경향이 있지요. 이는 평균적으로 남학생이 여학생보다 훨씬 많습니다. 그러나 똑같이 좋은 성적에 대해 다른 평가가 내려진 사실(항상 불량한 행동에 대한 감점이 있기 때문에)을 알게 된 남학생들은 '남학생'이라서 저평가되었다고 느낍니다. 그래서 학교를 불공평하고 남학생들에게 적대적인 곳으로 생각하는 결과가 발생하지요.

교사의 성별이 남학생들의 성적에 영향을 미치지는 않습니다. 하지만 교사진의 성별 분포가 주는 일종의 메시지는 남자아이들에게 학교의 이미지가 결정적으로 각인되는 초등학교 때 특히 중요한 영향을 줍니다. 즉, 남자 교사의 수가 현저히 적은 상황은 학교가(또 일반적으로는 교육 환경이) '여성의 문제'라는, 따라서 남학생들에게는 별로 중요하지 않다는 메시지를 전달합니다. 그런데 이것이 남학생들의 눈에는 학교의 안 좋은 이미지를 강조하고, 삶에서 중요성을 감소시키는 또 하나의 요인이 되는 것이지요.

남학생들이 학교를 바라보는 시각은 또래 집단을 지배하는 태도에 의해서도 형성됩니다. 많은 남학생 집단은 학교의 요구와 기대에 주로 거부하는 태도를 보입니다. 학교가 바라는 태도라면 보통 복종이나 규율을 지향하는 경우가 많은데, 이는 남학생들의 문화에서는 추구할 가치가 없는 것입니다. 오히려 반대로 남학생들은 그러한 기대에 적극적으로 반기를 들어야 한다는 상당한 압박을 받습니다. 학교의 요구와 규칙을 거부하는 행동, 학교 체계에 저항하는 태도는 다른 남자아이들의 선망의 대상이 됩니다. 그러므로 자신의 남성성을 아주 실용적으로 연출할 수 있지요. 이와 반대로 근면함, 성실함, 노력은 경시됩니다. 공부벌레로 의심을 받는 일은 반드시 피해야 하니까요. 이러한 태도는 근면한 여자아이들과의 거리 두기에도 효과가 있습니다.

마지막으로 남자아이들이 학교를 하찮게 보는 데에는 일부분 부모, 특히 아빠의 책임도 있습니다. 학부모 상담 때 성별 분포만 봐도 알 수 있는데, 아빠가 참석하는 경우는 일부에 불과합니다. 아빠의 불참과 방기는 학교가 남자들에게 흥미롭지 않은 곳임을 암시합니다. 대부분은 남자들의 저평가(학교는 별로 중요하지 않다)가 포함됩니다. 비록 아빠들마다 다르게 행동할지라도, 남자아이들은 그것이 단지 예외일 뿐이라고 생각하지요. 이미지를 형성하는 주류의 남성은 다르게 생각하고 행동합니다. 이와 관련해서는(가령 교사진의 성별 분포와는 달리) 적은 노력으로 학교의 이미지를 크게 개선할 수 있습니다. 아빠들이 자기 책임을 의식하고, 다음 학부모 상담이나 학교 축제와 같은 학교 관련 일들에 적극적으로 참여하면 됩니다.

남자아이가 학교에서 잘 생활하려면

호주의 교육학자 존 해티(John Hattie)의 연구들은 한 가지 중요한 점을 지적합니다. 해티는 성공적인 교육은 무엇보다도 교사들의 능력과 연관하며, 학생들과의 관계, 그리고 교사의 학생들에 대한 감정 이입이 결정적인 역할을 한다는 사실을 증명했습니다. 여기서 좀 더 생각해 보면, 학교에서 발생하는 남학생 문제들의 상당 부분은 교사들, 교직원들과 아주 밀접하게 연관되어 있음이 분명해집니다. 좋은 교사들은 남학생들을 고무시켜 동기를 부여합니다. 이때 도움이 되는 것은 남학생들에 대한 긍정적인 태도입니다. 아이들에 대한, 아이들의 관심사에 대한 지식도 필요합니다. 또 남학생들은 교사들에게 체계나 안정적인 지도 방침을 기대합니다. 논리 정연함, 나아가 정당한 엄격함 같은 것을 필요로 하는 남학생도 많습니다. 그런데 요즘 교사들 중 다수는 바로 이러한 명확하고 간결한 면을 갖추지 못하고 있지요.

많은 남자아이가 불화, 갈등, 또는 저항을 통해 관계를 맺습니다. 이를 공격으로 여기고, 사회적 능력이 부족하다고 잘못 해석하는 교사가 많습니다. 남자아이들은 갈등을 일으키고, 싸움을 걸고, 자기 의견을 주장함으로써 직업 활동에 유용하게 쓰일 능력들을 습득합니다(어느 정도 만족할 만한 결론에 도달하는 한). 그 능력들로는 자신감, 자리매김, 상대를 관철시키는 능력, 완고함, 창의력 등이 있습니다. 하지만 바로 그렇게 도전적인 남자아이들이 학교에서는 낙오할 가능성이 높습니다.

남자아이들이 비판을 표출하는 방식 역시 여러 교사를 불쾌하게 합니다. 이때 남자아이들은 교사가 자기를 외면한다고 생각합니다. 지도자와 관계 맺는 방식이 거부당하면 결국 아이들에게는 분노와 좌절이 남습니다. 남자아이들은 독립성을 드러내는 일을 중요시합니다. 자율성이라는 신비로운 기운에 둘러싸여 있지요. 그리고 바로 이 남성적 이미지에 따라 보란 듯이 어른들에게 기대지 않는 모습을 보입니다. 그 기운에는 이탈 행동, 즉 어른들에게 순종하거나 고분고분한 공부벌레가 되지 않는 일도 포함됩니다.

남자아이들은 권위적이지 않은 학교를 좋아합니다. 그렇지만 기반은 필요합니다. 아주 강력하게 지켜지고, 결과를 통해 보장되는 구체적인 메시지나 규칙 같은 것이지요. 남자아이들은 관계 속에서의 대립을 즐깁니다. 교사들이 비판적인 피드백을 줄 때나 좋아하거나 싫어하는 것에 대해 단호하게 말할 때처럼 말이지요. 집에서와 마찬가지로, 아이들은 교사들의 개인적 리더십(자기만의 견해와 의견이 있는)에 의존합니다. 이는 특히 어린 남자아이들에게 동기를 부여합니다. '나는 선생님을 기쁘게 하려고 무언가를 하는 거야'라고 생각하는 것이지요. 이러한 리더십 있는 교사들이 없으면 아들들에게는 성취에 대한 동기 부여도, 성취를 해냈다는 자부심도 없습니다. 스스로 해낸 일이 대수롭지 않은 일이 되어버리니, 좋은 학생이 되기가 멋쩍어집니다.

모든 것을 종합해 볼 때, 바람직한 교사의 역할은 결정적입니다. 좋은 교사는 모든 학생을 잘 지켜보고 남학생들을 지지해 주는 교사들(주목과 사랑을 받는 학생들뿐만 아니라 다루기 힘든 학생들까지)입니다. 그들은 자신을 학생의 적이 아니라 배움과 개발의 파트너라 생각하여 남학생들의 관심사를 인정하지요. 그리고 남학생들이 관계를 맺거나 분쟁하는 독특한 방식에 불쾌해하거나 놀라지 않습니다. 이에 비하면 이념적 배경과 기반, 교육학적 재주 부리기(남녀 분반이나 교사 성별도 조정과 같은), 공간이나 환경은 별로 중요하지 않습니다. 다시 말해, 이 문제는 훌륭한 리더십을 갖춘 교사들에게 달려 있는 것이지요. 남학생들은 어느 정도의 열정을 가진, 자기 분야에 열성적인(그리고 이를 통해 남학생들의 배움에 대한 감정에 호소할 수 있는) 교사들에 의해 성취를 이루어야 합니다. 동시에 교사들은 남학생들과 관계를 맺는 능력을 갖추어야 하지요. 좋은 교사는 각 반, 각각의 학생들에게 똑같이 눈길을 주는 감독이자 활성제 역할을 합니다.

그러므로 개성과 리더십 있는 좋은 교사들이 결정적입니다. 남자아이들에게 뜻이 맞는 삶의 동반자가 되어 주려면 나쁜 교사들도 있다는 사실과, 그들이 어디에 있는지를 알려 주어야 하지요. 나쁜 교사들은 학생들에게 무리한 요구를 하지요. 그들에게 내맡겨진 남자아이들이 딴짓을 하거나 반항하는 것도 놀랄 일은 아닙니다. 교사들 간의 질적 차이를 인식하는 일은 각 부모들, 학부모 위원회, 특히 학교 운영진 및 담당자들의 과제입니다.

남자아이들에 관한 한 부모와 교사들은 마치 한 팀처럼 문제를 함께 해결하는 것이 바람직합니다. 무신경한 교사들은 남학생들 앞에서 부모의 리더십에 의문을 제기하면서("그럼 네 아버지더러 학부모 상담 때 오시라고 해") 부모의 지위를 공격하기도 합니다. 안타깝게도 이 두 집단은 책임, 심지어는 죄책감을 재빨리 서로에게 떠넘기고 있습니다. 하지만 자기 비판적이고 건설적인 방향으로 함께 나아가야 남자아이들 문제를 성공적이고 획기적으로 해결할 수 있습니다.

모든 노력에서 고려되어야 할 사실은, 학생이 많은 학교는 항상 표준화의 예시가 된다는 점입니다. 비록 그 수는 적지만, 표준화된 일반 학교에 결코 적합하지 않은 남자아이들이 있습니다. 어떤 아이들은 한 반의 학생 수가 너무 많다는 생각에 그 많은 동급생 사이에서 살아남지 못할 것이라며 괴로워합니다. 또 어떤 아이들은 예민하고 민감해서 대형 학교의 혼란스러움에 압도당합니다. 심각한 불안이나 공포에 시달리는 아이들도 있습니다. 등교를 아예 거부하는 아이들도 있는데, 이는 제한적인 독일의 의무 교육 체계 하에서 거의 받아들여지지 않는 일입니다. 학교에서 등교는 강제적인 일이며, 개인의 사정은 극히 제한적으로만 인정됩니다.

이미 언급했듯이 등교 거부자의 대다수는 남자아이들입니다. 그러므로 교육에 대한 제한적 사고 역시 남자아이들과 관련된 문제입니다. 그러나 무엇보다도 자신을 교육 전문가가 아닌 공무원으로 여기는 교사들의 전문성 결여가 가장 심각한 문제가 됩니다.

더 알면 좋아요!

부모가 아들이 학교에서 잘 지낼 수 있는 좋은 조건들을 만들어 주는 일은 큰 도움이 될지언정 성공의 보증 수표는 아닙니다. 남자아이들은 대부분 자유로운 영혼이기 때문이지요. 그리고 남자아이들의 성공은 다른 여러 요인에 달려 있습니다. 남자아이들은 커 갈수록 또래 친구들에게 더 집중하며, 따라서 친구들의 사고방식이 부모의 태도보다 훨씬 더 큰 영향을 미칩니다.

아들의 행복한 학교생활을 도우려면

엄마와 아빠는 자녀의 행복한 학교생활에 긍정적인 영향을 미칠 만한 기회가 많습니다. 아들이 어려움을 겪는 원인이 부모에게 있다고 하면 좋아할 부모는 당연히 없겠지요. 이는 충분히 이해할만 하며, 경우에 따라서는 정당하다고 할 수 있습니다.

하지만 앞서 언급했듯이, 부모의 어떤 행동이 아들의 학교생활을 좀 더 쉽게, 또는 어렵게 만들 수 있습니다. 남자아이들이 일으키는 학교에서의 많은 문제는 학교에서 갑자기 생겨나지 않습니다. 집에서부터 시작된 문제이지요. 또 어떤 반에서 남자아이들 여럿이 유독 눈에 띄고 다루기 힘든 행동을 보인다면, 이는 부모, 교사, 그리고 남자아이들의 폭발적인 삼각관계에서 비롯되는 경우가 많습니다. 물론 부모가 교사나 아들이 할 일을 대신 할 필요는 없습니다. 그러나 부모로서 책임을 져야 하는 부분이 있으므로 아들의 성공적인 학교 생활에 적극적으로 기여해야 합니다. 이러한 지원과 보호는 사춘기 이전과 초반에 특히 중요하지요. 남자아이들은 독립심과 자신감이 커질수록 참견이나 지시를 받지 않으려고 하므로, 미루면 너무 늦어 버립니다. 따라서 15세, 16세 즈음에는 학교생활, 또 그와 관련된 과제들을 가능한 한 스스로 해낼 수 있을 만한 마음가짐과 조직력을 갖추어야 합니다.

아들을 가장 잘 도울 수 있는 방법

시몬의 부모는 당황하고 걱정하며 저를 찾아왔습니다. 아들이 점점 더 뒤처지고 학교 일에는 전혀 관심이 없다는 것이었습니다. 시몬은 속으로는 이미 학교를 포기하고 직업 훈련을 받고 싶어 하는 것 같다고 했습니다. 또 시몬은 몇 주 동안이나 자기 방 청소도 안 하고 있었습니다. 부모는 가능한 모든 시도를 해 보았지만 아무 것도 효과가 없었습니다.

시몬을 데리고 상담을 온 엄마는 곧 그것이 강력한 리더십과 명확한 메시지로 해결될 사안이 아님을 알게 되었습니다. 매우 우울해 보이는 시몬은 정신적으로 위험한 상태라 도움이 필요했습니다. 저는 아동 및 청소년 정신건강의학과에서 입원 치료를 받는 방법이 최선이라고 생각했지만, 시몬은 그러기를 원치 않았습니다. 그래서 우선 진단을 받고 적당한 치료법을 찾기 위해 시몬이 동네 병원에서 치료를 받도록 했습니다.

부모는 자신들의 관할 영역에서 아이에게 긍정적이고 직접적인 영향을 미칩니다. 아들이 학교에서 잘 지낼 수 있도록 성장에 필요한 조건들을 갖추는 것입니다. 모든 남자아이는 자기 스스로나 주위 사람이 보기에 성공적인 학생이 될 수 있는 잠재력을 가지고 있습니다(각자가 생각하는 성공이 그럭저럭 버티기, 평균, 최고 수준 중 어떤 것일지는 모르며, 또 어떤 것이라도 상관없지만). 좋은 성적으로만 특징지어지는 학교에서의 성공은 하나의 요소일 뿐이지요. 남자로서의 행복한 삶이나 미래의 직업적 성공까지 보장하지는 않습니다.

아들에게 명확함이 필요한 이유

울리는 과거에 힘든 학창 시절을 겪었습니다. 울리의 수동적이고 꽤나 침울한 태도를 울리의 아들이 물려받았지요. 울리는 대화를 통해 아들에게 전과 다른 태도를 전하고자 했습니다.

"학교에서는 열심히 해야 해. 때로는 힘이 들 거야. 그건 피할 수 없는 일이고, 당연한 일이란다!"

학교 교육에 대한 부모의 명확한 태도는 아들의 교육 과정에서 좋은 바탕이 됩니다. 학업은 오랜 기간 지속되는 일이지요. 학교에서의 성공은 주로 고되고 노력이 필요한 학습과 연습에 기반합니다. 즉, 많은 남자아이가 믿는 영감(천재성이 근면함보다는 좀 더 마음에 드니까)보다는 열정이 중요한 것이지요. 하지만 노력도 중요하지만, 배우고자 하는 욕구와 결합되어야 합니다. 그렇지 못한 경우에는, 즉 압박과 복종만 요구되고 두려움과 싫은 감정만 가득하거나 미래에 대한 위협을 받는다면, 명확한 부모들은 이렇게 생각합니다. '이렇게는 안 돼. 이건 우리 아들에게 좋지 않아. 그런 압박은 아이의 내면을 짓밟고, 외부에서는 공격성, 이기심이나 타인에 대한 폄하로 이어질 수 있어'라고 말입니다.

애정 어린 관심을 가지고 아들과 동행하는 일은, 아이들이 자신의 동기를 개발하고 계속 펼쳐 나가는 데에 결정적인 역할을 합니다. 동기 부여의 핵심은 다른 사람들의 시선을 받고, 인식되고자 하는 욕구입니다. 부모와의 안정적인 관계, 부모가 곁에 있고 관심을 가져 주는 것은 사회적 인정, 긍정적인 애정의 형태이자 뚜렷한 사랑의 표시이지요. 여기에서 비롯된 동기는 남자아이들의 평생에 걸쳐 지속됩니다(물론 불안정한 시기도 있지만요).

학교 문제에서 부모와 아들에게 중요한 점은 개인의 한계를 아는 데에서 오는 안정감입니다. 어디서 멈추어야 할까요? 어디서부터 시작할까요? 많은 부모가 자신의 한계를 설정하는 데 어려움을 겪고 아들과의 거리두기를 잘 못합니다. 이것은 동정심('나도 너와 같은 마음이야')이 아니라, 아들을 엄마나 아빠의 일부로 느끼는 일입니다. 만약 아들이 학교에서 적절치 못한 행동 때문에 비난을 받으면 어떤 부모는 그것을 자신이 당한 일처럼 느낍니다. 일단은 모든 것을 부인하고(아들이 보이는 것과 똑같은 반응), 무슨 일이 일어났는지, 교사들이 아들을 어떻게 생각하는지 알기도 전에 무조건 아들의 편을 듭니다. 이럴 때 엄마와 아빠는 자기 비판적인 의구심을 가져야 합니다. 부모 중 어느 한쪽이 아들의 학교 문제로부터 자신을 더 쉽게 분리시킬 수도 있습니다. 그러면 그 사람은 적어도 당분간은 학교의 관점에서 좀 더 적극적인 부모 역할을 할 수 있겠지요. 이는 아들이 독립적이고 자주적으로 행동하고 있으며, 또 그래야 한다는 점을 일깨우는 데 도움을 줍니다. 부모가 한계를 명확히 하려면 아들과 공감하고 관계를 맺어야 합니다. 그런 동시에 아들이 자기 행동에 대한 책임을 스스로 지도록 하는 것입니다.

명확한 부모는 아들의 능력, 역량과 끈기를 신뢰합니다. 이를 바탕으로 아들에게 쏟는 격려는 영향력이 큽니다. "나는 네가 할 수 있다고 확신해. 한번 보여줘!", "넌 할 수 있어. 지난번에도 잘 됐잖아!"라고 응원하지요. 이는 신뢰의 분명한 표현이자, 다정한 방식의 인정입니다. 아들의 사기가 떨어졌을 때는 부모의 공감도 도움이 되긴 합니다. 하지만(예를 들어 "네 말은 그걸 못하겠다는 거지? 그렇게 많니?" ,"지금은 하고 싶지 않니?") 그것이 순수한 연민으로 변해버리면 아빠와 엄마의 지지자로서의 입지는 사라져버립니다. 부모가 아들 옆에 있는 것이 아니라, 아들 위에 있게 되는 것이지요.

좋은 격려와 나쁜 격려

격려하기란 쉽지 않은 일이라 온전히 거기에 집중해야 합니다. 아이를 쳐다보지도 않고 무심코 "응, 잘했어"라고 하는 말은 차라리 모욕에 가깝지, 격려가 아니지요. 또 당연하고 하찮은 일들을 칭찬하거나 환호한다면 진짜 성과를 이끌어 내기 힘듭니다. 두루뭉술한 칭찬은 아들을 의존적으로 만들며, 너무 자주 어깨를 두드려 주는 것도 역효과를 낼 수 있습니다. 매번 다 좋고 대단하다는 평가를 받으면 남자아이들은 거만해지거나, 한 번만 칭찬을 못 받아도 아무런 엄두를 내지 못합니다.

격려에는 주의와 정확함이 필요합니다. 상세함이 차이를 만듭니다. 남자아이들은 "잘했어, 네가 자랑스러워"와 같은 애매한 말보다는 "오늘은 모든 어휘를 다 배웠고 쓰기에서는 실수가 하나밖에 없었네. 영어를 얼마나 잘 배우고 있는지, 넌 정말 스스로를 자랑스러워해도 돼!"라는 말이 더 필요합니다.

가끔씩 인정하고, 이삼 주마다 한 번씩 칭찬하는 것만으로는 부족합니다! 즉, 목표를 가지고 의식적으로 계속 장점들과 노력들을 지켜보아야 하지요. 직장에서 일할 때와 마찬가지로, 아들을 위한 격려에도 약간의 투지와 끈기가 필요합니다.

격려의 한 가지 측면은 남자아이들이 무언가를 할 수 있다고 믿는 것입니다. 그런데 아이들 스스로가 발견한 자질 그 이상이 기대될 때가 많지요. 이에 아들은 종종 꼼짝 못합니다. 다다를 수 없는 높은 목표를 세우고 그것을 이룰 수 없음을 깨닫고는 금세 실망하거나, 목표를 너무 낮게 유지하여 계속 중간에만 머물지요. 격려를 하려면 아이가 어느 위치에 있는지, 무엇을 할 수 있으며 어디로 나아갈 것인지에 대한 정확한 지식이 전제되어야 합니다.

좋은 피드백도 격려가 됩니다. 이때 아이를 자세히 살펴보는 것은 필수이지요. 피드백은 남자아이들에게 그들이 서 있는 곳, 할 수 있는 것, 그들에게 기대되는 점과 나아갈 방향을 알려 줍니다. 그러나 많은 부모가 '잘함'이라는 점수를 주는 것만으로 충분한 피드백이 된다고 생각하고는 합니다. 또 많은 부모가 진정한 피드백 대신 점수만 매기는 비판적인 태도에 의해 사회화되었습니다. 이는 보통 아이에게 수치심을 주고 도움이 되지 않는 경험입니다. 격려하는 방법을 잘 모르는 사람이 많은 것은 하나의 문화적 결핍입니다. 따라서 우리는 격려하는 법을 배우고 연습해야 합니다.

묻고 답하기로 자신감 키우기

저는 상담할 때 아들을 격려하지 못할 뿐만 아니라 아들과 똑같이 불평하는 부모들을 만나고는 합니다. 평범한 학교 숙제를 끔찍한 요구로 여기는 부모는 아들의 자신감을 약화시킵니다. 학교가 부당한 요구를 한다며 아들과 함께 불평만 한다면, 아들은 자신의 능력을 사실적으로 평가할 수 없습니다. 아이가 능력에 비해 낮은 수준의 요구만 받고, 부모가 아들의 감정에만 끊임없이 매달린다면 어떨까요? 아들은 자신을 과대평가하고 철없는 과대망상에 빠지겠지요. 물론 부모와 아들이 화창한 주말에 많은 양의 숙제를 해야 한다는 사실 때문에 같이 짜증을 낼 수는 있습니다. 하지만 그런 상황에서는 온 가족이 오래 전부터 계획했던 여행을 가기 위해서 언제 그 숙제를 해야 할지 함께 고민하는 것이 옳습니다.

그 밖의 다른 응석받이와 과잉보호도 남자아이들의 안정적인 측면을 파괴합니다. 뭐든지 놓고 가서 뒤쫓아 갖다 주어야 하고, 숙제와 체육복도 부모가 챙겨야 하는 상황이 초래됩니다. 이런 행동은 도움이 되지 않으며 아들을 의존적이고 비독립적으로 만듭니다. 남자아이들은 부모나 변호사의 도움 없이도 많은 갈등을 스스로 해결할 수 있습니다. 격려, 피드백, 유머와 신뢰가 아들을 강하게 만들며, 자기 효능감과 유능감을 경험하게 합니다.

학교 숙제를 할 때 특히 어린 남자아이들에게는 다음의 묻고 답하는 방식이 도움이 됩니다.

- "나는 뭘 해야 할까, 첫 번째 숙제는 뭐지?"
- "아하, 나는 이야기를 써야 해."
- 그리고 '이야기를 어떻게 시작할까?'라고 생각한다.

- 첫 문장을 쓰고 다시 읽어 본다.
- 그런 다음 스스로에게 '이 다음에는 어떤 내용이 이어질 수 있을까?'라고 묻는다.
- 우선 몇 가지 키워드들을 적어 본다.

더 알면 좋아요!

우리는 비판에 더 익숙하기 때문에 격려하려면 때때로 의식적인 조치가 필요합니다. '사기 진작의 날', 즉 자부심을 높이는 일종의 '행복의 날'을 만들어 격려를 연습해도 좋습니다. 이날은 하루 종일 장점에만 집중하여 서로에게 말해 주기로 약속하는 것이지요. 아니면 집에 온 손님들에게 장점들만 집어서 말해 달라고 부탁합니다. 가령 조부모나 가족의 친구가 왔을 때, 낯선 어른들이 격려와 칭찬을 해 주면 남자아이들에게는 엄청난 동기 부여가 되고 자부심도 충만해질 수 있습니다.

뇌를 위한 충분한 여유 주기

학업을 충실히 이어가려면 뇌가 일할 수 있는 충분한 시간과 여유가 필요합니다. 부모는 그 두 가지가 충분히 유지되도록 아들을 도울 수 있지요. 정신없는 일상을 보내다 보면 쉽지 않은 경우가 많지만, 타이밍을 잘 맞추면 얻는 점이 많습니다.

충분한 시간은 두 가지 관점에서 꼭 필요합니다. 첫 번째는 복습, 숙제, 시험 준비를 위한 학습 및 공부 시간이 필요합니다. 그리고 그 밖에 뇌에서 처리하는 시간도 꼭 필요하지요. 가령 단어를 배운 다음이나 숙제를 한 뒤에는 휴식을 통해 뇌 피질에 정보들을 저장하는 시간을 확보해야 합니다. 특히 시청각 미디어는 강렬한 자극과 요구 때문에 뇌에 부담이 되며, 더구나 긴장을 불러일으켜 감정에도 영향을 미칩니다. 아이들이 학습한 후에 충분한 시간 간격을 두지 않고 미디어를 집중적으로 이용하면, 배운 내용은 다져지지 않고 지워져 버립니다(뇌의 제어 중추가 그것을 중요하지 않은 것으로 판단합니다).

두 번째로는, 뇌가 경험하고 배운 내용을 처리하고 다지기 위해서는 매일 재조정을 위한 긴 휴식이 필요합니다. 아이들이 충분한 수면을 취해야 하는 이유가 바로 이것이지요. 사춘기까지는 부모가 그것을 책임져야 하며, 이때에도 가능한 한 명확한 합의가 도움이 됩니다.

게임, 거부하기 힘든 유혹

컴퓨터, 게임기와 같은 전자 미디어들은 다소 가볍고 수동적인 오락입니다. 그런데도 남자아이들은 쉴 때 많은 시간을 여기에 할애합니다. 이제는 여러 인상 깊은 실험들에 의해 이 기기들이 학교 성적에 악영향을 미친다는 사실이 증명되었지요. 게임기를 얻는 것만으로도 남자아이들의 학업 태도가 더 나빠지는 것입니다. 시청각 미디어들은 많은 남자아이가 거부하기 힘들 만큼 대단히 유혹적입니다. 그것들은 시간을 꽤나 잡아먹고, 뇌에서 많은 공간을 차지합니다. 특히 컴퓨터 및 콘솔 게임은 의심할 여지없이 진정한 '학습 방해물'입니다.

그런 미디어들을 싸잡아 낙인찍거나 완전히 금지해야 한다는 뜻은 아닙니다. 그러한 활동도 나름의 가치와 매력을 가지고 있으니까요. 하지만 남자아이들에게는 시간 관리와 규제가 필요합니다. 이는 분명하고 아주 간단한 일입니다. 남자아이들의 뇌가 학교와 관련된 일들을 처리할 충분한 시간을 주는 것이지요. 아이들이 배운 것들이 곧바로 사라지지 않고 소화되도록 휴식과 수면이 필요합니다.

게다가 휴식은 오히려 활동적이거나 부산한 남자아이에게 더욱 필요합니다. 아이가 배운 내용을 소화하고, 스스로 느끼고, 맑은 정신으로 새로운 아이디어를 개발하려면 반드시 휴식을 취해야 합니다. 남자아이들은 오후와 저녁에 쉬어 주어야 오전과 점심에 학교생활을 잘 할 수 있습니다. 집에서 편안하게 쉬는 것이 최고이지요. 하지만 정신없는 일상 때문에 그럴 수 없다면 잠시나마 모든 것을 중단하는 시간을 갖거나 야외로 나가 보세요. 부모가 할 수 있는 일은 시간적 여유 갖기, 자극 줄이기, 아들의 스트레스를 인지하고 가능하면 억제하는 일입니다. 또한 아들의 분주함이 도를 넘지 않도록 하기, 아무 것도 요구하지 않고 그냥 곁에 있어 주기 등이 있습니다.

학교에 지나치게 의존하지 않아야 한다

학습, 학교, 교육과 개발의 공통점은 무엇일까요? 이 모두는 남자아이들에게도, 그와 관련된 대다수의 성인에게도 항상 즐거운 일은 아닙니다. 따라서 단호하면서도 친밀한 양육을 중요시하는 부모는 어린이집, 유치원, 학교 등에 불편한 과제를 전적으로 맡기는 대신 일부를 스스로 떠맡습니다. 아들이 서서히 규칙을 알아가고 지키거나, 최소한 양심의 가책을 느끼고 그에 따른 결과를 감내하도록 가르칩니다. 아들이 언제든 하고 싶은 대로 말을 하지 않고, 대화 중에 적절한 틈이 날 때까지 기다리게 합니다. 아이가 마구잡이식이 아니라 의식적으로 행동하는 등, 점차 충동을 통제할 수 있도록 돕습니다. 또한 항상 자기가 중심이 될 수는 없다는 것에 대한 실망감을 견디길 기대합니다. 욕구가 즉시 충족되지 않을 수도 있으며, 나중에 되거나 아예 안 되는 경우도 있다는 사실을 깨닫도록 돕지요.

어떤 부모들은 관계 속에서 사랑을 표현하는 방식이 제한적입니다. 화목한 가정을 꾸려나가는 일을 자신의 역할로 여기고, 아이에게 항상 친절하려고만 합니다. 하지만 이런 부모도 아들이 배우고 극복해야 하는 일이 많다는 사실을 알고 있습니다. 이것은 언제나 즐겁기만 한 일은 아닙니다. 항상 문제없이, 갈등과 노력 없이 이루어지지도 않지요. 이때에는 부모의 또 다른 모습이 필요합니다. 즉 도전적이고, 동기 부여가 되고, 일이 잘 풀리지 않을 때는 그에 맞설 줄 아는 자질이 요구되지요. 이는 아이에게 전혀 친절해 보이지 않을 때가 많습니다. 그래서 점점 더 많은 부모가 불편한 일들을 타인에게, 특히 학교에 위임하려는 경향을 보입니다. '아이들이 열심히 공부하고, 자제력을 키우고, 주어진 과제를 완수하고, 집단에서 적응하고 양보하는 법을 배우도록 하는 것은 학교가 할 일 아닌가?'라고 생각하는 것이지요. 부모들은 학교가 남자아이들을 제대로 공부시키고, 훈계하여 다시 궤도에 올려 놓기를 기대합니다. 또 아이들이 다시 순응하기를 바라는 마음에 강경한 수단을 환영합니다.

그러나 분명한 점은 아들의 여러 자질을 위한 기반을 마련하고 유년기 후반이나 청소년기부터 다시 역할을 다하는 것이 부모가 할 일이라는 사실입니다. 비록 직장 생활 등을 이유로 아이들과 보내는 시간이 점차 줄어들고 있지만요. 그런데 부모가 자신의 책임을 전가하면, 아이들 역시도 자신에게 허용적이 됩니다. 자기 실패에 대한 책임을 남의 탓으로 돌리지요. 알다시피 아이들은 모방을 통해 배우고 자신의 부모처럼 행동합니다. 자기 자신을 규제하고 단속하려면 남의 도움을 받거나 남을 이용해야 하고, 제멋대로 날뛰며 "내가 한 게 아냐, 쟤가 한 거야!"와 같은 말을 하는 것이지요.

부모는 부담스러운 일들도 스스로 해결하려고 노력해야 합니다. 학교가 아들에게 성취욕, 존중이나 의무감을 알려 주기를 바라고만 있어서는 안 됩니다. 물론 다루기 힘든 아이들도 있어서 부모가 압도당하거나 부담을 느낀다면, 시급한 변화가 필요하다는 증거입니다. 그리고 양육에서 놓친 점을 만회하기란 전적으로 가능한 일인데도, 어찌할 바를 모르고 너무 빨리 포기하는 부모가 많습니다. 두 손 두 발 다 들고 피해자처럼 행동합니다("우리가 뭘 더 할 수 있겠어? 다 해 봤지만 아무 소용도 없는걸!"). 아들과 잘 지내기를 바라고 다른 어른들도 그와 잘 지내야 한다고 생각하면서도, 리더십과 책임을 포기하고 상황이 어려워지면 수동적 위치로 도망치는 것입니다.

교육 상담의 주체가 되는 대상은 대부분 남자아이입니다. 한 가지

학교생활

원인은(여러 원인이 있지만) 리더십을 포기한 부모입니다. 만약 부모가 더 이상 책임을 질 수 없다고 느낀다면 가능한 한 빠른 시간 내에 지원을 받아야 하며, 이는 매우 중요한 일입니다. 교육자들, 교사들이 적절한 상담을 받을 수 있도록 도와줄 것입니다.

남자아이들은 실제로는 정상이면서 때때로 '정신 나간' 행동을 하고는 합니다. 또 자기 부모처럼 행동하지 않는 교사들을 이해하지 못하지요. 부모는 학교가 아들을 정신 차리게 해 주리라 희망하지만, 학교는 그럴 수 없습니다. 학교의 지도부나 개별 교사들과의 협력이 도움이 될 때도 있으므로, 담임 선생님과 같은 학교의 책임자와 대화를 통해 힘을 합하는 것도 좋습니다. 그러나 학교는 아들을 사회적으로 용인되는 사람으로 만들어 주는 마법 상자가 아닙니다. 따라서 부모의 과중한 부담을 없애 줄 수는 없습니다. 부모는 스스로의 힘으로(필요하면 다른 이들의 지원도 받아) 가정에서의 명확함과 리더십을 되찾아야 합니다.

더 알면 좋아요!

사춘기 남자아이의 뇌에서는 낮과 밤의 주기가 느려져, 밤에는 더 늦게 피곤해지고 아침에는 더 늦게 깹니다. 이것은 사춘기가 끝날 때 다시 변합니다. 안타깝게도, 학교와 직장은 그 시간에 맞춰 돌아가지 않지요. 그러므로 주말에라도 아이들은 잠을 충분히 잘 수 있어야 합니다.

학교를 신뢰하라

달갑지 않은 말일 수도 있지만, 부모와 교사는 리더십에 관한 한 한편입니다. 남자아이들에게 영향을 미치고 진지하게 받아들여지는 것과 그 방법에 있어서도 그들은 상호 의존적입니다. 이는 양쪽에서, 즉 모든 관계자가 서로를 존중하고 소중히 여기는 태도를 가정과 학교에서 경험한 아이들을 보면 쉽게 알 수 있습니다. 그런 아이들은 주로 기반이 잘 갖춰져 있고 올바른 지향점을 갖고 있다는 느낌을 줍니다.

부모는 아들에 대한 교사의 견해를 중요하게 여깁니다. 아들이 학교에서는 집에서 잘 하지 않던 행동을 하기 때문입니다. 아들은 좋은 모습이든, 안 좋은 모습이든 간에 부모가 거의 본 적 없는 모습을 학교에서 보이니까요. 부모가 아들의 행복을 우선시하는 일은 당연한 일이므로 의심스러울 때 아들 편을 드는 것도 당연합니다! 하지만 처음부터 교사들을 적으로 여기고 반감을 가지면 상황은 힘들어집니다. 이는 아들에게 아무 도움도 되지 않으며, 불필요한 갈등을 일으킵니다. 또한 학교의 전문성을 떨어뜨리지요. 좀 더 건설적인 태도는, 아들 편을 들되 교사들을 적대시하지 않는 것입니다. 아들은 부모가 타인을 어떤 태도로 대하는지 대부분 정확히 인지합니다.

아이가 선생님을 싫어한다면

학교에서는 교사들이 리더십을 갖습니다. 또한 교사들은 교육과 양육에 대한 사회적 의무를 집니다. 이로써 교사는 부모와 사회를 대신하는 존재가 되며, 원칙적으로 존경과 존중을 받아 마땅합니다.

아들이 집에서 선생님을 욕한다면 못하게 하는 편이 좋습니다. 물론 어쩌다 한번씩 투덜대거나 불평을 할 수는 있습니다. 하지만 일반적인 저평가는 학교 지도자들, 즉 교사들의 위신을 떨어뜨립니다. 이런 경우에 부모는 학교에 대한 존중, 교사와 교사의 일에 대한 존경을 강화하는 편이 좋습니다. 엄밀히 말하면 부모는 교사들과 한 배를 탔기 때문입니다. 전면적으로 저평가하는 것을 용인하면 결국 부모 자신의 리더십까지 무너지게 됩니다.

어떤 부모들은 학교를 적극적이고 지속적으로 깎아내립니다. "선생님은 너한테 이래라저래라 할 수 없어"라는 말은 아들에게는 마치

관계를 망치는 폭약과 같습니다. 학교의 권위를 떨어뜨리기란 꽤 쉬운 일입니다. 아들 앞에서 교사 비판하기, 학교나 교사들을 싸잡아 깎아내리기(가령 편견을 반복해서 말한다든지, '그 선생은 아무 것도 몰라'와 같이 일부 교사를 폄하한다든지, 교사가 내준 숙제에 대해 의심을 한다든지) 등, 이는 전부 학교의 리더십을 손상시킵니다. 그러면 아들의 상황도 어려워져, 짜증을 내고 갈등에 빠집니다. 이때 남자아이들은 종종 교사의 일에 훼방을 놓거나 갈등을 유발하는 등의 아주 독창적인 방식으로 누가 옳은지 가리려 듭니다. 그런 행동에 대해 교사들은 그들 나름의 반응을 보이고, 결국 활기 넘치는 역학 관계가 시작됩니다. 이런 상황에서 교사나 부모가 권위적인 태도를 보이는 경우도 적지 않습니다. 아이들에게 징계 조치를 취하는 교사들, 고소나 소송으로 학교를 위협하는 부모도 있습니다. 그런 부모는 대부분 자신의 태도가 누워서 침 뱉기가 될 수 있다는 생각을 하지 못합니다. 이는 부모가 아들에게 리더십은 저평가될 수 있고 심지어는 무가치하다고 몸소 보여주는 격입니다. 학교에 대한 저평가는 간접적으로 부모에 대한 존경심마저 떨어뜨립니다.

학교를 존중해야 하는 이유

ADHD(주의력결핍 과다행동장애)가 의심될 정도로 활달하고 매우 독창적인 행동을 보이는 테오라는 2학년 남학생이 있습니다. 테오는 주목을 받을 만한 행동들을 시도했지요. 그런 시도는 선생님이 과제를 시작하라고 말했을 때 책상을 넘어뜨리면서 절정에 이르렀습니다. 선생님은 친절하면서도 단호하게 책상을 다시 세워 놓으라고 말했지만, 테오는 말을 듣지 않았습니다. 선생님은 책상을 다시 세워 놓아야 마지막 수업이 끝났을 때 자기와 함께 교실을 나갈 수 있을 것이라고 말하고, 쉬는 시간에 테오의 부모에게 연락했습니다. 오전 수업이 끝날 때까지도 책상은 여전히 넘어져 있었습니다. 테오는 계속 남아 있어야 했지요. 45분이 지나고 나서야 테오는 책상을 다시 세우고, 선생님과 기쁘게 학교를 나섰습니다. 밖에서 기다리던 테오의 엄마는 아들을 껴안으며 큰 소리로 동정의 말을 하고, 선생님이 나쁘다며 악담을 해댔습니다.

물론 부모가 학교가 잘못되거나 학교 측의 실수가 있을 때에도 비판할 수 없고, 비판해서는 안 된다는 뜻은 아닙니다. 교사가 임무를 이행하지 않거나, 아이들을 상대로 성적 행동이나 폭력적 성향을 보이는 일도 있지요. 남학생들을 구박하거나 불공평하게 대하는 일들이 일어나기도 합니다. 부당하고 폭력적인 교사들의 요구를 아들이 다 받아들일 필요가 없는 것은 당연합니다. 분노할 수밖에 없는 이런 경우에는 아들이 저항할 수 있도록 무조건 지지해 주고, 부모의 지원과 도움을 받도록 해야 합니다.

부모는 아들을 보호하고, 교사진이나 학교 경영진에게 줏대 있는 모습을 보여야 합니다. 그때는 부모들이 행동하고, 개입하고, 해

악을 지적합니다. 하지만 이때도 존중하는 태도는 유지되어야 합니다. 일단 상황을 충분히 파악하고 판단을 내리는 것 역시 이러한 태도에 포함됩니다.

여러 사태와 갈등은 아들이 듣지 않을 때 더 잘 해결되는 경우가 많습니다. 일반화는 언제나 문제의 소지가 있으므로('선생님들은 다 그래….') 아들의 입에서 나오는 모든 말을 교사 폄하로 결론지어서는 안 됩니다. 아들의 말에 귀를 기울이고 공감해 줄 필요는 있습니다. 하지만 그 사태가 정말 아들이 겪은, 또는 묘사하는 것과 같은지 확신할 수는 없지 않을까요? 중요한 점은 교사의 전문성을 인정하는 부모의 태도입니다.

더 알면 좋아요!

남학생들은 학교의 분위기와 환경을 결정하는 요인이 됩니다. 학교 교육의 성공 여부 또한 남학생들의 영향을 받습니다. 그 아이들이 학교에서 어떻게 받아들여지고 어떻게 행동하는지는 부모의 (선행)조치에 달려 있지요. 부모가 학교를 존중할 때, 아들은 선생님을 존중할 수 있습니다. 학교의 규칙을 받아들이고 그에 따르는 것을 한결 쉽게 여기지요.

공부와 성적

많은 가정에서 아들의 성적을 두고 논쟁이 벌입니다. 성적에 관한 문제와 갈등은 특히 초등학교에서 중학교로 진학할 때나 졸업 때와 같은 학기 말에 불거집니다. 사춘기부터는 상황이 더 악화됩니다. 이 시기에는 유년기 때와 같은 양육 방식이 더 이상 통하지 않기 때문이지요. 그래서 학교라는 골치 아픈 주제와 관련하여 종종 극적인 일들이 벌어집니다.

남자아이들이 성적에 별로 관심이 없는 것은 어떤 면에서는 정상입니다. 사춘기부터는 더욱더 그렇습니다. 좋은 성적을 받는다고 멋있어 보이지는 않으며, 오히려 또래들로부터 범생이 취급을 받을 위험이 있거든요. 그럼에도 공부와 성적에 대한 부모들의 태도는 분명합니다. 아들이 학교에서 할 일은 공부를 잘하고 자기 능력을 보여 주고 기대하는 성적을 얻는 것이니, 그러기 위해 노력해야 한다고 생각합니다. 그런 태도는 보통 아들을 짜증나게 합니다. 이럴 때 부모는 어떻게 해야 할까요? 먼저 성적에 대한 기본적인 기대를 명확히 표현하고, 그것이 충족되는 한(예를 들어 아들이 괜찮은 성적을 받아온다면) 학교 일에 관여하지 않겠다고 약속할 수 있습니다. 그러면 큰 사고가 없는 한 아들이 마음 편하게 수업 시간을 보낼 수 있는 기반이 마련됩니다.

공부는 부모가 하는 일이 아닙니다. 아들 스스로만이 할 수 있지요. 부모는 아들에게 성과를 보이도록 강요할 수도 없습니다. 뭔가를 하는 일은 아들의 결정이니까요. 더 강하게 압박하거나 벌을 주는 것은 지속 가능한 방법이 아닙니다.

칭찬은 중요하며 관계에서도 인정과 동기 부여의 효과가 있습니다. 하지만 물질이나 금전적 보상은 보통 단기적으로만 작용할 뿐입니다. 따라서 부모가 할 수 있는 일은 그리 많지 않습니다. 좋은 동반자가 되어 주고, 아들과 아들의 건강 상태에 관심을 갖고, 아들이 원할 때 도움을 주는 것이 더 효과적입니다. 공동체에서의 과제들을 수행하는 일은 아들이 책임감을 갖도록 하는 데 도움이 됩니다.

부모는 아들이 학교에서 문제가 있다고 느끼면 개입해야 합니다. 간혹 남학생들에 대한 학교의 지원이 부족하게 느껴질 때도 있습니다. 하지만 그런 경우에는 아들이 학교에서 집에서와는 다른 모습(대부분은 덜 성실한 모습)을 보인다는 점을 감안해야 합니다.

성적에 별로 관심이 없는 남학생들이 있듯, 성적에 관해 권위적인 태도를 보이는 부모가 문제가 될 수도 있습니다. 아들의 성적에 과하게 기대하고 계속 불안감에 시달리게 하면 아들은 나중에 성공할 수 없을 지도 모릅니다. '남자답게 행동하지' 못하며 패배자로 전락할지도 모릅니다. 이때 부모는 성공과 성과에 대한 자신들의 압박을 아들에게 전가합니다. 그것은 아들의 책임도 아니지요. 만약 그렇게 큰 부담을 짊어진 아들이 어른들이 원하는 대로 하지 않는다면, 이는 반항이 아닌, 건전한 선긋기나 자기 방어적 반응으로 보아야 합니다.

6장

"아들을 지배하는 것들"

미디어

인터넷에 이은 스마트폰의 등장

많은 부모에게 아들의 미디어 사용은 끝이 보이지 않는 문제입니다. 하지만 예전에도 미디어와 관련된 세대 간의 논쟁은 있었습니다. 예를 들어, 어떤 책이나 저속한 잡지들은 당시에는 논란거리였지요. 하지만 요즘은 아들이 만화책이라도 읽어 주었으면 하는 부모가 많습니다.

시청각 미디어들의 공급이 늘어남에 따라 논쟁은 점점 더 심화되었습니다. 텔레비전에 이어 컴퓨터, 콘솔 게임, 인터넷, 소셜 미디어, 상업용 게임, 그리고 무엇보다도 스마트폰이 추가되었으니까요. 그리하여 많은 가정에서 아들의 미디어 사용은 논쟁의 장이 되었습니다.

미디어라는 위험 지대

스마트폰은 물론 전부터 즐겨 이용되었던 콘솔 게임, 컴퓨터, 텔레비전(점차 보는 사람이 줄고 있는)은 많은 남자아이에게 중요하고 매력적인 미디어들입니다. 흥미롭고, 재미있고, 다채로운 경험을 할 수 있는 가상공간을 열어 주지요. 아이들의 교제, 그 나이대에 중요한 정보들, 또래 아이들 사이의 지위와 관련하여 중요한 사회적 의미를 지니기도 합니다.

미디어는 그 자체로는 해롭지 않습니다. 텔레비전는 시야를 넓혀 주며 몰랐던 정보를 알려 줍니다. 컴퓨터 학습 프로그램은 개인별 학습을 지원하지요. 남자아이들은 소셜 미디어 상의 채팅을 통해 언어를 다루고, 글을 쓰고 읽습니다. 또한 표현력 및 반응력을 개선시키고, 자신을 표현하는 연습을 합니다. 심지어 슈팅 게임에서도 배울 점이 있습니다. 시각적 처리, 공간적 판단이나 반응력 등을 발전시킬 수 있지요. 어떤 남자아이들은 '월드 오브 워크래프트'나 '콜 오브 듀티'처럼 폭력을 미화하는 롤플레잉 게임(이용자가 게임에 등장하는 인물의 역할을 맡아 진행해 나가는 게임)에 매료됩니다. 여기에서도 아이들은 능력과 성공, 전략과 공동체를 경험할 수 있습니다.

시청각 미디어들이 그토록 매력적인 이유는 뇌 대사와 관련이 있습니다. 뇌의 보상 중추가 부모의 칭찬이나 좋은 성적으로는 결코 다다를 수 없는 강도로 환호하는 것이지요. 많은 남자아이가 쉽게 빠져들 수밖에 없는 조건이기에 적절히 규제하기가 어렵습니다.

미디어

앞서 말했듯 미디어들을 근본적으로 사악한 것이라고 매도할 이유는 없습니다. 단지 그것을 사용하는 것만으로 남자아이들이 이상한 괴짜가 되는 것은 아니니까요. 요즘 아이들은 미디어 세계에서 태어난 '디지털 네이티브'입니다. 시청각 미디어는 현대 생활문화의 일부이며, 젊은 세대들에게는 더욱 그렇지요. 스마트폰으로 소통하는 것도 그 문화의 일부이지만, 그건 별 문제가 없습니다.

그러나 소셜 미디어들을 과도하게 사용하면 의사소통 속도가 빨라지며, 불안하고 산만해집니다. 게시물이 올라왔는지, 지금 무슨 일이 일어나고 있는지를 계속 급하게 확인해야 하는 상황이 벌어지지요. 어떤 아이들은 항상 쫓기는 기분을 느끼게 됩니다. 하지만 아이들은 그저 어른들의 행동을 따라하거나, 그것을 극단적으로 몰고 가는 것뿐입니다. 물론 신경이 쓰이기는 하지만 반드시 문제가 된다고 볼 수는 없는 것입니다.

시청각 미디어의 과도한 사용이 남자아이들에게 문제를 일으킨다는 가정 역시, 부분적으로나마 반박할 수 있습니다. 다수의 연구 결과, 문제가 있는 가정의 남자아이들이 미디어를 이용하는 행태에서 문제점이 나타났습니다. 또 문제를 안고 있는 남자아이들은 종종 미디어 세상에 틀어박혀버립니다. 이런 관점에서 보면 미디어 자체가 문제가 있는 것이 아니지요.

반대로 남자아이들이 이미 지니고 있던 여러 문제들이 문제적 미디어 사용을 야기하는 것입니다. 게임 시간이 늘어나고 경계가 쉽게 허물어지면 다시 스트레스로 이어져 집안 문제들을 악화시킵니다.

그러면 아이들은 더 틀어박히게 되고 그때부터 하향 곡선이 그려지기 시작합니다.

스벤은 스스로 친구가 많다고 말합니다. 좀 더 자세히 물어보면, 스벤은 그 친구들을 직접적으로 알지 못합니다. 그들은 가상의 친구들, 미디어 게임 상의 친구들입니다. 스벤은 진짜 남자아이들을 더 이상 좋아하지 않습니다.

"걔네는 축구만 해요. 아니면 그냥 몰려다니죠. 둘 다 지루해요."

스벤은 매일 컴퓨터를 합니다. 장비도 잘 갖추어져 있습니다. 열 시간 이상 컴퓨터를 하는 일이 그에게는 아무렇지 않습니다. 스벤은 점점 더 대답도 잘 안 하고, 밥도 제때 먹지 않고, 규칙과 약속들도 지키지 않았습니다. 심각해진 엄마는 차단기를 내리겠다고 선포하고, 정말 그렇게 했습니다. 그러자 스벤은 격분하여 정신줄을 놓고 엄마를 때렸습니다. 엄마는 더 이상 어떻게 할지 몰라 경찰을 불렀습니다. 스벤과 엄마는 이렇게 문제가 커진 뒤에야 상담을 받게 되었습니다.

미디어에 대한 오해와 진실

어린이와 청소년들이 '디지털 문외한'이 되지 않으려면 컴퓨터, 콘솔, 스마트폰과 기타 미디어 수단들을 다루는 법을 배우고 익혀야 합니다. 이는 그런 기기들을 사용할 기회가 없다면 할 수 없는 일이지요. 역시 입증된 바에 따르면, 시청각 미디어는 학습 중에 진정한 휴식이나 오락의 기능을 할 수도 있습니다. 하지만 지나친 사용은 성적에 악영향을 미칠 뿐만 아니라 건강에도 해로울 수 있습니다(예를 들어, 자기 방에 텔레비전가 있는 남자아이들은 평균적으로 더 뚱뚱합니다). 시청각 미디어는 너무나 유혹적이고 매력적이어서, 남자아이들 스스로가 건전한 사용의 한계를 지키기는 힘든 일입니다. 그래서 부모의 강력한 리더십이 필요합니다.

부모 상담의 흔한 주제는 스마트폰입니다. 스마트폰을 둘러싼 논쟁은 끊이지 않지요. 벤노의 엄마인 베티나는 열네 살 된 아들이 밤마다 방에 스마트폰을 가지고 들어가는 것이 싫지만, 막을 수가 없습니다. 벤노는 밤에 스마트폰으로 게임을 하고, 인터넷이나 소셜 네트워크에 접속하느라 충분히 자지 못해 아침마다 피곤해합니다. 저는 당연한 제안을 했습니다. 스마트폰의 유혹이 너무 심하니 방에 가져가지 못하게 하라고 말입니다.

다음 만남에서 베티나는 벤노가 그 제안을 들었을 때 어떻게 반응했는지 이야기했습니다. 벤노는 "하지만 그럴 순 없어, 알람시계로 써야 한단 말이야!"라고 말했다고 했습니다. 베티나는 당황해서 처음에는 아무 말도 못했습니다. 잠시 생각에 잠겨있던 벤노는 얼마 안 되는 비용으로 그 기능을 대체할 것이 있음을 깨닫고는 피식 웃었다고 합니다. 결국 벤노는 마음에 드는 알람 시계를 샀고, 밤에는 스마트폰을 거실에 두기로 동의했습니다.

미디어 사용 시 어디까지가 건전하고 어디서부터 해로운지는 일반적으로 결정할 수 있는 문제가 아닙니다. 그 문제는 아이들마다 다 다를 정도로 서로 상당한 차이를 보입니다. 가령 ADHD를 앓고 있는 14세 남자아이는 게임을 30분만 해도 부담이 되어 한동안 신경질적인 모습을 보일 수 있습니다. 같은 나이의 또 다른 남자아이는 두 시간은 해야 즐거움의 최적 수준에 도달합니다.

즐거움을 주는 일들이 대개 그렇듯, 이 경우에도 '용량이 독성을 결정한다'는 말이 적용됩니다. 일반적인 금지는 비합리적인 데다 해결책이 될 수도 없습니다. 유용한지, 해로운지는 결국 양의 문제입니다.

렌나트는 열두 살입니다. 렌나트의 집에서는 특히 주말과 휴일의 게임 및 텔레비전 시청 시간을 두고 끊임없는 갈등이 빚어집니다. 게임과 미디어가 실제로 얼마나 중요한지 시험하기 위해 그의 가족은 일 년에 두 번, '미디어 없는 시간'이라는 짧은(일주일의) 휴일을 지키기로 합의했습니다. 모든 미디어, 모든 가족 구성원에게 적용했지요. 렌나트의 의사에 따라 아빠와 엄마의 스마트폰과 부부 침실에 있는 텔레비전도 포함했습니다. 하루나 이틀쯤 지나면 렌트는 솔직히 별다른 불편함을 느끼지 못했습니다. 그의 부모 역시 스마트폰과 텔레비전가 없는 시간을 즐겼습니다.

미디어

시청각 미디어를 사용하다가 끄기를 힘들어한다고 해서 모두 중독은 아닙니다. 하지만 콘솔 게임이나 컴퓨터 게임에 시달리는 남자아이들도 물론 있지요. 컴퓨터 게임 중독이 실제 중독이라기보다는 우울증의 증상임을 보여 주는 증거들도 있습니다. 우울증이 게임 중독에 의해 가려질 때도 있으니 잘 살펴보세요.

더 알면 좋아요!

중독의 증상으로는 무제한으로 할 수 없을 때 나타나는 몸의 떨림, 강한 불안감, 공격성 등이 있습니다. 인터넷 중독 비율은 남녀가 거의 비슷하지만, 컴퓨터 게임 중독의 경우에는 그렇지 않습니다. 남자아이들은 여자아이들보다 컴퓨터 게임 중독에 최소 두 배는 더 잘 걸리며, 어떤 연구들에 따르면 그 차이가 아홉 배에 이릅니다.

미디어 사용법에 관한 명확한 메시지

어른들은 때때로 텔레비전, 컴퓨터, 콘솔 게임, 스마트폰을 그냥 다 금지시키고 싶을지 모릅니다. 하지만 중요한 점은 그것들을 다루는 방법을 정하고 명확하게 규제하는 일입니다. 기본 질문들은 다음과 같습니다.

"기기들이 아이들을 지배하게 둘 것인가요? 아니면 부모가 사용에 관한 결정권을 가질 것인가요?"

남자아이들이 겪는 문제인 동시에 아이들의 지도자들이 주로 힘들어하는 부분은 얼마나 오래 사용하느냐 하는 문제입니다.

아들과 평화롭게 협의하는 법

미디어 사용과 관련된 규칙을 합의하는 일은 유독 심한 갈등을 야기할 수 있습니다. 그러나 또한 관계와 의사소통의 기회가 되기도 합니다. 부모는 자신의 생각을 밝히고, 가치관이나 책임에 대해 논의할 수 있습니다. 아들과 함께 미디어에 관한 지식을 넓힐 수 있지요. 부모들은 종종 시대에 뒤떨어진, 따라서 제한적일 수밖에 없는 지식 수준을 갖고 있습니다. 그러므로 합의를 통해 더 배우고 발전시킬 기회를 얻습니다.

반대로 미디어 사용을 제한하는 일은 남자아이들의 미디어 사용 능력을 넓히는 데 필수입니다. 왜냐하면 한계는 선택과 평가, 결정을 요구하기 때문입니다. '나에게 중요한 것이 뭐지? 나에게 가장 의미 있는 일은 뭘까?'라는 생각을 하게 합니다. 제한을 전혀 두지 않거나 너무 적게 두는 부모는 아들에게서 그 기회(아들 스스로는 당연히 기회로 여기지 않겠지만)를 빼앗는 것이나 마찬가지입니다.

부모는 아들에게 자신이 기대하는 바를 명확히 표현하고, 아들은 원하는 바를 말합니다. 그런 다음 아들이 최대한 자유를 누릴 수 있는 범위를 협의합니다. 여기서 중요한 점은, 협의된 범위를 실제로 잘 지키는 일입니다. 예를 들어 밤 8시에 컴퓨터를 끄기로 합의했다면 그에 대해 다시 합의하는 일은 없어야 합니다("지금 진짜 재미있는데"라거나 "지금 다들 접속 중인데"라는 핑계로). 만일 이것이 지켜지지 않고 8시 10분이 되었는데도 컴퓨터가 켜져 있다면, 다음날에는 컴퓨터를 사용할 수 없다는 당연한 결과가 따릅니다(기능을 정지시키거나 잠가 두는 등). 하필 그날 정말 중요한 학교 숙제 때문에 인터넷 검색을 해야 한다고 하면 어떡할까요? 이런 상황에도 예외는 없습니다(부득이한 경우, 즉 그로 인해 숙제를 전혀 할 수 없을 때에는 반성문을 쓸 수도 있습니다). 발생할 수 있는 결과들에 대해서는 규칙을 합의할 때 미리 논의를 해 두어야 합니다. 그래서 아들이 컴퓨터를 꺼버리는 것과 같은 즉흥적인 반응들을 독단적 개입이나 공격적 행동으로 생각하지 않을 것입니다.

많은 부모가 번거로운 논쟁을 꺼립니다. 위험을 목격하고 미디어 사용이 가정의 평화와 가치관을 침해한다고 느끼면서도, 어쩔 수 없는 일이라는 생각에 포기하고 마는 것이지요. 집에서 텔레비전 시청이나 컴퓨터 게임을 못하게 해도 친구 집에 가면 할 것이라고 생각합니다. 또 콘솔 게임기를 사 주지 않아도 그것을 갖고 있는 친구의 집에서 할 것이라고 생각하지요. 이것은 매우 흔하기에 충분히 이해할 수 있는 태도입니다. 그러나 이러한 회피가 당연하게 일어나더라도, 부모의 명확한 태도는 아들에게 방향을 제시해 준다는 점에서 중요합니다.

미디어 사용을 규제하는 일은 피할 수 없는 교육적 노력입니다. 이는 종종 부모가 아이의 미움을 받게 만드는(다른 남자아이들의 부모들로부터도) 일이지만, 관심과 책임감의 표현이기도 합니다.

보상으로 게임을 이용한다면?

아들이 최적의 상태를 회복하고 휴식을 취하려면 충분한 수면이 필요합니다. 밤에는 미디어 휴식이 필요한 이유도 바로 이것입니다. 16세까지는 유혹이 큰 전자 기기들을 밤 시간에 방에 두지 않도록 하는 방법이 가장 좋습니다. 잠자리에 들기 전에 노트북, 스마트폰, 텔레비전, 기타 소형 기기(게임보이와 같은) 등을 방 밖에 내놓는 것이지요. 야간 미디어 휴식을 통해 간접적으로 아들의 독서를 장려하는 효과를 볼 수도 있습니다. 이불 속에서 손전등을 켜 놓고 책을 읽는, 오래된 독서 문화를 재발견하는 계기가 될 수도 있으니까요.

음악 감상은 활력을 주면서도 화면이 있는 기기를 보는 것보다는 덜 강렬합니다. 순수한 음악 기기들(라디오나 MP3 등)은 하나의 감각 경로에만 작용하기 때문이지요. 또 빛을 발산하지 않아서 뇌 수용체가 낮으로 착각할 일이 없습니다. 그러므로 자기 전을 비롯한 밤 시간에 음악이나 오디오북을 듣는 것이 화면이 있는 기기를 사용하는 것보다 좋습니다. 볼륨에 문제가 없는 한(좋은 헤드폰이 도움이 되곤 합니다), 좋은 대안이 되는 방법입니다.

전자 미디어들을 홍보하는 광고는 아이들이 그것으로 무언가를 배울 수 있다고 교묘하게 암시합니다. 이는 아들에게 부모가 새 기기를 사 주도록 설득한다는 점에서 아주 영리하다고 볼 수 있지요. 물론 아들은 전자 미디어들을 통해 빠른 반응력, 게임 진행 과정에 대한 이해, 전자 기기 다루는 법 등을 습득합니다. 하지만 새로운 단어나 큰 수 곱셈은 어떨까요? 어쩌면 미디어를 통한 배움이 가능할지도 모르지만 실현될 가망은 거의 없습니다. 오히려 어떤 주제와 내용들을 배울 만한 엉덩이 힘을 기르려면, 지나치게 낙관적이지 않고 느긋함을 유발하지 않는 의지와 끈기가 더 필요하지요. 그리고 바로 이러한 능력들은 전자 기기들의 자극에 의해 방해를 받습니다.

시청각 미디어가 그렇게 매력적이라면 보상으로 이용할 수 있지 않을까요? 숙제를 다 하면 컴퓨터나 콘솔 게임을 하게 해 주는 것과 같이 말입니다. 그러나 안타깝게도 그럴 수는 없습니다. 아들이 보상에 몰두하면 금세 뇌의 처리 능력이 한계를 넘어서게 됩니다. 그리고 감정의 범람으로 부담을 느끼지요. 그 결과, 이전에 배운 것은 저장되지 않고 다시 삭제됩니다. 배운 것이 저장되려면 학교나 숙제가 끝난 뒤 게임을 하기 전에 1시간, 더 좋은 방법으로는 2시간의 간격을 두어야 합니다. 숙제 후에는 운동, 악기 연주, 대화, 라디오 듣기가 컴퓨터와 같은 미디어들보다 낫습니다!

더 알면 좋아요!

평일에 미디어 사용을 얼마나 허용해 주어야 할까요? 경험상 합의가 가능한 선에서 부모들이 취하는 기본 입장은, 아들의 나이를 10으로 나눈 수를 사용 시간으로 정하는 것입니다. 즉 아이가 13세인 경우에는 1.3시간, 약 1시간 20분이 됩니다.

미디어와
집단 따돌림

부모는 아들이 무엇을 하는지, 아들에게 무슨 일이 일어나고 있는지 알아야 합니다. 이는 가상 공간에서도 마찬가지이지요. 소셜 미디어에서 아들이 다른 사람들과 관계를 맺는 모습을 보거나, 재치 있는 게시물들을 보면 부모도 기쁩니다. 또한 다른 사람들과 약속을 하거나 경험을 공유하거나 깊이 생각하는 모습을 보일 때도 부모는 기쁘지요. 여기까지는 좋습니다.

그러나 이와 동시에 온라인에서는 많은 문제가 일어납니다. 대부분의 남자아이는 이 점을 인지하고 능숙하게 반응합니다. 그럼에도 그들은 온라인 폭력(위협, 폄하, 집단 따돌림)의 가해자이자 희생자입니다. 그리고 온라인 게임을 중독에 가깝게 사용하는 헤비 유저(Heavy User)가 될 때도 많습니다. 따라서 아들은 부모가 그들의 온라인 활동을 주시하고 있음을 알아야 합니다. 이는 곧 부모가 곁에 머물고, 필요한 경우에는 개입하는 것을 의미하지요. 그렇다고 부모가 마치 비밀 정보원처럼 아들의 모든 발언을 저장하고 분석해야 한다는 말은 아닙니다.

하지만 부모는 아들이 컴퓨터를 할 때 어떤 활동을 하는지 관심을 가져야 합니다. 가끔씩 어깨 너머로 들여다보고, 혹시 모를 상황을 대비해 비밀번호들도 알아 두어야 합니다. 이것은 사용 시간과 함께 기본적인 합의에 속합니다. 부모가 항상 통제할 필요는 없지만, 무언가 이상한 점이 보이면 통제할 수 있어야 합니다. 부수적인 효과로, 부모가 비밀번호를 알고 있다는 사실은 아들이 더 이성적으로 행동하게끔 합니다.

미디어

제2의 삶이 펼쳐지는 공간

소셜 미디어에서 청소년들은 자신을 드러냅니다. 좋아하는 것, 하는 일, 휴가지에서의 사진과 셀피들, 운동과 여가 시간, 친구들과 가족 등 다양하지요. 요즘 아이들은 페이스북 대신 스냅챗이나 인스타그램을 훨씬 더 중요시합니다. 이러한 플랫폼들은 가상 영역이 아니라 삶 그 자체입니다. 그리고 그 삶은 꽤나 힘들어질 수 있습니다. 왜냐하면 자신을 드러내는 사람은 평가를 받게 되고, 다른 사람들이 자기를, 자기가 하는 일을 좋게 봐주기를 바라게 되기 때문입니다.

이는 친구들 간에도 마찬가지이지요.

인스타그램은 집단 따돌림에 관한 한 선두 주자가 되었습니다. 비난과 모욕이 난무하고, 사이버불링(사이버상에서 집단으로 따돌리거나 집요하게 괴롭히는 행위)은 흔한 현상이 되어 버렸지요. 남자아이들은 더 공격적이어서, 한 연구에서는 여섯 명 중 한 명이 따돌림을 당한 적이 있다고 진술했습니다(여자아이들의 경우 12명 중 한 명이었습니다). 반면 그러한 행동의 피해자들 중 3분의 1 이상은 그 사실을 아무에게도 털어놓지 못했다고 말했습니다. 홀로 고통을 받고 있는 것입니다. 이는 우울증과 자살 충동이라는 결과를 초래할 수 있습니다.

온라인에서의 집단 따돌림은 보통 언어적인 것에서 시작해 확장됩니다. 다른 사람의 수치스러운 영상이 전송되고, 사진들에 댓글이 달립니다. '살 좀 빼!', '완전 게이 같아!', '진짜 못생겼어!'와 같은 비방들은 그나마 무해한 편입니다. 인스타그램이 큰 주목을 받게 된 이후, 그곳에서 수많은 폄하와 따돌림이 일어나고 있다는 증거들이 쌓여가고 있습니다. 청소년 다섯 명에서 열 명 중 한 명은 소셜 미디어에서 따돌림 당한다고 느끼는 것으로 추정됩니다.

사이버불링은 종종 학교에서의 전형적인 따돌림보다 더 혹독한 경험입니다. 인스타그램 등을 통해 청소년들은 매일 24시간 동안 쉼 없이 연락할 수 있어 스트레스에 노출되지요. 또한 배척의 증거들을 계속 보게 되며, 더 많은 단순 가담자들이 가세하게 됩니다(한 명이 적극적으로 게시물을 올리면 수백 명이 그것을 유포하지요). 미디어 상에서는 서로 간에 거리가 있다 보니, 가해자가 피해자의 고통을 보고 동정심에 사로잡히는 일도 없습니다. 피해자의 반응이 인지되지 않기 때문에 행동이 더욱 가혹하고 잔인해질 수 있습니다.

서비스 제공자들이 사이버불링을 막기 위해 내놓은 기술적 장치들은 아직까지는 제 기능을 하지 못하고 있습니다. 또 이런 일들에 대해 부모들은 대부분 전혀 알지 못해서 이러한 위험과 부작용에 대처하기란 어렵습니다. 그냥 금지시키면 아들이 사회적으로 소외될 수 있지요. 또한 대다수는 남을 괴롭히지도 않거니와 괴롭힘에 노출되지도 않습니다. 따라서 그런 일이 있기 전부터 미리 진정한 관심을 보이고 인스타그램이나 다른 소셜 미디어들을 알고자 노력하는 것이 가장 좋습니다. 이때 부모는 기본적으로 아들이 양쪽에 다 설 수 있음을(사건의 피해자가 될 수도 있지만 가담자나 가해자가 될 수도 있습니다) 고려해야 합니다.

이미 문제가 발생했다면 기존의 계정을 삭제하고 다시 새로 시작하는 편이 더 나을 수 있습니다. 아들이 악플을 단 사람들 모두를 단호하게 차단한다면 도움이 될 수 있습니다. 전보다 팔로워 수가 적어질 수는 있지만 갈등, 스트레스, 두려움도 함께 줄어들 것입니다.

아이가 소셜 미디어를 사용할 수는 있지만 그것을 다루는 데 책임감을 가져야 한다는 점을 명심하도록 해야 합니다. 아들의 책임감에 호소하고("나는 네가 남을 괴롭히지 않을 거라고 믿어") 아들이 용기를 보이도록 격려할 수 있습니다. 여기에는 부정적인 행동들을 멈추고, 폄하적인 게시물들과 공격적인 사용자들을 신고하는 일도 포함됩니다. 또 남자아이들이 적극적으로 집단 따돌림 피해자들의 편에 서서 그들과 연대하고, 그들에게 도움을 준다면 아주 의미 있고 명예로운 일이 될 것입니다.

사춘기 청소년들은 부모와 거리를 둡니다. 부모가 자신이 문제를 일으킬 기미만 보여도 식은땀을 흘리거나 도덕적 발언을 하리라는 사실을 항상 염두에 두지요. 그래서 문제가 있을 때 부모가 적당한 조언자가 되지 못할 때도 많습니다. 그러므로 다른 유능한 담당자들이 필요할 수 있습니다. 예를 들어 각 학교의 미디어 전문 교사나 관련 교사는 어려운 상황에서 도움을 주는 미디어 상담 전문가가 되어줄 수 있습니다. 아이들은 실수를 하거나 양심의 가책을 느낄 때에도 조언을 구할 만큼 이들을 신뢰할 수 있습니다.

더 알면 좋아요!

구글의 최고 경영자였던 에릭 슈미트는 <차이트(ZEIT)>와의 인터뷰에서 다음과 같이 말했습니다.

"자녀가 18세가 될 때까지는 부모가 자녀의 비밀번호를 알고 있어야 합니다. 논쟁의 여지는 없어요! 자녀가 무엇을 하는지 부모가 알아야 하니까요."

게임은 아들을 폭력적으로 만들까?

아들과 부모가 미디어 문제에 대해 서로 상반된 생각을 갖는 일은 매우 당연합니다. 특히 유년기 말기나 사춘기에는 더욱더 그렇지요. 아들의 텔레비전 시청, 스마트폰, 비디오 게임 등의 이용 가능 여부와 허용 시간은 거의 모든 가정에서 논쟁거리입니다. 부모는 한편으로 슈팅 게임이 아들을 폭력적으로 만들 수 있다고 우려합니다. 또는 게임의 흡인력 때문에 걱정하지요. 그럴 수밖에요! 부모와 아들 사이에 길고도 격한 갈등이 펼쳐지고, 그 문제에 오랜 시간이 소모되니까요. 부모의 제지 시도에도 아들은 금세 자제력을 잃고 마니 말입니다.

부모의 스트레스는 아이에게 플레이스테이션이 생기거나 스마트폰 게임이 다운로드 되자마자 시작됩니다. 게임도 유행의 지배를 받아서, 가령 한창 인기를 끌었던 '포켓몬 고'는 더 재미있는 게임이 출시되자 한물갔습니다. 현재 '피파(FIFA)' 시리즈는 모든 연령대에 걸쳐 여전히 인기가 높은 편입니다. '그랜드 테프트 오토(GTA)'는 실제로는 18세 이상 사용가이지만 수년간 16세부터 17세까지의 아이들 사이에서 가장 인기 있는 게임들 중 하나이고요. '클래시 로얄'과 '클래시 오브 클랜'이라는 게임은 이제 그리 대단한 인기를 얻지는 못하며 대신 '포트나이트'가 큰 성공을 거두었습니다.

뭐니 뭐니 해도 스마트폰 게임이 가장 인기인데, 청소년들의 일상에 가장 깊게 내재되어 있기 때문입니다. 요컨대, 스마트폰 게임 시간은 지난 몇 년간 상당히 증가했습니다. 그 중 일부는 '포트나이트 효과'에 기인합니다. 그리고 이것은 남자아이들에게서 훨씬 자주 문제가 됩니다. 이는 남자아이들이 여자아이들에 비해 거의 2.5배 많은 시간을 컴퓨터 및 스마트폰 게임에 소비하기 때문입니다. 이때 많지는 않지만, 의도하지 않은 재정적 결과가 벌어지는 경우도 있습니다. 예를 들어, 청소년 12명 중 한 명은 실수로 게임 중에 무언가를 구매하거나 전혀 원치 않는 정기 구독을 한 적이 있다고 합니다.

왜 유독 아들이 게임에 열광할까?

포트나이트는 2017년 7월 무료 버전을 출시하며(유료 아이템들도 있음) 2018년 가장 인기 있는 가상 게임으로 등극했습니다. 게임의 내용은 생존을 향한 투쟁으로, 백 명의 아바타가 섬에 상륙하며 플레이어들은 무기와 탄약을 모아 적을 죽여야 합니다. 개인이든 팀이든, 마지막에 남는 자가 승리합니다. 캐릭터들은 싸우기도 하지만 귀엽게 춤도 추는데, 어떤 사람들은 실생활에서 그 춤을 따라 하기도 합니다. 한 경기는 평균 10분에서 15분 정도 걸리지만 더 오래 걸릴 때도 있습니다. 많은 남자아이가 금세 재미를 느끼고, 어떤 아이들은 중독에 가깝게 매달립니다. 이 게임에 자극을 받은 아이들은 포트나이트 세계에 푹 빠져 멈출 생각을 전혀 하지 못하거나, 멈출 수 없게 됩니다.

열한 살인 베니는 약 2주 전부터 틈만 나면 포트나이트 게임에 빠져 지냅니다. 베니의 부모는 별 생각 없이 아빠가 쓰던 스마트폰을 베니에게 주었지만, 이제는 아들이 변했음을 깨닫습니다. 게임 때문일까요, 사춘기 때문일까요? 아니면 그 둘의 상호 작용 때문일까요? 베니는 금방 짜증을 내고, 화를 내고, 상당히 공격적입니다. 엄마가 숙제를 하라고 하거나 게임 시간을 제한하려고 하자 베니는 처음에는 건방진, 그 다음에는 뻔뻔스러운 말을 했습니다. 그러다가 나중에는 엄마를 모욕하기까지 했습니다.

포트나이트와 같은 게임과 앱 들은 아들을 강하게 매료시킵니다. 이에 부모는 이상적이거나 올바른 방식으로는 거의 극복이 불가능한 큰 도전에 직면하지요. 많은 남자아이가 주변의 도움 없이는 게임을 멈출 수 없습니다. 포트나이트의 성공은 아마도 사용자들을 계속 다시 시작하도록 부추기는 데 있을 것입니다. 이렇게 중단하기가 힘들기에 대부분의 경우 중독까지는 아니어도 비슷하게 가려는 경향이 있습니다. 부모는 어떻게 하면 아들이 제한된 틀 안에서만 게임을 하도록 해서 이 문제를 해결할 수 있을지 궁금해합니다.

부모는 종종 아들이 게임에 빠지는 일에 예민하게 반응하고 게임을 이해하지 못하거나 폄하합니다. 왜 그리 많은 남자아이가 그토록 게임에 열광하는 것일까요? 부모에게 도움이 되는 방법은 게임을 생활 감정의 표현으로 해석하는 것입니다. '내 아들은 삶을 저렇게 느끼는구나!'라고 말이지요. 아마도 게임의 인기는 많은 남자아이가 그것을 자기 생활 상태의 압축판으로 여기는 것과도 관련이 있어 보입니다. 즉, 아이들은 게임 속에서 자신의 상태와 감정, 사회로부터의, 그 일부인 부모로부터의 요구(부단히 노력하기, 사회적, 경제적 생존을 위한 끊임없는 경쟁) 등을 발견하는 것이지요.

포트나이트는 정복, 싸움, 방어와 같은 남성적인 주제를 담고 있습니다. 게다가, 게임이 진행될수록 많은 도전과 빠른 보상이 주어지기 때문에 남자아이들이 더 재미있어 하지요. 이 게임은 매력적인 동시에 사회적 소속감('다들 그 게임을 해')을 만드므로, 또래들과 어울리고 말이 통하려면 반드시 알아야만 합니다. 아이들은 게임에서 지면 다시 시도하고, 더 잘하고 싶어합니다. 이기면 그 좋은 기분을 또 한 번 느끼기를, 그래서 더 대단해진 느낌을 받기를 원하지요. 이는 끝없는 게임 루프로 이어집니다. 특히 어린 남자아이들은 자신이 흥분 상태에 빠져 있으며 다음 판에는 이길 것이라고 생각한다는 사실을 아예 알지 못하거나, 간신히 깨닫습니다. 멀리 있는 모든 적들, 가는 길에 나타나는 모든 보물 상자들, 소소한 모든 성공들이 남자이이들의 보상 중추를 자극해 도파민을 분비시킵니다.

더 알면 좋아요!

컴퓨터, 콘솔, 스마트폰 게임 들은 아들과의 갈등에 새로운 차원을 연 듯합니다. 남자아이들이 여기에 그토록 끌리는 이유는 그 게임들이 아이들의 감정 세계, 보상 중추, 정체성에 점점 더 성공적이고 직접적으로 호소하고 영향을 미치기 때문입니다. 그 결과 부모와 아들 사이의 갈등은 감정적으로 고조됩니다.

부모의 미디어 역량이 중요하다

아들이 극단적인 미디어 자극을 다루는 데 도움이 되는 두 가지가 있습니다. 첫 번째는 미디어 소비는 좋은 일이지만 한계가 있음을 체득하는 것입니다. 두 번째는 자신의 감정과 행동을 통제할 수 있는 충동 조절 능력입니다.

부모는 아들이 각 기기들로 게임을 할 수 있다는 사실을 알게 되기 전에, 일찍부터 꾸준히 그 두 가지를 가르쳐야 합니다. 아들이 게임에서 오는 자극에 훨씬 더 잘 대처할 수 있으려면 어떻게 해야 할까요? 게임을 계속하고 싶은 충동과 욕구를 통제해야 합니다. 그리고 부모가 정해 둔 한계를(투덜거리며 불평을 할지언정) 받아들일 줄 알아야 하지요.

아이에게 윗사람 행세를 하며 엄격한 규정을 정하면, 지배적인 분위기가 발생해 남자아이들을 화나게 하거나 위선자로 만듭니다. 도덕적 폄하는 게임이 아니라 아이들 자체에 영향을 미칩니다. 그럼 어떻게 해야 할까요? 중요한 점은 부모와 아들의 관계입니다. 좋은 (명확한) 메시지를 전달하고 미디어 정글 속에서 아들을 안내해야 하지요. 그러려면 부모는 눈높이를 맞출 줄 아는 역량 있는 파트너가 되어야 합니다. 온갖 우려에도 스마트폰 게임 문제에는 가능한 한 느긋한 태도로 접근하는 편이 낫습니다. 마치 아들이 잘 알려지지 않은 새로운 스포츠에 관심을 가질 때처럼 말이지요.

아들과 소통하고, 합의 하에 좋은 규칙을 정하려면 부모의 우려, 평가, 도덕성뿐만 아니라 실제 경험도 필요합니다. 아이가 좋아하는 게임이 무엇인지, 어떤 점이 아들을 그토록 매료시키는지, 게임 방법은 어떻게 되는지를 부모가 체험해 보면 아주 큰 도움이 됩니다. 아들이 빠져 있는 게임을 직접 몇 판 해 보는 것도 부모의 역량을 높이고 아들을 더 잘 이해할 수 있는 방법입니다. 아들이 왜 그리도 그 게임에 열광하고 흥분하는지, 다른 사용자들과 함께 게임을 하는 것이 어떤 느낌인지 더 잘 공감하게 될 수도 있습니다.

게임 문제에는 오히려 관대해져라

게임 문제에서도 중요한 점은 효과적인 규칙에 대한 합의입니다.

게임을 보상으로 삼는 방법이 정말 좋은지 아닌지에 대해서는 논란이 있지요. 저 역시 이 전략을 비판적으로 바라봅니다. 부모들이 이를 조작적으로 이용할 가능성이 있습니다. 그리고 남자아이들이 점점 더 게임을 삶의 목적으로 여기게 되기 때문입니다.

규칙 합의는 부모와 아들의 필요에 따라 이루어집니다. 즉, 규칙은 어떤 조건(숙제를 하면, 운동을 하고 나서, 피아노 연습이 끝난 다음에 등)과 결합되기가 쉽습니다. 스마트폰 게임에서는 융통성 없는 규칙이 잘 통하지 않습니다. 그리고 매일 일정 시간씩(매일 최대 45분씩) 하도록 하는 것은 게임 특성과 맞지 않지요. 승리가 눈앞인데 엄격한 시간제한 때문에 중간에 꺼야 한다면 아들은 크게 절망할 수 있습니다. 반대로 두 판씩 허락해 주면 합의할 수 있는 여지가 생깁니다. 경우에 따라서는 10분쯤 더 걸릴 수도 있습니다(이때에는 주당 시간에서 차감하든지 하면 됩니다).

베니네 집에서는 몇 주 동안 스마트폰 게임 때문에 매일 불화가 생겼습니다. 베니는 부모가 정해 둔 기준과 규칙을 지키지 않았습니다. 또한 자기가 속박을 당하고 부당한 대우를 받는다고 느꼈습니다. 어떤 날은 게임을 해도 된다고 했다가, 또 어떤 날은 그가 합의하지도 않은 시간제한을 지키지 않았다는 이유로 스마트폰을 잠그기도 했지요. 그러다 보니 극적인 상황들이 이어졌습니다. 그러다 온 가족이 언쟁을 멈추고 함께 둘러앉아 상황에 대해 터놓고 이야기를 나누었습니다. 그리고 휴전 협정이 맺어졌지요.

베니는 부모가 자기를 이해하려고 들지 않기 때문에 이해를 못하는 것이라며 말했습니다. 베니의 부모는 더 편안한 시간을 기대하며, 매번 '즉결 심판'을 하지 않고 베니를 이해하는 데 시간을 들이겠다고 약속했습니다. 베니는 부모가 충고를 했을 때 어떤 말이나 행동을 하기 전에 우선 세 번 심호흡을 하겠다고 약속했습니다. 일단 훈련이 필요했지요.

그 후 며칠간은 휴지 기간이었습니다. 베니의 부모는 실제로 정보를 찾아 보고 직접 게임을 해 보고 나서야, 아들이 왜 시간제한을 힘들어했는지 이해하게 되었습니다. 그러고 나서 그들은 함께 규칙을 세웠고, 지금까지도 꽤 잘 지키고 있습니다. 일주일에 최대 6시간, 분 단위로 정확히 지켜지며, 주중에는 하루에 두 판까지만 하고 끝냅니다. 시간 계정에 남은 시간이 있다면, 주말에는 게임 시간이 꽤 길어지더라도 그것을 다 쓸 수 있습니다.

미디어 역량이 있는 부모는 아들이 가상 세계에서 뭘 그렇게 하는지 관심을 가집니다. 그리고 아무리 일상생활에서 어려운 경우가 많더라도 적절한 수준으로 통제하지요. 부모가 처음부터 자꾸 물어보고 시간을 잘 정해 주면 아들은 그것을 오히려 아무렇지 않게 여깁니다. 반면에 뒤늦게 갑자기, 심지어 급격하게 관심을 보이면 혼란스러워할 수 있습니다.

빈번함, 과도함에서 게임 중독에 이르는 경계는 뚜렷하지 않습니다. 언제부터 아이가 중독되는 것일까요? 회색지대가 광범위하기 때문에 대답하기가 쉽지는 않습니다. 아래의 예시를 살펴보고 우리 아이는 어떤지 생각해 보세요.

- 학교생활, 여가 시간, 가족이 아들의 미디어 소비로 인해 심각한 피해를 입는다면 위험한 단계입니다.
- 게임 때문에 성적이 떨어지거나, 다른 일들(운동, 취미)에 흥미를 잃거나, 학교에 가기 싫어한다면 조치를 취할 필요가 있습니다.
- 아들이 게임 때문에 실제로 등교를 중단하고, 점점 더 집에 틀어박히고, 자주 혼자 컴퓨터 앞에 앉아 있거나 식사 시간이 되어도 나타나지 않는다면, 보통 한계를 넘은 것으로 봅니다.

확실하지 않은 경우에는 늦기 전에 관련 상담 센터(중독, 교육, 또는 가족 상담 센터)에 연락해 볼 수 있습니다(또 해 보아야 합니다). 전화나 온라인 상담도 가능합니다. 실제 중독 행동을 보이는 경우, 확실한 메시지는(아무리 힘들고 가혹하더라도) 아들을 아동 및 청소년 정신건강의학과에 입원시키는 일이 될 수도 있습니다.

더 알면 좋아요!

될 수 있으면 일찍 아들로부터 게임의 매력에 관한 설명을 들어보세요. 부모가 미디어 역량을 갖추는 좋은 방법이 될 수 있습니다. 어른들의 관심 뒤에 너무 많은 편견이 숨겨져 있지 않는 한, 아이들은 보통 그것을 긍정적으로 받아들입니다. 일단 아이와의 대립이 심해지고 나면, 뒤늦은 관심은 대부분 소용이 없습니다.

스마트폰을 학교에 가져가는 일

10년에서 15년 전부터 휴대용 전자 기기들은 한결 저렴해져서, 아이들도 여러 개씩 소유하게 되었습니다. 아이들은 스마트폰, 닌텐도와 같은 소위 손바닥만 한 게임기들을 즐겨 이용합니다. 이를 통해 친구 관계를 유지하고, 지위를 드러내며, 편리하고 재미있는 시간을 보내지요. 동시에 이러한 기기들은 매우 자극적입니다. 이것들을 갖고 있으면 뭐라도 하고 싶어집니다. 뇌의 보상 중추를 자극하므로 유혹적이고, 쾌락을 불러일으킵니다. 그러니 대부분의 남자아이가 그토록 중요하게 여기는 현상도 놀랄 일은 아닙니다. 모바일 전자 기기들은 휴대가 가능하다는 결정적인 장점도 있습니다. 이 장점은 특히 아들이 혼자 놀이터에 가거나 친구들을 만날 때 유용합니다.

하지만 학교에서는 전자 기기들이 아이들의 주의를 산만하게 하고 방해가 됩니다. 특히 스마트폰은 끊임없는 자극제입니다. 추가 기능이 없는 휴대폰은 거의 없어서, 와이파이가 되지 않는 환경에서도 유혹적인 게임들과 지칠 줄 모르는 적수들은 항상 대기 중입니다. 당연하게도, 그런 기기들은 학교에 어울리지 않습니다.

학교에서는 모든 종류의 전자 기기를 사용하지 말자고 요구하면 어떨까요? 아이들이 얼마나 큰 분노를 일으키는지 보면 놀라울 따름입니다. 이 논의는 그런 기기들에 얼마나 많은 감정이 담겨 있는지(모든 면에서)를 보여 줍니다. 부모들은 휴대용 게임기가 학교에서 방해가 된다는 사실은 이해합니다. 하지만 스마트폰에 관해서는 종종 아이의 분노와 격렬한 갈등이 야기되어 논의가 불가능할 때가 많습니다.

아이들은 학교에 스마트폰을 가져가야 하는 이유들을 끊임없이 찾아냅니다. 아이들이 거의 언급하지 않는 이점은, 단 1초의 휴식이나 지루함도 없고 굳이 스스로의 욕구를 이해할 필요도 없다는 점입니다. 소셜 네트워크, 문자메시지, 앱 광고나 흥미진진한 게임이 항상 기다리고 있으니까요.

부모들로서도 언제든 곧바로 연락할 수 있는 스마트폰 없이 아들을 외출시키는 것은 점점 더 상상할 수 없는 일이 되고 있습니다. 하지만 아들에게는 항상 통제하는 고삐도, 끊임없이 보살피는 전자 탯줄도 필요치 않습니다. 힘든 일이겠지만, 부모는 아들이 가끔 한 시간 정도씩 혼자 외출하는 것도 좋은 일임을 알아야 합니다. 특히 사춘기가 시작되는 시기에는 더욱 그러합니다. 이는 아들뿐만 아니라 부모도 아들의 커져가는 자유에 대한 열망에 대처해야 하기 때문입니다. 만약 그 시간이 뜻밖의 위험한 자유 시간이 되어버리면 어떻게 하느냐고요? 휴대폰이 없으면 아이는 자유를 즐기고 친구들과

장난을 치지, 그 시간에 컴퓨터 게임을 하지는 않습니다. 긴급 상황이나 교통 문제처럼 가끔 있는, 정말 중요한 상황에는 학교 교무실이나 주위 어른의 휴대폰을 빌려 어렵지 않게 해결할 수 있습니다.

휴대폰으로 아이와 계속 연락할 수 있도록 해야 한다는 주장은, 오히려 이 사회의 상업적 이익에서 비롯됩니다. 부모들, 특히 일하는 엄마들의 죄책감 역시 그런 기기에 의해 억제되는 듯 보입니다. 하지만 이것이 정말 소용이 있을까요? 불과 10년 전만 해도 아이들이 모두 휴대폰을 갖고 있지는 않았고, 그래도 다 잘 흘러갔습니다. 그 이후로 위험이 크게 증가하지도 않았고, 휴대폰의 폭발적 증가로 사고 및 납치 건수가 줄어든 것도 아니지요!

리비도(성적 본능이나 에너지)의 지배를 받는 남자아이들은 전자 기기들을 자기 인격과 연관시킵니다. 어떤 아이들은 전자 기기가 없으면 금단 증상을 보이고 정체성 위기를 느낍니다. '그게 없으면 나는 아무 것도 아니야'라고 생각합니다. 따라서 아이들에게 '네가 가진 것이 아니라, 너 자체가 너야'는 가치관을 인지시켜 주는 것이 점점 더 중요해집니다. 이때에는 기기 사용을 중단하는 자체도 도움이 됩니다.

학교에서 전자 기기들을 허용하지 않는 규칙을 세운다면 여러 모로 유용할 것입니다. 하지만 안타깝게도 실제 학교생활은 그와 다를 때가 많지요. 규칙이 있다고 해도 명확하게 표명되지 않거나 제대로 시행되지 않는 경우가 많기 때문이지요.

많은 부모와 남자아이가 전자 기기 사용에 관한 명확한 메시지에 거부 반응을 보입니다. 그래서 통일된 방식과 효과적인 통제는 거의 불가능합니다. “잠깐 엄마한테 중요한 할 말이 있어서요”라는 아이의 말 한 마디면 규제는 풀려 버립니다. 견해는 각기 다 다를지 모르지만, 많은 학교가 포기하고 있습니다. 그냥 되는 대로 두는 것이지요. 교육자들이 더 많은 용기와 확고함을 가진다면 정말 좋을 것입니다. “그 기기들은 수업에 방해가 되고, 신경이 쓰이고, 해로우니까 학교에서는 쓸모가 없어”라고 말하는 것이지요. 만약 금지했는데도 휴대폰을 사용한다면, 교장실에 맡겼다가 방과 후나 그 주의 마지막 수업 후에 다시 가져가도록 할 수 있습니다.

그러나 아이들에게 전자 기기는 너무나 중요합니다. 그래서 다른 방법을 쓰는 편이 나을 수도 있습니다. 독일의 일부 초등학교들이 토끼, 새, 개를 학교에 데려오는 ‘반려동물의 날’을 만들 듯이, 전자 기기의 날을 만드는 방법도 있습니다. 휴일 전날이나 한 주의 마지막 수업일에 각자 자신에게 중요한 소형 전자 기기를 하나씩 갖고 올 수 있게 하는 것입니다. 아이들은 그것을 보여 주고, 서로 돌아가며 구경하고, 소개합니다. 소그룹을 만들고, 가지고 놀고, 다들 자기가 특히 잘하는 것을 보여줄 수도 있지요. 그러고 나서 그 기기들은 다시 집에 잘 보관합니다.

7장

"아들이 어른이 되는 길목에서"

사춘기

사춘기라는 위기

남자아이들이 다 다른 것처럼, 사춘기 때의 모습도 아이마다 모두 다릅니다. 최악의 상황을 각오하는 부모는 지나고 나서 "아, 예상만큼 그렇게 드라마틱하진 않았어"라고 말하기도 합니다. 또 어떤 부모는 사춘기가 별것 아니라고 말하지요. 그러다 아들이 사춘기를 정말 잘 넘기고 있다고 확신한 바로 그날 밤에, 담배를 피우다 붙잡혀 경찰에게 끌려온 아들을 보게 됩니다.

사춘기는 성별에 관계없이 모든 양육자, 교육자에게 언제나 모험이며, 위기를 안고 있습니다. 부모들이 잘 알지 못하거나 애써 무시하는 점은 부모가 아들과 함께 보내는 아주 긴, 아마도 가장 긴 시간이 바로 사춘기라는 사실입니다.

사춘기의 첫 징후는 주로 9세나 10세에 나타납니다. 끝나는 시기는 23세에서 25세쯤입니다. 사춘기의 변화와 위기는 가정생활에 영향을 미칩니다. 부모는 새로운 도전을 받다 보니 자신들의 역할을 잘 알아차리지 못하고는 합니다. 하지만 그 상황은 자신의 젊은 시절을 상기시킵니다(다만 그때와는 반대의 입장이지요). 때때로 이것은 부모가 자신의 부모를 더 잘 이해하는 계기가 됩니다. 이는 아들의 질풍노도의 시기가 부차적으로 주는 귀중한 영향이라 할 수 있습니다.

사춘기 때 아빠의 역할

직장과 성별 때문에 가정과 좀 더 거리가 있는 아빠는 보통 아들의 사춘기에 대한 걱정이 덜합니다. 부모의 침착함은 근본적으로 도움이 되지만, 아빠와 말이 통하지 않는 아들은 기운이 빠집니다. 아마도 이것이 이 힘든 시기에 남자아이가 여자아이보다 더 다루기 힘든 이유일 것입니다.

아빠는 아들이 방향을 설정하는 데 있어서 중요한 기준이 됩니다. 아들은 아빠가 어떤 사람인지, 어떻게 생각하고 행동하는지 관찰합니다. 만약 사춘기에도 아빠가 아들을 위해 시간을 내준다면 아들에게 도움이 될 것입니다. 이때 중요한 점은 함께 보내는 시간의 질입니다. 아들에게는 곁에 있어 주는, '진짜 그곳에 있는' 아빠가 필요합니다. 텔레비전 앞에서 말없이 시간을 보내는 것은 아무 소용이 없는 반면, 함께 하는 활동은 큰 도움이 됩니다. 이때 아빠는 어른답게 행동해야지 아들과 친구가 되려고 해서는 안 됩니다. 대부분의 남자아이는 환심을 사려고 하는 아빠의 행동을 좋아하지 않습니다.

엄마 역시 아들이 사춘기일 때 새로운 도전을 받습니다. 이 시기에는 아들의 어린아이 같은 양면성이 새로운 특징을 보이지요. 아들은 때로는 엄마에게 고마워하고 애교 있게 행동하다가도, 이내 거리를 두고 엄마를 무시하기도 합니다. 엄마의 애정 어린 명확함과 안정감은 사춘기 아들에게 힘이 됩니다. 아들이 엄마의 마음을 상하게 한다면 엄마는 그것을 말할 수 있고 또 말해야 합니다(즉, 피드백 주기). 아들이 좋은 면을 드러낼 때도 당연히 마찬가지이지요.

엄마들은 가끔 자신을 희생자로 여기는 경향을 보이기도 합니다. 하지만 아들의 삶에서 '첫 번째 여자'로서 아들에게 요구나 격려, 제한을 하는 중요한 역할도 맡고 있습니다. 어떤 엄마들은 걱정이 심해서 온갖 안 좋은 상황들을 상상합니다.그리고 아들의 단점과 그와 관련된 위험들에 집중하느라 장점과 기회는 보지 못하지요. 만약 엄마들이 이를 극복한다면 아들은 더 강인해질 것입니다. 아들의 안정적이고 우수한 면에 대한 엄마의 반응도 필요하니까요.

사춘기 아들에게 실망하는 일이 없을 수는 없습니다. 만약 실망스러운 일이 생긴다면 부모는 아들에게 그 이유를 말해야 합니다. 그러고 나면 다시 괜찮아질 수 있습니다. 아들이 화나게 하거나 실망시켰다고 해서 "넌 어차피 아무 것도 안 돼!"라거나 "넌 정말 아무짝에도 쓸모가 없어!"와 같은 일반화된 폄하로 대응해서는 안 됩니다. 부모가 화를 내고 낙담하는 일은 아들의 사춘기에 끊임없이 일어납니다. 아무리 실망스럽거나 화가 나더라도 아들을 깎아내리고 헐뜯는 일은 피하세요. 이는 관계를 해치기만 할뿐 부모와 아들 모두에게 도움이 되지 않습니다. 어쩌면 아들을 자극해 더 멀어지게 할지도 모릅니다.

청소년기의 변화는 부모와의 관계를 흐트러뜨리기도 합니다. 여가 시간을 점점 더 자기 뜻대로 하고, 부모와 함께 보내지 않게 되지요. 공통점이 줄어들고 휴가, 축제, 여행 등 전에는 당연했던 연중행사들은 아들에게 더 이상 흥미롭지 않으며 피하고 싶어 합니다. 부모와 함께 있는 시간은 평일뿐인 경우가 많습니다. 그러므로 평일에는 가능한 한, 그 아까운 접촉의 시간을 의무 상기시키기, 비판하기, 위기 극복에만 보내서는 안 되겠지요. 때로는 아들과 함께 즐기고, 쉬고, 그냥 같이 있을 수 있는 공유 공간도 필요합니다. 그렇지 않으면 아들이 얼굴을 보여 주는 시간은 점점 더 짧아질 것입니다.

중기적으로 사춘기는 아들의 홀로서기를 의미합니다. 이는 아들이 점차 자신의 발전에 대한 권리를 갖는 일입니다. 때로는 특히 학교생활을 극복하고 여가 시간을 보내는 방식으로 표현됩니다. 때로는 아들이 부모의 생각과는 전혀 다른 것을 하고자 할 때도 있습니다. 그런데 바로 이런 어려운 상황에서 부모가 아들을 진정으로 존중하는지 여부가 드러납니다. 부모의 바람과는 다른 결정 뒤에는 아들의 희망 말고도 '나대로 살아도 될까?'라는 의문이 숨겨져 있습니다. 만약 고위 공무원이나 과학자의 아들이 수공업자가 되겠다고 결정한다면 상황은 힘들어질 수도 있겠지요. 하지만 아들이 그렇게 주장한다면 그것은 그의 결정이며, 부모는 받아들여야 합니다.

그나마 위안이 되는 점은, 부모는 아들과의 갈등이 없었다면 전혀 몰랐을 새로운 세계를 발견한다는 사실입니다. 부모에게 새로운 기회가 주어지는 것이지요. 자립에 관한 크고 작은 문제들에서는 결국 존중이 관건입니다. 아들에 대한 진정한 존중은 아들이 불쑥 "오늘은 무슨 일을 하셨어요?"나 "회사 일은 잘 되어가요?"와 같은 질문을 할 때의 상호 작용을 통해서도 드러납니다.

사춘기의 뇌는 급격히 변한다

사춘기 남자아이들은 어른들과 근본적으로 다릅니다. 이는 과거에도 그러했고, 널리 알려진 현상입니다(그렇다고 부모에게 위안이 되지는 않지만요). 평균적으로 사춘기 아들은 더 충동적으로 반응하고, 또래 아이들의 영향을 많이 받습니다. 더 거칠고 위험하게 행동하고, 건강을 해치는 일들(흡연, 음주)을 무릅쓰고, 컴퓨터 게임을 너무 많이 하며, 가상 공간에 빠져들거나 대담한 짓들을 감행하지요. 아들은 전보다 더 어이없는 일들을 저지르는데, 친구들이 옆에 있으면 더욱 그렇습니다. 시험 삼아 한계를 넘기도 하고, 규칙을 어기거나 폭력적인 행동을 하며, 사고를 칩니다. 또 점점 더 자기 방에 틀어박혀, 더 이상 부모가 가까이 오지 못하게 합니다.

남자아이들은 왜들 그럴까요? 그 이유를 뇌에서 찾을 수 있습니다. 사춘기 동안 뇌는 급격한 변화를 겪습니다. 도덕성에 관여하는 '이성(理性)의 뇌', 즉 전두엽의 신경 연결이 대부분 덜 된 상태입니다. 정신적으로 발달 중인 사춘기 아이들은 자신의 행동이 어떤 결과를 초래할지 예측할 능력이 없습니다.

실험 결과, 남자아이들은 또래들이 곁에 있을 때 두 배 더 대담해지는 것으로 나타났습니다. 게다가 뇌 영역이 반응하여 금지된 것, 위험한 것을 시도하게끔 부추깁니다(어른의 경우, 이런 작용이 나타나지 않습니다). 사춘기 동안 이 이중 영향(뇌의 변화와 또래들)은 때때로 남자아이들을 진짜 정신에 문제가 있는 것처럼 보이게 합니다. 이때 아이들은 한계에 부딪칩니다. 부모나 그 밖의 애정을 가진 지도자들은 아이들에게 필요한 지원을 제공해야 합니다. 마치 어떤 틀처럼, 사춘기 아이들이 그 안에서 완전한 형태를 갖출 수 있게끔 하는 역할을 하는 것입니다.

사춘기 남자아이들의 행동에 있어서 또래 친구들이 중요한 것은 사실입니다. 하지만 어떤 부모는 모든 책임을 친구들에게 미루고 부모로서의 책임을 더 이상 지지 않으려고 합니다. 그럼으로써 자신들의 영향력을 너무 과소평가하지요. 부모는 아이에게 간접적이지만 전반적으로 영향을 미칩니다. 아들이 어떤 친구들을 사귀느냐, 어떤 무리와 어울리느냐 하는 문제는 엄마와 아빠가 아들을 어떻게 대하느냐, 부모 각자가 과거와 현재에 아들과 어떤 애착 및 관계를 맺고 있느냐에 따라 크게 좌우됩니다.

물론 그간 배우고 발달한 모든 것들이 사춘기에 사라져 버리지는 않습니다. 좀 더 안정적으로 수로화(Canalization, 주어진 조건에 의해, 특정방향으로 과정이 진행되는 형태)된 것들, 즉 많이 연습한 것, 자주 배운 것, 여러 번 분명하게 전달된 내용들은 계속 남습니다. 따라서 안정적이고 가치 있는, 좋고 안전한 어린 시절을 보내면 사춘기에 그 결실을 맺습니다. 동시에 도파민 수용체의 수가 엄청나게 증가합니다. 이때 도파민은 기분 좋은 보상의 감정을 느끼게 하는 물질입니다. 이로 인해 남자아이들은 호기심이 많아지고 새로운 경험, 스릴, 쾌감, 위험을 추구하게 됩니다.

반면에 뇌의 의식적 통제에 관여하는 영역은 아직 발달이 덜 된 상태입니다. 안타깝게도 훨씬 나중에 발달하며 25세쯤은 되어야 완성됩니다. 다시 말해, 충동을 조절하고 위험의 영향을 평가하는 뇌 기능이 부족하지요. 이것이 대다수의 남자아이가 사춘기에 대담해지고 무모해지며 경솔해지는 이유입니다.

남자아이가 더 위험하게 행동하는 이유

원칙적으로 사춘기 때의 위험한 행동은 남녀 모두에게 적용됩니다. 그런데 왜 남자아이들이 여자아이들보다 훨씬 더 대담하고, 더 자주 폭력과 범죄를 저지를까요? 이는 활동성을 높이는 테스토스테론 때문일 수 있지만, 어쩌면 그 영향은 부차적인 것인지도 모릅니다. 결정적인 것은 오히려 사회적 요인들, 사회적 맥락입니다. 여기서는 친구 관계의 특성이 큰 기여를 합니다.

남자아이들은 패거리, 즉 무리를 지어 다니는 경향이 있습니다, 반면에 여자아이들은 깊은 개별적 우정(일대일)을 더 중시합니다. 남성성의 징후 또한 이에 기여합니다. 실험에 따르면, 젊은 남성들은 운전 중 라디오를 통해 남성적인 것과 연관된 용어들을 들을 때 더 위험하게 행동합니다.

그러나 남자아이가 위험을 감수하는 정도를 결정하는 요인은 부모의 동행과 안정적인 리더십입니다. 여자아이들은 요즘도 여전히 남자아이들보다 더 제한적이고 엄격한 통제를 받는 경향이 있습니다. 이는 한편으로 여자아이들의 발달에 불이익을 줍니다. 엄격한 제한은 성격에도 영향을 주며, 부족한 경험 때문에 자신감, 혁신력, 용기도 덜 발달하지요.

반면에 장점은 여자아이들은 덜 다치고, 더 오래 더 건강하게 살 수 있습니다. 또한 자신과 다른 사람들을 위험에 빠뜨리거나 법을 어기는 일도 더 적어서, 더 많은 가능성이 열려 있습니다. 따라서 다루기 어렵고, 눈에 띄고, 사회에 적응하지 못하는 남자아이들은 외부의 통제와 제한, 즉 안정적인 부모와 다른 어른들의 뒷받침이 현저히 부족한 것이라고 결론지을 수 있습니다.

청소년기 남자아이들에게는 또래와 어울리는 일이 삶과 발달에 있어서 가장 중요합니다. 아이들이 만나는 장소는 어른들이 없는 곳이지요. 이때 무리에서는 능력의 차이가 빠르게 알려집니다. 그리고 우두머리나 리더 역할을 하는 인물이 생길 수 있으며, 결국에는 리더십이 다시 등장합니다.

남자아이들에게 이것은 어른들로부터 배운 것과는 전혀 다른 느낌을 줍니다. 그럼에도 그 경험은 중요합니다. 왜냐하면 아이들은 여기서도 리더십을 자기 통제의 요소로 느끼며 이는 성인의 삶을 향한 중요한 단계이기 때문입니다.

더 알면 좋아요!

키가 크거나 사춘기에 빨리 접어든 남자아이들은 부담스러울 만큼 지나친 기대를 받기 쉽습니다. 같은 또래의 작고 연약한, 혹은 가냘픈 남자아이들의 경우 그런 위험은 줄어들지요. 이때 엄마와 아빠는 아들의 주변 사람들과 아들 자신에게 가끔씩 아들의 나이를 상기시켜 줌으로써 도움을 줄 수 있습니다.

금지 대신 위험 관리 역량 기르기

어린 시절부터 남자아이들은 평균적으로 더 위험을 즐깁니다. 따라서 위험에 대처하는 일은 남자아이들이 제대로 성장하는 데 중요한 문제입니다. 많은 남자아이, 특히 청소년들은 사회적, 신체적 한계를 시험하고 그것을 뛰어넘고자 노력합니다. 이런 행동은 남자아이들을 더 눈에 띄게 합니다.

사춘기부터는 위험을 감수하는 성향이 전체적으로 높아지지만, 남자아이들의 경우에는 훨씬 더 행동 지향적입니다. 사고, 범죄, 물질 소비에 대한 통계들을 보면, 남자아이들이 위험한 행동을 더 많이 한다는 사실이 확연히 드러납니다. 호르몬, 뇌의 변화, 경솔함, 남성들의 집단 역학과 지위욕의 폭발적인 조합은, 위험한 행동에 대한 남자아이들의 관심에 불을 붙입니다. 이에 따라 특히 또래 아이들의 눈에 '쿨하다'고 여겨질 만한 행동은(환상이든 현실이든) 종종 별 생각 없이 쉽게 행해집니다.

자극과 스릴을 찾는 남자아이들

남자아이들이 위험한 행동을 하는 길은 어린 시절에 트입니다. 작은 위험들을 무사히 극복하면 행복감과 자기 확신이 생기는데, 이러한 경험이 사춘기에도 계속되는 것입니다. 위험, 모험의 스릴이 부정적인 결과로 이어지지 않으면 몸과 마음의 쾌감이라는 보상을 받습니다. 그러면 또 다시 반복을 목표로 뇌는 '더 많이'라는 신호를 보내고, 이는 위험 행동을 더 자극합니다. 그 역할을 하는 전달 물질은 도파민인데, 성인의 뇌에는 도파민 수용체가 풍부합니다. 그러나 청소년들의 경우에는 이 수용체의 수나 민감성이 아직 그리 크지 않습니다. 또한 사춘기 동안에는 수용체의 민감성이 감소합니다. 어른들이 흥미진진하다고 느끼는 상황에 청소년들은 별로 흥미를 느끼지 못하지요. 따라서 스릴을 경험하려면 더 강한 자극이 필요합니다.

남자아이들에게 새로운 경험은 항상 흥미롭고, 익숙한 것은 금세 지루해집니다. 많은 남자아이가 테스토스테론의 충동에 자극을 받아 새로운 경험과 변화를 추구합니다. 사춘기 동안 아이들의 실험정신은 더욱 발달하지요. 그리고 온갖 종류의 위험에 개방적인 모습을 보입니다. 여기서 일종의 촉진제는 위험한 경험이 극도로 부족한 생활 환경(특히 학교)입니다. 그와 대조적으로 남자아이들은 종종 새롭고 자극적인 상황을 조성합니다. 즉 우울한 일상의 작고, 흥미롭고, 강렬한 위안을 만드는 데 있어서 꽤나 창의적입니다. 남자아이들의 신체 호르몬에 의한 충동은 그들의 남성성, 남성성의 이미지 및 문제들(때로는 더, 때로는 덜 전통적인)과 결부됩니다. 청소년들은 주로 또래들에게서 자신의 남성성을 확인하려고 합니다. 하지만 미디어의 이미지들과 실험적인 놀이 활동들에서도 그렇습니다. 특히 컴퓨터 및 콘솔 게임은 남성적인 주제를 매우 적극적으로 전달하기 때문에 아이들을 크게 사로잡지요.

아들들의 위험한 행동은 전에도 지금도 사회적인 의미를 지닙니다. 전반적으로, 위험을 감수하는 것과 실험에 대한 열정은 사춘기 이후에 경험(성인의 삶에서 사회적으로 의미 있고 유용하게 쓰일 만한)이 있는 남자로 성장한다는 목표에서 시작합니다. 또한 새로운 것을 과감히 시도하고, 위험에 대처할 줄 아는 남자이지요. 남자아이들이 더 많은 도파민이 생산될 만한 상황을 찾는 이유도 바로 이것 때문입니다. 그들은 현실에서도 위험한 행동을 추구하지만 미디어, 컴퓨터 게임이나 과격한 음악(데스 메탈 등)과 같은 가상 세계에서도 그렇습니다. 마약이나 술을 경험해 보고자 하는 충동도 이를 통해 부분적으로나마 설명이 됩니다. 흥분제의 소비는 낯설고 금지된 것이며 그런 물질들 역시 도파민을 분비시키는 작용을 하기 때문입니다.

규칙보다는 신뢰를

남자아이들은 보통 위험을 감수하는 성향과 모험심이 큰 반면에 통제력은 덜 발달되어 있습니다. 그리고 청소년기의 두뇌 발달 특성상 이성은 아직 발달 초기 단계에 있지요. 이와 동시에 또래들은 불합리한 행동들을 부추깁니다. 그렇기에 사춘기 남자아이들에게는 어른들이 제공하는 어떤 틀이 필요합니다. 이러한 사실은 전형적인 사춘기의 다툼과 갈등을 불가피하게 만듭니다.

사춘기에는 무엇을 허용하고, 허용하지 않아야 할까요? 아이들이 할 수 있는 행동은 무엇이며, 아직 해서는 안 되는 행동은 무엇일까요? 어린 시절에는 아들이 이런 규칙을 존중합니다. 하지만 청소년기가 되면 더 이상 그렇지 않지요. 아들은 여전히 부모와 다른 어른들의 풍부한 경험에 의존합니다. 그러면서도 사춘기에는 어른들로부터 분리되어 자기만의 길을 찾아갑니다.

아이에게 위험이 발생하면 부모는 자연스럽게 두 가지 충동적인 반응을 보입니다. 보호적 반사 작용으로 위험을 차단, 완화, 제거하거나 아이에게 위험한 행동을 금지시키는 것이지요. 아이가 어릴 때에는 둘 다 옳은 방법입니다. 걷기를 배우는 시기에는 뾰족한 가구 모서리에 부딪치지 않도록 해야 하고("조심해!") 뜨거운 것에 손을 대지 못하도록 해야 합니다("안 돼!"). 여기에 아이들의 판단력이 높아짐에 따라 스스로 올바르게 행동하도록 하는 설명과 정보도 추가됩니다. 그런데 사춘기부터는 많은 남자아이가 분명한 금지의 메시지를 일종의 도발로 느껴, 특별한 자극을 받습니다. 규칙을 위반하고자 하는 동기가 증폭되지요. 이는 특히 어른들이 사용하거나 한껏 즐기는 어떤 흥미로운 것들에 적용됩니다. 따라서 본보기가 되는 부모의 행동은 아들의 위험 관리 역량의 첫 번째 요소입니다.

아들은 금지를 지위의 선언이나 지배로 해석합니다. 그리고 아들의 생활권이 점차 넓어짐에 따라 금지에 대한 통제가 힘들어질 수 있기에 금지의 효과에는 제한이 있습니다. 이때는 규범과 규칙보다는 관계, 신뢰와 책임감이 더 중요한 역할을 합니다.

아들에 대해 부모가 걱정하고 회의를 갖는 부분은 사춘기에도 분명히 전달될 수 있고 또 그래야 합니다. 그러면 아들은 부모가 우려하거나 전혀 좋게 생각하지 않는 것이 무엇인지를 잘 알 수 있습니다. 그러나 이 시기의 많은 남자아이가 규칙이나 사회적 약속, 법을 그다지 중요하게 여기지 않지요. 규범과 가치에 의문을 갖는 것은 아이들의 높은 위험 감수 성향과 더불어 사춘기의 특징입니다. 또한 판단력에 호소하는 어른들의 정보도 더 이상 효력이 없습니다. 정보의 출처가 어른들이기 때문입니다.

부모들의 도전 과제는 이전까지의 전략(적극적인 보호, 금지, 정보 제공)이 더 이상 효력을 발휘하지 못한다는 사실을 차츰 받아들이는 것입니다. 그 대신 부모는 전보다 더 아들을 믿어야 합니다. 보호와 금지가 쓸모없어지면 아들에게는 그 자리를 대신할 무언가가 필요한데, 바로 자기 자신의 위험 관리 역량입니다.

위험을 올바르게 다루는 능력

위험 관리 역량은 여러 자극과 위험을 자신이나 다른 사람들에게 해가 되지 않는 방식으로 극복하는 능력과 마음가짐입니다.

모든 위험을 없애는 것을 선호하는 예방과는 다릅니다. 위험 관리 역량이라는 개념은 매력적인 위험들을 올바르게 다루는 것이 목표이지요. 이러한 역량은 평생 동안 습득되고 확대됩니다. 위험이 아직 그리 심각하지 않은 시기, 즉 유년기와 청소년기 초기에는 부모의 역할이 특히 중요합니다. 이 시기 부모들은 아들이 혼자서 맞이할 위험들을 헤쳐갈 수 있도록 매우 큰 기여를 합니다.

위험 관리 역량은 위험 행동과 보호적 행동 사이의 균형을 맞추는 일입니다. 위험이 클수록 더 강력한 보호가 필요하지요. 그것은 훈련(능력, 숙련을 위한), 지식 습득, 주의력, 기술적 능력, 신체적 또는 정신적 힘 기르기 등에 의해 능동적으로 생기기도 합니다. 또는 헬멧이나 보호 장치를 이용한 수동적인 보호도 있습니다. 이러한 보호 능력에서 부모, 특히 아빠는 중요한 본보기가 됩니다. 가령 자전거나 스키를 탈 때마다 당연히 헬멧을 착용함으로써 자기 보호 방법을 보여 주는 것이지요. 하지만 본보기만 가지고는 위험 관리 역량을 기를 수 없습니다. 이성, 이해와 지적 능력이 중요한 것은 맞습니다. 그것에만 의존한다면 가망이 별로 없지요. 보드카를 한 모금 마셔보기 전에 먼저 음주의 위험에 대한 통계를 읽어 보는 아이는 없습니다. 공부 대신 시간을 허비하기 전에 비용 편익 분석을 하는 아이도 없지요. 그러므로 위험 관리 역량은 다른 곳에서 시작되어 강화되어야 합니다.

위험 행동은 대뇌에서 처리되지 않고 절차 기억과 연결됩니다. 뇌에서 절차 기억을 담당하는 부분에서는 생각 없이 저절로 발휘되는 숙련된 기능들이 저장되어 있습니다. 그중에는 자전거나 스키 타기, 수영처럼 위험과 연관된 능력들도 있습니다. 하지만 춤이나 악기 연주와 같이 위험하지 않은 것들도 있지요. 의식적으로 학습하는 사실이나 내용들과는 달리, 기억의 절차적인 내용은 대부분 암묵적 학습에 의해 습득됩니다.

암묵적 학습은 언어, 사회적 행동과 같은 능력을 놀이처럼, 또는 무의식적으로 습득하고 훈련하는 것입니다. 위험 행동에도 이와 같은 방식이 적용됩니다. 위험을 올바르게 극복하는 능력은 경험을 통한 배움으로 형성됩니다. 남자아이들은 유년기와 청소년기에 위험을 무릅쓸 수 있도록 하는 위험 관리 역량을 습득할 수 있습니다.

위험한 행동을 금지하거나 단순히 막는 일은 남자아이들에게 도움이 되지 않습니다. 유감스럽게도 아이들이 가장 오래 머무르는 생활 공간, 즉 학교는 이와 관련해서는 거의 쓸모가 없지요. 학교는 삶의 교육이 아닌 어떠한 사실에 대한 학습을 위해 만들어진 곳이기 때문입니다. 아주 사소한 위험 행동들(눈싸움, 다툼, 경쟁)조차 예상되는 위험 때문에 대개는 엄격히 금지됩니다. 그러나 남자아이들의 위험 관리 역량을 길러 주기 위해서는 위험을 무릅쓰도록 하는 격려가 필요합니다. 걷는 법을 배우는 것에서부터 나무 오르기나 뛰어내리기, 더 빨리 움직이기 등이 있지요. 그리고 놀이 시설이나 교통수단 이용하기까지 포함합니다.

위험 관리 역량에 도움이 되는 것은 처음에는 부모가 함께하는, 교육적인 경험들입니다. 하지만 커 갈수록 어른들의 통제가 없는 위험을 경험하는 자신만의 기회가 무엇보다도 중요해집니다. 그런데 그러한 자기 계발의 기회는 점차 제한을 받고 있습니다. 정원이나 휴경지처럼 위험 경험을 할 수 있는 자연 공간은 점점 더 줄어들고 있지요. 또한 장기적인 교육 프로그램들(전일제 학교, 음악 수업, 미술 워크숍, 스포츠 클럽)로 인한 시간 제약 때문에 위험 관리 역량을 기르기가 힘들어졌습니다.

위험이 커지면 신뢰가 결정적인 요소가 됩니다. 또한 신뢰는 경험들에 의해 생겨납니다. 즉 놀이, 스포츠, 여가 활동처럼 함께하는 경험이나 아이가 혼자서 나갔다가 무사히 돌아오는 것과 같은 경험이지요. 만약 남자아이들이 믿음직한 모습을 보여 준다면 아이들을 신뢰하기가 쉬워집니다. 하지만 그러기 위해서는 우선 신뢰성을 보여 줄 만한 기회가 필요합니다. 단 한 순간도 감시 없이 놀지 못하거나 매일 학교에 데려다 주는 상황에서는 그런 기회가 별로 없겠지요.

우선 안정된 자존감은 아들을 극도의 위험에 덜 취약하게 만듭니다. 또한 위험한 유혹을 물리칠 줄 알도록 해 주지요. 따뜻함과 친밀함이 있는 권위 속에서 서로 존중하는 관계, 관심, 공감이나 아들에 대한 자부심(성과와 상관없는, 즉 있는 그대로의 아들에 대한)은 긍정적인 자아 개발에 기여합니다.

마찬가지로 위험 관리 역량의 조화로운 발전을 위해서는 규범, 규칙을 따라야 합니다. 또 경우에 따라서는 의무적인 연습과 훈련도 필요합니다. 그러한 지도는 아들 자신의 경험과 함께 점진적으로 자리를 잡으며 위험을 다루는 수단이 됩니다.

더 알면 좋아요!

남자아이가 위험을 더 잘 평가하는 법을 배우려면, 경험에 더해 위험 친화적인 정보들이 필요합니다. 개인적인 권위를 가진 주변 사람들은 아이들이 위험한 활동 영역을 탐험할 때 지지와 확신을 주고 방향을 제시해 줍니다. 어린 시절에는, 예를 들어 도로 교통에 관해서는 단호한 금지와 조언으로 위험에 대한 감각을 알려 줍니다. 그래서 아들이 위험 영역에서 점차 주도적으로 행동할 수 있도록 합니다.

사회가
아들에게 주는 압박

사춘기는 모든 것이 불확실하고 연약한 상태입니다. 그래서 남성으로서의 자화상도 변합니다. 성별에 대한 기존 지식은 근본적으로 바뀌며, 아들의 사회적 남성성도 재조직됩니다. 이는 내면의 성장 외에도 신체적 성장, 남성적 외모, 목소리의 변화로 인해 더 이상 어린아이로 인식되지 않는다는 사실과도 연관됩니다. 사람들은 청소년기의 남자아이는 어린 남자아이와는 다른 일을 하리라 기대합니다. 아이에게 남성적인 무언가가 내면에 있다고 여기지요.

청소년기의 남자아이들은 종종 그다지 바람직하지 않은 측면들(버릇없는 행동, 음주, 시끄러운 행동, 성애화, 과시, 폭력, 위험한 행동, 싸움질 등)과 연관이 있습니다. 남자다움의 요소들에 대한 이러한 관점들은 지나치게 과장되어 있어서 조절이 필요한 상황입니다.

남자다워야 한다는 과제

남자아이들은 태어날 때부터 꾸준히 남성적 원칙들을 받아들입니다. 또 기꺼이 그것을 드러냅니다. 예를 들어, 어린 남자아이들의 장래 희망에는 성별적, 리더십적인 부분이 담겨 있습니다. 경찰, 기관사, 환경미화원이나 건설 노동자 등이 그 예시이지요. 여기서는 권력, 영향력, 사회적 중요성과 권위가 중요합니다.

유년기 후반에는 남자다움에 대한 관념이 더 광범위해지고 대부분 정제됩니다. 그러고 나면 사춘기에는 먼저 축소의 단계가 시작됩니다. 이때는 이미 성적인 것에 훨씬 더 분별 있는 사고를 할 수 있습니다. 그러면서도 때로는 자신의 남자다움을 더 많이 드러냅니다. 이에 따라 타인에 대한 폄하, 경쟁이나 거만함과 같은 행동이 더 강하게 나타납니다. 이러한 남성성의 표현은 가끔 거슬릴 때도 있지만 자기 주변, 미디어, 그리고 사회에서 인지하고 이해한 것을 모사할 뿐임을 기억해야 합니다.

오늘날 남자아이들에게 남성성은 사회적으로 어려운 문제가 되었습니다. '성별은 중요하다, 너는 남자니까 남자다워야 해!'라는 메시지가 어떤 논란이나 의심의 여지도 없이 아이들에게 던져집니다. 동시에 성역할의 변화는 전통적인 남성성을 강하게 비판하고 해체시켰습니다. 여성성은 아름다움, 모성애, 헌신과 같은 전통적인 측면에서도 의심의 여지없이 명확하게 존재합니다. 반면에 남성성의 본질(적어도 확실하고 의심의 여지가 없는 본질)은 거의 남지 않았습니다. 이에 따라 요즘에는 조직이나 이미지상의 남성성은 당연히 알아볼 수 있는 반면, 긍정적이고 받아들일 만한 개념을 세우기는 어렵지요. 남자아이들에 대한 언론의 부정적인 이미지는 이러한 상황을 심화시키고, 부모들이 아들을 패배자로 여기게 만듭니다.

안정적이고 자신감 있는 남자들은 남성성에 대한 문제를 손쉽게 다루겠지만, 특히 불안한 사춘기 남자아이들에게는 힘든 과제입니다. 불확실한 남성성에 대한 사회적 분위기는 부모나 다른 어른들을 통해 남자아이들에게 전달됩니다. 남성성의 미래에 대한 질문을 계속해서 받으면 아이들의 불안감은 심화됩니다. 사실 남자아이들이 부모로부터 얻어야 할 것은 확신과 낙관입니다. "너는 분명 올바른 남성성을 갖게 될 거야", "요즘에는 남자로 사는 일이 결코 쉽지 않지만, 자신이 정말 원하는 일이 무엇인지를 고민하는 사람에게는 온갖 멋진 기회들이 열려 있단다"라고 말해 주세요.

더불어 남성성은 개인의 자질로서 개발되고 사회적으로 용인되도록 표현되어야 합니다. 그런데 과연 남자아이들은 어디서 그것을 배우며, 무엇으로부터 그런 능력을 얻을 수 있을까요?

사회 + 사춘기 = 이중 변화

사춘기에는 신체적 발달을 통해 성에 대한 사회적 관심이 다시금 깨어납니다. 어린 시절에는 남자아이를 어떻게 남자답게 만드느냐가 더 중요했지요(아들의 머리를 짧게 자르고 남아용 옷을 입히는 등). 이제는 좀 더 큰 맥락에서의 남성성이 자아 형성과 자기 규정의 형태로서 더 중요해집니다. 따라서 남성성의 패턴은 사춘기 남자아이들에게는 다른 중요성을 띱니다. 사춘기 아들은 더 이상 자신에 대해 알지 못하며, 다른 사람들도 그에 대해 잘 알지 못합니다. 쇼핑, 스포츠 클럽, 청소년 모임, 새 학년과 같이 혼자 맞닥뜨리는 공적인 상황에서 그들은 생소한 존재입니다. 여기에서도 남자로서 인정받는 일이 아이들에게는 중요하지요.

사회적으로 행동하려면 남자아이들은 남성성이 어떻게 만들어지는지를 알아야 합니다. 아이들이 갖출 수 있는 사회적 도구에는 외형적인 것 외에 행동도 포함됩니다. 건방짐, 타인에 대한 폄하, 싸움, 시합, 아니면 적어도 경쟁, 위험 행동, 능력을 보여 주는 성과들에 의해 획득된 지위와 같은 것들이지요. 남자아이들의 지위에 대한 관심은 대중적 명성, 우월함, 특히 영웅적인 성과와 관련된 남성성의 이미지들로부터 비롯됩니다.

사춘기에도 남자아이들은 부모로부터 인정받고 싶어 합니다. '저를 좀 보세요, 청소년이라는 새로운 사회적 지위를 얻었어요' 하고 말이지요. 남자아이들은 여전히 어린아이 취급을 받는 일을 모욕으로 느끼며(아직도 자주 그렇게 행동한다는 것과는 상관없이), 자신의 지위가 존중되지 않으면 반항합니다.

청소년기의 사회적 역할은 사회 변화를 촉진합니다. 특히 남자 청소년들은 윗세대와의 다툼에서 중요한 역할을 합니다. 윗세대 대표들과의 갈등(개인적 관계 수준에서 발생하는)은 그러한 사회적 문제의 표출이자, 소위 축소형입니다. 최근 몇 년 동안 가정에서 일어난 세대 간 갈등은 가족이 피난처나 안식처가 될수록(그리고 어떤 면에서는 분쟁을 꺼릴수록) 더 공적인 장소로 옮겨가는 양상을 보였습니다. 남자아이들에게 그 장소는 학교인 경우가 많습니다. 사회 구조에, 연장자에 대항하는 투사들, 반항자나 혁명가들은 대부분 남자 청소년들입니다. 여자아이들은 주로 그들을 지지하는 역할을 합니다.

교사들도 남학생들과의 그러한 세대 간 갈등을 피할 수는 없습니다. 이것을 참고 매번 다시 극복하기란 분명 성가신 일입니다. 하지만 여기에도 중요한 사회적 기능이 있습니다. 세대 간 갈등보다 더 나쁜 것은 갈등이 아예 없는 것입니다. 그러면 남자아이들은 에너지와 혁신력이 없는, 우리 사회의 발전에 아무런 쓸모가 없는 순응적인 거수기(남이 시키는 대로 따르는 사람을 낮잡아 부르는 말)이자 단순 소비자들로 남게 됩니다.

더 알면 좋아요!

아이들은 남성성에 의해 생긴 경험으로 새로운 활동 범위를 측정하고자 실험하고, 시도합니다. 그러다 보면 다른 사람과의 관계나 예의범절을 지켜야 하는 상황에서 불가피하게 한계를 넘는 일도 생깁니다. 이 시기에는 리더십 있는 부모와 형제자매, 친척, 기타 어른들의 사회적 기능이 굉장히 중요합니다. 어른들은 그러한 남성성 실험들을 규제하고 수정합니다. 또한 요긴한 정보를 제공하고, 꾸준한 칭찬과 비판의 피드백을 줍니다.

사춘기를 통해
다시 태어나는 아이들

이성에 눈을 뜨기 시작하는 사춘기 시기에는 사랑하는 능력(결합 뿐만 아니라 분리도)의 발달이 중요합니다. 아들은 자신의 생활 방식을 선택하고 그에 해당하는 문화에 따라 행동합니다. 자신을 둘러싼 문화 속에서 방향을 잡지요. 그리고 판단과 평가의 확신을 가질 줄 알아야 합니다. 또한 직업적 방향 설정과 직업 선택에 관한 윤곽이 서서히 드러나야 할 때입니다. 그러므로 자기가 할 수 있는 것과 직업적으로 관심이 있는 분야를 찾아야 합니다.

아들의 정신이 점차적으로 남성의 정신으로 발전하기 위해서 사춘기는 필요합니다. 점차적이란 시간이, 그것도 많은 시간이 필요하다는 뜻입니다. 이때 신체적 발달은 정신에 강한 영향을 미칩니다. 사춘기에는 성장에 더해 힘과 활동(테스토스테론으로 인한), 감정, 성,

공격성이 더해집니다. 이것은 아무리 강한 정신력으로도 견딜 수가 없습니다. 그렇기에 특히 사춘기의 절정기는 심각한 위기 없이 넘기기가 힘들지요. 남자아이의 몸이 남성의 몸으로 성장하려면 정신이 몸을 이해하고, 해석하고, 자아상에 편입시킬 수 있어야 합니다.

사춘기는 반드시 필요하다

사춘기에는 고도로 발달된 뇌 영역(이성, 사회적 능력, 의식, 도덕성을 관장하는)의 많은 시냅스가 해체됨에 따라 자기 인격에 관한 확신도 사라집니다. 모든 것이 시험대에 오르는 상황인 것이지요. 사춘기가 없다면 아이에게도, 주변 사람들에게도 그것으로 끝입니다. 하지만 사춘기에는 더 많은 의미가 있으며, 계속되는 발전은 곧 추진력을 의미합니다. 따라서 모든 발달 단계가 또 한 번 되풀이됩니다. 그런데 안타깝게도 그 순서는 질서정연하지 않습니다. 동시적, 돌발적인데다 매우 변화무쌍하지요. 게다가 어린 시절에는 처리되지 못했던 모든 일이 다시 처리됩니다. 바로 여기에 사춘기와 청소년기의 두 번째 기회, 즉 엄청난 잠재력이 있습니다. 이로부터 아들은 삶의 질문들에 대한 답을 얻습니다. 즉 '나는 도대체 누구인가?', '나는 어떤 사람인가?', 또 '나는 어떤 남자인가?', '나는 어렸을 때 어떻게 남자다웠으며, 앞으로는 어떻게 될까?'에 대한 답을 얻지요.

아들은 어린 시절부터 의심할 여지없이 확신했던 것들을 사춘기에 뒤엎기 시작합니다. 어린 시절의 내적 질서는 아들에게 필요한 기본적인 확신을 제공합니다. 이 질서는 엄격하거나 너무 편협해서는 안 됩니다. 그랬다가는 아이는 본성을 억누르게 되지요. 사춘기에는 이 질서가 더 발전하고 개편될 수 있습니다. 더 나아가 뒤집힐 수도 있습니다. 그러나 일단 뒤집을 무언가가 있어야 가능한 일입니다. 그것은 부모와의 관계로부터도 생겨나며 리더십과의 싸움, 개인의 권위를 둘러싼 갈등은 청소년기의 절대적 요소입니다.

부모도 사춘기를 겪는다

맹렬한 사춘기를 겪는 사람은 아들뿐만이 아닙니다. 부모 역시 당사자로서, 스스로를 더 나은 부모로 발전시킬 수 있는 자기 눈앞의 문제들에 주목합니다. '부모 노릇이 어려워질 때가 바로 사춘기'라는 말은 다들 들어봤을 것입니다. 농담이 아니라 정말 그렇습니다.

바스티는 처음으로 파티를 준비했습니다. 물론 부모는 그를 도와주려고 나섰습니다. 아빠는 도와주겠다고 하며 곧바로 몇 가지 조언을 합니다. 그러나 바스티는 제발 참견하지 않았으면 좋겠다는 분명한 눈치를 줍니다. 상심한 마음을 겨우 추스르고 나서야 아빠는 자신의 제안이 바스티에게 어떻게 들렸을지 깨닫습니다. '넌 아직 그걸 혼자 할 수 없어. 너에겐 아직 내가 필요해. 넌 실수를 할지도 몰라'라고 들렸겠지요.

아들에게 사춘기와 청소년기는 어렵긴 하지만 절대적인 이득을 보는 시기입니다. 여전히 곁에 있는 가족, 부모는 필요하면 의지할 수 있는 자원입니다. 동시에 아이는 독립성과 자유를 얻으며, 때로는 제2의 가족처럼 여겨지는 또래들도 감정적 기반을 제공합니다. 또 언젠가는 애인도 생길 텐데, 더 바랄 것이 뭐가 있을까요?

부모에게 남자아이의 사춘기와 청소년기는 무엇보다도 상실을 의미합니다. 아들과의 교류는 점차 줄어들고 아들에 대해 전보다 모르는 것 같지요(전에도 많이 알고 있었는지는 모르지만). 아들에게 거부를 당하는, 적어도 더 이상 사랑을 받지 못하는 기분을 느끼며 덜 필요한 존재가 됩니다.

부모의 정체성에서 중대한 부분이 변함에 따라 자아의 일부였던 엄마(또는 아빠)로서의 역할과 기능을 잃게 됩니다. 또 이 시기의 많은 부모가 '중년의 위기'라 불리는 인생의 고비에 처해있다는 사실도 가볍게 여길 일은 아닙니다. 하지만 그것은 아들이 없는 부모도 겪는 문제입니다. 다시 말해, 아들의 사춘기 탓으로 여겨지는 많은 문제는 사실 부모가 그냥 갖고 있는 문제들입니다! 이러한 깨달음은 아들을 침착하게 대하는 데 유용할 것입니다.

부모는 이제 변화를 받아들여야 합니다. 전에는 부모가 아이에게 거의 절대적인 인정을 받았고, 부모의 규칙은 반박할 수 없는 것으로 여겨졌습니다. 그리고 부모의 진리가 다른 모든 것보다 우선시되었지만, 이제는 전세가 역전되었습니다. 아들은 의문을 제기하고 부모를 전통, 구식, 과거의 대표자로 생각합니다. 부모의 삶의 방식을 더 이상 최신식이 아닌 고루한 것으로 여기지요. 부모는 이 과정을 어려워하고, 또 그렇게 행동합니다. 많은 부모가 이러한 변화에 대한 책임을 아들에게 돌리지요. 이런 태도는 별로 도움이 되지 않으며 아들을 공정하게 대하는 것도 아닙니다. 변화를 인정하고 중대한 변화에 대처하고자 스스로 노력하는 편이 더 적절할 것입니다. 이 시기의 부모들은 대부분 비슷한 상황을 겪습니다. 그렇기 때문에 다른 부모들과 교류하고 서로 하소연을 하거나, 다른 방식으로 서로의 힘을 북돋워 주는 일은 별로 어렵지 않습니다.

아들에게 밀려나는 아빠

마치 영화 같던 아빠와의 특별한 관계는 아들의 사춘기에 끝을 맺습니다. 아들이 아빠와 자신을 동일시했던 흔적은 더 이상 찾아볼 수 없습니다. 아들은 아빠를, 아빠가 하고자 하는 것이나 할 수 있는 것을 거부합니다. 남성성의 원형은 내팽개쳐집니다. 아들은 아빠를 자신과 구분되는 상대로 여기지요. 그리고 그 구분은 사춘기에 점차 남성적 성격을 띱니다. 즉, 여기서 구분이란 실제적 차원에서의 분리와 단절을 의미합니다. 아빠로서는 고통스러울 수밖에 없지요. 하지만 아들이 어린 시절 아빠를 따라하고 아빠처럼 되고 싶어 했을 때 느꼈던 기쁨과 마찬가지로, 사춘기의 관계 역시 아들과의 '남자 대 남자' 관계 역사의 일부입니다. 관계가 성공적으로 변화한다면 아들은 리더십 관계에서 리더로서나 추종자로서 잘 해나갈 수 있습니다. 그리고 성공적인 삶을 사는 능력을 갖추게 되겠지요. 이 시기에 그나마 위안이 되는 점은, 그러한 분리에도 아들은 후에 자기 삶에 영향을 미칠 많은 것을 아빠로부터 물려받는다는 사실입니다.

그러나 만약 변화에 실패한다면, 아들은 문제가 있는 방향으로 자랄 수도 있습니다. 권력적, 우월적 관계를 남성적 애정으로 여기는 어린 시절의 관념은 사춘기와 청소년기에 큰 영향을 미치며 그 시기에 조정됩니다. 아니면 그대로 남았다가 남성성으로 편입됩니다. 어린 시절에 리더십에 대한 안 좋은 경험을 한 아이들은 종종 리더십과 권력적 태도를 혼동합니다. 아이들 중 일부는 스스로를 그렇게 포장하는, 지도자와 같은 인물들에게 끌리며 권위적 행동에 취약합니다. 이것의 극적인 예는 프란츠 카프카의 《아버지에게 보내는 편지》입니다. 이 작품에서 카프카는 폭압적이고 권위적인 아버지와 담판을 지으려 합니다. 하지만 결국에는 아버지의 대답을 상상함으로써 자신을 아버지와 동일시합니다.

더 알면 좋아요!

아들의 정신은 사춘기에 결정적인 국면으로 접어듭니다. 이제 문제는 초기 애착 관계에서 벗어나는 일이지요. 아들은 부모로부터 분리되어 독립적이 되어야 합니다. 이에 아들은 다른 성인 남성들의 성역할을 습득하여 자신에게 맞게 만들거나 변화시킵니다

'안 된다'고 말하기

남자아이들에게 유익하고 좋은 어른이란 아이들에게 무언가를 줄 수 있는 사람들입니다. 어느 정도의 너그러움은 모든 아이의 마음을 기쁘게 하지요. 아들이 원하는 바를 충족시켜줄 수 있다면 엄마나 아빠에게도 기분 좋은 일입니다.

그러나 가치관과 관련해서는 안 된다고 말하고 원하는 바를 들어주지 않는 것 역시 아들의 발달에 중요합니다. 화합을 중시하고 아들을 애지중지하는 부모들은 거절을 어려워합니다. 불화를 두려워하지요. 하지만 불화란 언제나 있는 것이므로, 부모는 그것을 견뎌야 합니다. 바로 거기에 아들에게, 또 부모 자신에게 주어지는 선물이 있기 때문입니다. 아들은 실망에 대처하는 법을 배우며, 부모는 관계에서 오는 또 다른 확신을 얻습니다. 아들이 원하는 것을 거절하는 부모도 사랑을 받을 수 있다는 확신을 말입니다.

많은 부모가 거절을 힘들어하는 것은 주어진 시간과 관련이 있습니다. 시간은 없고, 일상은 기록되고 계획됩니다. 부모의 에너지에도 한계가 있습니다. 그러다 보니 항상 안 된다는 말을 하게 되는데, 이는 보통 꽤 죄책감이 드는 일입니다. 그래서 거절은 양심의 가책과 연결되지요.

상업적인 요구의 경우에는 상황이 완전히 달라집니다. 우리는 소비와 풍요, 번영의 사회에 살고 있으니까요. 돈이야 있으니까 끊임없이 새것을 사고 후속 비용을 부담할 수도 있지만(사용료를 낸다거나, 부속 장비나 추가 게임을 구매하는 등), 그것은 좋지 않습니다. 오늘날 많은 남자아이가 자기 나이에 맞지 않는 과한 수준의 장난감과 전자기기들을 받습니다. 그러면 아이들은 자기 나이에 비해 뒤처진 아이처럼 되어 버립니다. 이때 좀 더 분명한 거절은 많은 아이에게 이득을 가져다줍니다.

분명한 거절과 승낙은 서로 밀접한 연관이 있습니다. 거절할 줄 아는 사람만이 진심에서 우러나온 승낙도 할 수 있지요. 그러므로 부모는 미리 고민해 봐야 합니다. '내가 관대해야 할 때는 언제일까?', '아들에게 관대하고 싶은 욕구는 죄책감이나 나 자신이 경험했던 빈곤과 어떤 관련이 있을까?'라고 말이지요. 중요한 것은 엄격함이나 원칙에 의한 거절이 아닙니다. 아들에게는 마음에서 우러나온, 애정이 담긴 거절이 필요합니다. 애정 어린 거절은 '그건 너에게 (아직) 좋지 않아' 또는 '그건 나에게 좋지 않아. 난 그걸 원하지 않아'라는 신호입니다.

물론 애정 어린 거절도 그것을 경험하는 아들에게는 실망스러운 일이겠지요. 하지만 부모가 견뎌야 하고, 아들이 극복해야 할 일입니다. 거절이라는 도전적 경험은 아들에게 저항의 힘을 일깨우고, 머지않은 미래에 자립할 수 있는 동기를 부여합니다. 반대로 거절을 별로 경험해 보지 못하면 컴포트존(Comfort Zone, 안전지대)에만 머무르며 좀처럼 벗어나려 하지 않을 것입니다.

거절은 아들의 사회적 능력을 높여 줍니다. 아들은 거절을 통해 다른 사람들의 권리를 존중하게 됩니다. 또한 자기 위치를 알고, 부담이나 상처를 주는 사람들에게 선을 긋는 법을 배웁니다. 또 부모의 거절을 모방함으로써 스스로도 거절을 할 줄 알게 되지요. 따라서 아들의 거절은 가능하면 존중되어야 합니다. 권력이나 유혹에 의해 침해되어서는 안 됩니다.

8장

"성장의 핵심 자양분"

가정생활

리더십 위기는 행운이다

아들과 관계의 위기를 겪는 순간에는 그것이 전혀 좋아 보이지 않습니다. 하지만 돌이켜 보면 그것은 첫째로 흔한 일이고, 둘째로 유용할 때가 많다는 사실을 알 수 있습니다. 그리고 이 모든 갈등은 아들이 독립해서 따로 살게 될 때까지 계속 반복될 테니, 부디 마음을 단단히 먹기를 바랍니다.

부모의 리더십은 위기 속에서 그 가치가 증명됩니다. 논쟁, 대립, 다툼이 없으면, 유년기도 그렇지만 사춘기는 더더욱 성공적으로 보낼 수 없습니다. 아들과의 위기는 피할 수 없습니다. 부모가 지닌 리더십의 힘이 아들로부터 공격을 받을 때뿐만이 아니라 그것이 회피되거나 완전히 거부당할 때, 위기는 찾아옵니다.

리더십 위기는 도전할 수 있는 기회입니다. 발전의 시기가 왔음을,

아들과의 관계에서도 성숙과 진보가 일어남을 보여 줍니다. 위기가 없으면 결정적인 발전도 없겠지요. 따라서 모든 위기는 언제나 행운입니다.

엘리자베트는 분개하고, 어찌할 바를 몰라하며 저를 찾아왔습니다. 그녀는 아들 요나스를 도무지 이해할 수 없다고 하며 상황을 다음과 같이 설명했습니다. 축구 연습을 하고 집에 온 요나스는 자기 물건들을 구석에 던지며 엄마한테 "배고파!"라고 소리친 뒤 욕실로 들어가 버린다고 합니다.

저는 그 상황을 이렇게 해석했습니다. 그것은 단지 하나의 요구, 즉 리더십에 대한 요청일 뿐이라고 말이지요. 이때는 분명한 메시지가 필요하므로, 엘리자베트는 아들과 맞서서 고쳐야 합니다.

아들만의 영역을 존중하라

관계의 위기는 상대가 아들이냐, 딸이냐에 따라 다르게 진행됩니다. 권위에 대한 투쟁은 청소년기에 흔한 일입니다. 하지만 아들의 경우에는 특히 더 그렇지요(부자간의 갈등은 거의 전설적입니다). 많든 적든 갈등의 주된 진원지(갈등에 불이 붙는 지점, 갈등이 일어나는 영역과 분야)는 존재합니다. 그것에 의해 관계의 윤곽이 드러나고, 협상이 일어나고 변화합니다. 이는 아이에 따라, 나이대에 따라 크게 다릅니다. 25년 전에는 아무도 알지 못했던 휴대폰이나 컴퓨터 관련 갈등처럼 위기는 대부분 꾸준히 현대화되었지요. 그뿐만 아니라 여러 세대에 걸쳐 그대로 남아 있는 문제들도 있습니다. 그래서 부모는 자신들의 부모와 이미 경험했던 갈등의 반대 입장이 되어 당황스러워합니다. 나이 든 사람들은 간혹 매우 놀라며 "뭐가 바뀌었다는 거야? 나도 그런 일로 부모님과 다툰 적이 있는데!"라고 묻기도 합니다.

부모는 거의 모든 가정에서 일어나는 피할 수 없는 논쟁에 대비하고 적응할 수 있습니다. 미리 자신의 입장을 명확히 하면 좋겠지요. 때로는 아무 준비도 되지 않은 가정에서 이런 갈등이 갑자기 일어나기도 합니다. 이런 경우에는 시간이 필요할 수도 있으므로 준비가 안 되었다는 사실을 받아들이는 편이 좋습니다.

일반적으로 꼭 당장 결정을 내려야 하는 것은 아닙니다. 잠시 시간을 갖는 태도는 부모가 자신의 입장을 차분히 정리할 수 있는 좋은 전략입니다. 부모가 청소년기의 아들을 잘 지도하기 위해 할 일은, 무조건 자기 입장만 고수하고 우위를 점하는 것이 아닙니다. 위기 상황에서는 관계를 유지하고, 아들과 대화를 나누는 것이 훨씬 더 효과가 좋습니다. 갈등 상황에서도 지지 수단으로서의 사랑을 잃지 않도록 주의한다면(물론 전혀 쉽지 않을 때도 있겠지요), 아들이 한 단계 더 발달하고 아들의 내적 질서가 회복될 가능성이 높아집니다.

나이가 들어감에 따라 아들은 자기만의 활동 영역을 넓힐 수 있는, 또 넓혀야 하는 진지한 상대로 대우를 받아야 합니다. 그렇기 때문에 부모는 아들의 유년기와 청소년기 초기에는 그 틀을 오히려 좁게 정해 놓는 편이 좋습니다. 당연히 아들은 클수록 더 많은 자유를 원할 것입니다. 당연합니다. 아들에게 자유를 넓힐 기회를 주세요. 이때 부모가 할 일은 제한과 한계를 조금씩 없애가는 것입니다. 만일 부모가 미리 제시한 지도 방침이 아예 없거나 너무 광범위하다면 어떨까요? 그런 협상은 금세 끝이 없는 수준에 도달하게 됩니다.

아들과의 갈등은 많은 경우에 자유와 책임감에 관한 것입니다. 두 가지 모두 나이가 들고 성숙해질수록 커지지요. 이러한 전망은 아들의 나이와 상관없이 제시해 주어도 됩니다. 하지만 아들이 성숙함이나 책임감이 부족하거나, 약속이 지켜지지 않으면 자유는 제한되고 허락은 철회될 수 있습니다. 어린 남자아이들도 이 점을 이해합니다. 이는 나이에 맞는 행동의 결과에 관한 것이지, 위협이나 처벌에 관한 것이 아닙니다(만약 그렇다면 그것은 권력의 표현이자 최악의 경우에는 폭력이 될 수도 있습니다). 물론 자유가 축소된 후, 가령 유예 기간이 지난 뒤에는 다시 협상이 이루어지고, 지켜지도록 해야 합니다.

더 알면 좋아요!

노력의 부족(숙제나 공부를 충분히 하지 않는 일) 때문에 나쁜 성적을 받았다고 해서 용돈을 깎는 것은 아이의 입장에서는 이해할 수 없는 일입니다. 컴퓨터하는 시간을 줄이거나 제한하는 방법이 더 적절합니다. 그렇게 해서 남게 된 시간은 숙제를 하는 데 쓰도록 당부하는 것이지요.

부모의 자신감이 부족하다면

아들은 부모로부터 어른다운 무언가를 원하고 기대합니다. 부모 쪽에서 리더십을 부정하거나 거부하는 일은 아들과의 관계를 해치지요. 애매한 사이에서는 분명한 관계를 맺을 수 없습니다. 그래서 아들은 딜레마에 빠지고, 어떻게 해야 할지 모르지요. 이는 마치 어떤 중요한 것이 존재하는 동시에 존재하지 않는 상황과 같습니다.

절대적 해결책은 없다

가정에서의 리더십이라는 개념은 지난 몇 년, 몇 십 년 동안 바뀌었습니다.

폭력에 찬성하는 과거의 교육 방식 때문에 리더십과 단호함은 나쁘게 평가되었습니다. '권위적'이라고 폄하되었지요. 어디까지가 좋은 리더십이고 어디서부터가 권위적 행동인지가 불분명해졌습니다. 그래서 오늘날 가정에서 리더십을 제대로 성공시키고 구축하는 방법을 아는 사람이 거의 없지요. 적지 않은 부모들이 잘못을 저지를까 봐 걱정만 할뿐입니다.

게다가 가족, 이웃, 또는 동네에서 일상적인 리더십을 경험할 기회가 계속 줄어들고 있습니다. 예전에는 관계와 교육이 어떻게 이루어지는지를 곁에서 볼 수 있었습니다. 하지만 요즘의 가족 형태에서는 모든 일이 멀리서, 닫힌 문 뒤에서 일어납니다.

양육자들이 집안 어른으로서 리더십을 잘 발휘할 방법은 무엇일까요? 그것을 알려면 부모는 힘든 길을 가야만 합니다. 즉 스스로 경험해서 배우고, 끊임없이 정보를 검색하고, 부족한 점을 강의나 미디어를 통해 보충해야 합니다. 달갑지 않은 수고를 짊어져야 하는 것이지요. 이런 상황에서 대중 매체는 모든 해악에 대한 해결책이라며 쉬운 방법들을 끊임없이 제시합니다.

부모의 조언들은 대개 등장할 때와 마찬가지로 소리 없이, 빠르게 사라집니다(훈육에 대한 과장이나 호랑이 엄마만 떠올려 봐도 알 수 있지요). 교육과 관계는 복잡한 문제로, 단순하고 절대적인 해결책이란 있을 수 없습니다.

부모의 걱정, 죄책감과 수치심

분명하지 않은 가정교육에는 일반적 요인들 외에 개인적 요인들도 크게 영향을 미칩니다. 개인적 요인은 사회적 요인보다 더 쉽게 변화시킬 수 있어서 부모들에게 특히 중요합니다.

부모가 가진 모호한 감정들은 가정에서의 리더십을 약화시킵니다. 여기에는 온갖 두려움이 작용합니다. 어떤 엄마, 아빠들은 아들이 자신을 나쁜 부모로 볼까 봐 걱정합니다. 또 문제아 아들을 두는 수치를 겪을까 봐 걱정하는 부모도 많습니다. 그런데 완벽주의의 압박에 시달리는 사람들은 항상 조심하느라 안정적이고 자발적인 관계를 맺지 못합니다.

오늘날 사람들은 남자아이들이 눈에 띄는 행동을 보이면 금세 그것을 가정교육이 잘못되었거나 부모가 실패했다는 증거로 여기기도 합니다. 또 어떤 부모들은 실수를 두려워하여, 문제가 생기면 불안해합니다. '내가 아들한테 너무 많은 걸 요구하는 건가? 그래, 부담을 덜어 주는 게 좋겠어. 그러면 나아질 거야!'라고 생각하고는 아들의 시중을 들거나 심지어 비위를 맞춰 주는 행동을 보입니다. 하지만 도전도, 부담도 없으면 아들은 게을러지고 의욕을 잃습니다. 결국 아들이 현실에 안주하게 된다는 사실을, 부모는 한참 지나서야 깨닫습니다.

많은 부모가 살면서 스트레스를 받습니다. 평범한 일상을 보내는 것만도 힘이 드는 일이지요. 규칙, 갈등이나 아들과의 논쟁에는 시간과 힘이 필요하며, 부모는 그것까지 감당할 수가 없습니다. 이런 과도한 부담감 때문에 부모들은 꼭 필요한 논쟁을 피합니다. 하지만 이는 부모의 가치와 지위를 포기하는 일이나 다름없습니다. 아들(그리고 딸도)에게는 리더십을 가진 부모가 필요합니다. 이런 점에서 자녀는 부모가 처리해야 할 안건의 최우선 순위가 되어야 합니다. 이때 좋은 점은, 부모가 강력한 리더십을 발휘하면 모든 가족 구성원의 일상생활 전체가 부담을 덜게 된다는 점입니다.

소비 지향적인 환경에서 어떤 부모들은 다른 부모들에 비해 경제적으로 부족해 보일까 봐 걱정합니다. 가령 아홉 살 아이에게 아이폰을 사 줄 능력이 없다는 인상을 주기가 싫은 것이지요. 이것은 아이들이 자기 나이에 비해 너무 과한 선물을 받는 주된 이유입니다.

어떤 부모들은 자녀와 함께 보내는 시간이 너무 적다는 이유로 항상 죄책감을 느낍니다. 죄책감과 수치심은 걱정과 비슷하게 작용합니다. 그래서 결과는 생각하지 않고 갈등이나 긴장을 피하고 소비와 자유에 대한 욕구를 채워 주는 방식으로 그것을 해소하려고 합니다. 아들이 불만을 가지면 죄책감이 들어서 그냥 두고 볼 수가 없기 때문입니다.

또는 자신감이 부족한 부모들도 있습니다. 이런 유형의 부모들은 다른 사람들이 볼지 모르는 상황에서 리더십을 보이기를 창피해합니다. 집안에서만 리더십을 유지하고 밖에서, 특히 다른 부모들 앞에서는 숨기려고 합니다. 남들이 우리 집안의 규칙이나 의식을 평가하거나 너무 엄격하다고 여기기를 원하는 사람이 누가 있을까요?

하지만 엄마나 아빠가 대외적 이미지나 기타 의견들에 끌려 다닌다면, 자녀는 그것을 그대로 보고 배웁니다. 이런 점에서 부모는 자녀를 또 한 번 약화시킵니다. 일단 이 사실을 알고 나면 부모는 자신감이 부족한 태도를 버리기가 더 쉬울 것입니다. 집에서나 밖에서나 자녀가 삶의 여러 요구들에 강하게 맞서도록 가르칠 수 있지요. 애정 어린, 친밀하고 분명한 리더십이라면 숨길 이유가 없습니다. 그래도 불안하다면 다른 부모들에게 "제가 너무 엄격한 건가요?"라고 물어보아도 좋습니다. 실제로 목적에서 벗어나는 경우도 간혹 있으니 말입니다.

가정생활

부모의 내적 안정이 중요한 이유

부모가 권위적 행동의 희생자가 되었던 경험은 리더십을 발휘하는 데 엄청난 방해 요소가 될 수 있습니다. 또한 반권위주의적 교육이나 가족회의와 같은 과도한 교육적 이상들도 방해물이 될 수 있습니다.

어떤 부모는 아들을 통해 부모가 중요하고 위대하다는 확인을 받고 싶어합니다. 부모는 언제나 선호와 사랑의 대상이어야지 절대로 비난 받아서는 안 된다고 생각합니다. 또한 부모가 하는 모든 행동에서 부모의 능력이나 위세는 아들과는 대조되는 것이어야 한다고 끊임없이 확인받음으로써 그 공허함을 채우려고 합니다. 하지만 아들이 부모의 문제를 대신 해결해 줄 수는 없습니다. 하물며 부모의 공허함을 채워 줄 수는 더더욱 없지요. 이런 상황에 처한 어른들은 자신은 물론 아들을 위해서 외부의 도움을 받아야 합니다. 부모가 자신을 돌볼 줄 알고 남의 도움을 받을 줄 안다면 아이들에게 여러 모로 좋습니다. 우선 아이들은 더 이상 어른들의 평안을 위해 자신에게 전가된 책임을 질 필요가 없습니다. 그럼으로써 자기 자신의 욕구와 발전에 필요한 마음의 여유를 갖습니다. 그리고 부모를 본보기 삼아 자신에 대해 책임지는 법을 배웁니다.

더 알면 좋아요!

모호한 솜방망이 리더십은 아들을 혼란스럽게 합니다. 아들이 부모의 말을 받아들일 수도, 처리할 수도, 극복을 통해 성장할 수도 없게 합니다. 이러한 상황은 권위에 대한 의도적인 반항, 즉 무언가 큰 것을 전복시키거나 꺾으려는 시도보다 훨씬 더 어렵습니다. 이때에는 상대가 분명하지만, 리더십이 모호한 경우에는 그렇지 않으니까요.

엄마의 역할과 아빠의 역할 보여 주기

아들의 길잡이가 되어 주는 일에는 부모 각자의 역할이 모두 필요합니다. 부모의 형태(결혼을 했는지, 이혼이나 재혼을 했는지, 혼자 아이를 키우는지)와는 관계가 없지요. 개인적 차이를 제외하고도 엄마와 아빠는 남자와 여자로, 서로 다릅니다. 물론 부모는 서로 다른 성격적 차이가 있으며, 이는 좋은 일입니다. 이상적으로는 서로를 보완하고, 따뜻하고 다정한 친밀함과 일관적인 행동 및 태도를 통해 명확함을 표현합니다.

반면에 아빠와 엄마의 성별에 따른 차이는 한편으로는 너무 지나친, 다른 한편으로는 너무 적은 불균형과 불안정을 초래할 수 있습니다. 주로 엄마는 과잉, 아빠는 과소라는 전통적인 성별 이미지와 연관됩니다. 그러나 아들이 제대로 성장하고 삶을 잘 헤쳐 나가기 위해서는 중도적 성 개념이 더 도움이 됩니다. 따라서 부모가 역할이나 노동을 너무 엄격하게 분담하지 않는 편이 더 좋습니다.

어느 관계와 마찬가지로 리더십도 성별에 따라 다른 색을 띱니다. 아들은 아빠를 남성으로(도), 엄마를 여성으로(도) 탐색하고 경험합니다. 그래서 반대로 아빠와 엄마 역시 각자의 성별에 따라 아들과 다른 관계를 맺는 일이 당연합니다. 그러므로 리더십의 성별적 측면은 네 가지 관점에서 흥미롭고 중요합니다. 바로 여성의 관점에서 본 아들, 남성의 관점에서 본 아들, 아들의 관점에서 본 여성, 아들의 관점에서 본 남성이지요.

여성인 엄마와 남성인 아들

엄마는 아들이 엄마를 이성적 사랑의 대상으로 보는(엄마와 결혼하고 싶어 하는 등) 어린 시절의 애착에 교감을 더합니다. 이러한 분위기는 엄마의 리더십 관계에도 활력을 불어넣습니다. 아들은 엄마를 기쁘게 하려고 하고 엄마의 사랑을 받고자 합니다. 엄마를 위해 여러 일을 해내지요. 또 애교를 부리거나 아양을 떨기도 합니다. 때로는 엄마에게 기사도적인 존경을 보이기도 합니다. 이러한 관계적 특성 덕분에 엄마가 아들에게 리더십을 발휘하는 일은 자연스럽고 쉬운 것처럼 보입니다.

하지만 동시에 여성들에게는 장애물이 있습니다. 아들을 상대로 하는 경우에는 더 그렇지요. 전통적인 여성성 관념은 여자아이들과 여성들에게 사랑스럽고, 소극적이고, 상냥할 것을 요구합니다. 여성들은 잘 화합하고, 모성과 배려심을 갖추고, 약간 순진하고 무력해 보이면서도 신체적으로는 매력적이어야 한다고 말입니다. 아무리 여성들이 그와 전혀 다른 모습이거나 그렇게 행동하지 않겠다고 결심하더라도, 그러한 기대는 여성들을 끈질기게 괴롭힙니다. 또한 어른답고 분명하고 리더십 있는 엄마 역할에 방해가 됩니다.

엄마의 리더십이 잘 와 닿지 않는 또 다른 이유가 있습니다. 그 이유는 적어도 전통적으로는 여성이 과거에 남성, 즉 아빠를 지도자로 삼는 가정에서 자랐기 때문입니다. 외부 세계, 사회를 대표했던 아빠는 사회적 중요성과 힘 같은 것을 가정이라는 공간에 퍼뜨려 놓았습니다. 이러한 초기 경험들이 일반화되어 리더십은 남성에게 어울리는 것이 되었지요. 여성은 그 역할에 어려움을 겪는 것이고요.

마지막으로, 사회적으로도 리더십의 이미지는 성별적 색채가 강합니다. 지도자라고 하면 우리는 보통 남성을 떠올립니다. 당당한 체격, 우렁찬 큰 목소리, 개방적인 태도와 거창한 몸짓, 이 모든 것이 여성성 관념과는 어울리지 않아 보이지요. 또 분명하고 직접적이고 똑 부러지는 여성은, 비판의 대상이 되지는 않더라도 여성성을 끊임없이 의심받게 됩니다.

리더십의 신체적 상징은 여성성과 어긋납니다. 따라서 길고 찰랑이는 머리는 자신감, 결단력과 리더십을 나타내기보다는 오히려 가벼워 보일 수 있습니다. 여성 지도자들은 여전히 드물고, 폭넓은 사회적 경험의 기회도 적습니다. 그들의 주 무대인 사회 분야에서조차 기대에 부합할 만큼의 자기 역할을 해내지 못하거나, 해내려고 하지 않아서 롤 모델로 여겨지는 경우가 드물지요. 그 결과 '엄마' 타입으로 전락하거나 '깐깐한 귀부인' 또는 '병장' 타입으로 간주됩니다.

이러한 생각과 경험들 때문에 엄마들이 명확한 리더십을 갖기가 더 어려울 때가 많습니다. 리더십과 자신의 여성성을 갑자기 결합할 수 없기 때문입니다. 리더십은 '여성인' 엄마에게 어울리지 않기에 스스로가(보통은 무의식적으로) 리더십을 발휘하는 것을 금기시합니다.

엄마와 아들의 관계는 아들이 남자라는 사실로 인해 더욱 격해집니다. 상당수의 엄마가 딸에게 안정감과 리더십을 보이는 데에는 그럭저럭 성공합니다. 하지만 놀랍게도 아들을 상대로는 놀랍게도 자주 실패합니다(아들이 아직 꽤 어린 경우에도). 이것이 흥미로운 이유는, 그 배경에 아들의 남성성이라는 속성과 과대평가가 포함된 성별 역학이 숨겨져 있기 때문입니다. '여성인 나는 남성 앞에서 내 주장을 할 수 없고 해서도 안 돼'라는 무의식이 숨어 있는 것이지요.

그러한 성별의 효과는 실제로 존재하며 불쾌감을 주지만, 우리는 그것을 극복할 수 있습니다. 전통적인 여성성 관념은 다행히 점차 사라지고 있습니다. 점점 더 많은 엄마가 여전히 남아 있는 불편한 잔재들에 성공적으로 저항하고 있지요. 특히 무의식적 고정 관념은 엄마들이 결정적 순간에 예전으로 되돌아가 리더십을 다시 아빠에게 넘기게 하려고 합니다. 스스로를 불안하고 상냥한, 또는 하찮은 사람으로 만들도록 유혹하지요. 이것은 아들에게 좋지 않으므로 엄마들은 의식적으로 자신의 장점을 발휘해야 합니다.

물론 여성들은 아들의 나이와 상관없이 좋은 리더십을 가질 수 있습니다. 엄마는 당연히 그 어떤 제한도 받지 않는 여성이며, 앞으로도 그럴 것입니다. 더구나 여성성은 리더십을 통해 상당한 개성과 색채, 영향력을 얻습니다. 이렇다 할 긍정적 롤 모델이 없기 때문에 여성들은 가정에서 리더십 스타일을 찾는 데 간혹 더 큰 어려움을 겪습니다. 하지만 약간의 노력과 상상력만 있으면 모든 여성의 삶에서 여성성의 좋은 롤 모델을 찾을 수 있습니다. 가장 역할을 했던 할머니와 어머니에서부터 훌륭한 여교사, 주도적인 이모, 단호한 여성 관리인, 단체나 대기업의 여성 임원, 그리고 연방 총리에 이르는 강인한 여성들이 있지요. 이들을 기억하고, 여성임을 의식하며, 자신과 다른 사람들에게 '리더십을 갖는 것은 여성들에게도 당연히 어울린다!'라고 분명히 알리는 일이 필요합니다.

가정생활

아들이 엄마를 존중하려면

기본적으로 남자아이들은 배우기만 하면 여성의 리더십에도 잘 따릅니다. 한 가지 전제 조건은 아들이 성 평등을 배우고 이해하는 것입니다. 아들은 가장 먼저 부모에게서 그것을 경험합니다. 아빠와 엄마는 물론 다르지만, 그 차이에도 두 사람이 근본적으로 평등하다는 사실을 관계 속에서 알 수 있어야 합니다. 흔히들 하는 "아빠가 오실 때까지 기다려"라는 말은 요즘에는 시대에 뒤떨어진 말로 여겨집니다. 그 뉘앙스는 여전히 아빠가 엄마보다 더 큰 리더십을 가지고 있음을 시사합니다. '남자는 더 큰, 여자는 더 적은 리더십을 가진다'라는 생각에 따른 그러한 구분은 아들에게 해로우며 평등의 가치에 위배됩니다.

기본적으로 부모는 둘 다 똑같이 리더십에 대한 능력과 책임을 갖고 있습니다. 게다가 아빠와 엄마의 리더십은 서로 반대되는 것이 아니라 함께하는 것입니다. 아빠는 엄마의, 엄마는 아빠의 리더십을 지지합니다.

중요한 점은, 아들의 남성성은 자발적으로 형성된다는 사실입니다. 아들이 남성성을 소중하고 안정적인 것으로 느끼려면, 그것이 여자아이나 여성들을 깎아내림으로써 생겨난 것이 아니어야 합니다. 여성성과 남성성은 대등해야 합니다. 하지만, 안타깝게도 그러한 평등은 아직 사회적으로 실현되지 않고 있지요.

남성성의 사회적 지위는 여전히 여성성보다 높으며, 남성성이 더 영향력 있고 중요하다고 여겨집니다. 남자아이들은 이를 인식하고 자신이 맺은 관계들에 적용시킵니다. 자기도 남자이므로 여자들보다 중요하고 대단하다는 인상을 받을 수 있지요. 엄마를 비롯한 여성들은 어른이라는 점에서는 아들보다 우세할 수 있지만(사회적으로는 어른들이 아이들보다 우위에 있으므로), 성별적 지위로는 더 열등한 것입니다. 리더십 갈등이 있을 때, 아들은 그로부터 기회를 감지합니다. 아들이 보기에는 일대일 상황이니, 실제로 누구에게 전권이 있는지 시험해 볼 만하다고 생각합니다.

그러므로 엄마들은 자신의 리더십을 한 단계 끌어올린다는 생각으로 더 의식적이고 단호하게 발전시켜야 합니다. 하지만 그 반대인 경우가 종종 있습니다. 여성의 리더십은 그다지 당연시되지 않기 때문에 많은 여성이 불안해하는 것입니다. 엄마들은 자기 자신과 자신의 책임감보다 진부한 관념을 더 믿습니다. 그러다가 리더십을 잃어버리고 나면 엄마들은 스스로를 정당화해야 한다고 생각합니다. 아니면 어찌할 바를 모르는 희생자 신세가 됩니다(이것 역시 많은 이가 여성에게 더 어울린다고 봅니다). 이런 엄마가 공격적인 입장을 취하리라는 결단을 내리기는 어렵습니다.

아들에게는 엄마의 이러한 태도가 도움이 되지 않습니다. 아들이 남성적인 과대망상에 빠지지 않으려면, 특히 엄마의 안정된 태도가 필요하기 때문이지요. 아들에게 엄마는, 말하자면 여성성의 원형입니다. 따라서 엄마가 어른으로서 어떤 입장을 취하는지는 아들의 앞으로의 삶에 영향을 미칩니다.

우리 사회의 남자아이들은 리더십 있는 여성들을 인정하는 법을 배워야 합니다. 만약 남자아이들이 유치원이나 학교의 여성 교사, 여성 경찰, 여성 지도자처럼 결정권을 가지는 여성들을 상대할 때 잘못된 관념을 갖고 있다면 어떻게 될까요? 그 아이들은 극심한 갈등을 일으키거나 좌절하게 될 것입니다. 그러므로 엄마와 다른 여성들이 자신의 일에 책임을 지고 직분을 다하는 일은 아들의 발전을 더욱 촉진합니다.

더 알면 좋아요!

아들은 커 갈수록 엄마를 덜 필요로 합니다. 엄마가 항상 이용 가능한 사람이 아닐 때, 엄마의 가치는 오히려 더 높아집니다. 그래서 아들에게는 "잠깐 기다려, 곧 시간이 날 거야"라거나 "일단 시작해. 엄마는 이따 다시 올 테니까"와 같은 말을 해 주면 좋습니다.

아들이 남성이 되기까지

아빠와 아들 사이의 관계는 두 가지 주된 동기에 의해 결정됩니다. 바로 경쟁과 동일시이지요. 아빠의 관점에서 볼 때 이 동기들은 자신의 리더십에 영향을 미칩니다. 여러 세대에 걸쳐, 아들이 아빠를 계승하는 것(적어도 한 명의 아들은 유산을 상속받고, 아빠와 같은 직업을 가지고, 농장이나 사업체를 넘겨받아 같은 회사에서 일하는 것)은 문화적으로 당연한 일이었습니다. 이 강제적 승계는 대부분 사라졌지만 그렇지 못한 경우(가령 장인의 아들이 가업을 물려받지 않으려고 할 때)에는 항상 그 효과가 두드러집니다.

아빠가 자신과 아들을 동일시하는 데에는 둘이 똑같다는 느낌, 또는 똑같고 싶다는 느낌이 담겨 있습니다. '우린 둘 다 남자야, 우린 성별로 연결돼, 내가 너랑 똑같으면 좋겠어'라는 느낌이지요. 이런 기분을 느끼는 것은 좋고 관계에도 유익합니다. 하지만 아빠에게 함정이 될 수도 있습니다. 아빠가 아들에게 분명한 리더십을 보이려면 자기 자신과의 내적 관계도 필요한데, 지나친 동일시는 건전한 거리두기를 방해할 수 있기 때문입니다.

아마도 아빠는 아들에 대한 감정이 너무 강한 나머지 자기 자신을 느끼지 못하게 될 수 있습니다. 아빠는 아들을 보며 자신이 고생했던 상황들을 떠올리거나, 아들의 바람과 욕망에 너무도 잘 공감할 것입니다. 그러한 동일시는 아빠로서의 지위와 사명을 잃어버리게 할 수 있습니다. 그러면 지도자로서 역할이 약화되어, 아빠는 불분명하고 모호한 존재가 됩니다.

반대로 아빠가 아들을 경쟁자로 여기는 것은 일단 연결, 관계, 공동체의 한 형태입니다. 누가 어떤 분야에서 더 나은지를 일종의 놀이처럼 알아내는 것은 재미있습니다. 이 맥락에서도 리더십의 문제는 제기됩니다. 즉, 아들은 자신이 아빠한테 도전하고 공격했을 때 아빠가 본래 지위를 유지할 수 있을지 알고 싶어 합니다. 심지어 어떤 분야에서 아빠를 이기더라도(축구, 스노보드, 컴퓨터 등) 말이지요. 안정적인 아빠들은 그럴 때 리더십을 유지하면서도 나이에 맞게 역동적으로 조절할 줄 압니다. 그래서 아들은 성장할 수 있는 것이지요. 아빠는 일관성이 무엇인지 보여줌으로써 아들이 안정감과 자기효능감을 갖게 합니다.

같은 남성인 아빠와 아들의 관계

아빠들도 무의식적으로 전통적 남성성의 오래된 잔재(특히 리더십과 관련된 것들)의 영향을 받습니다. 그것은 모든 남자에게 하나의 도전이지요. 아빠로서 그는 가부장제의 전통으로 돌아가는 것을 피해야 합니다. 아빠는 리더십이 온 힘을 다해 지켜야 하는 엄격한 원칙 같은 것이 아님을 깨달아야 합니다. 리더십 관계는 살아 움직이는 것입니다. 때로는 분명하게 유지되고 그대로 머물러 있지요. 하지만 상대방에게 설득 당하고 무언가를 내주는 협상에 의해서도 관계는 당연히 성공할 수 있습니다.

안정적이고 굳건한 자아를 지닌 아빠들은 성공하기가 더 쉽습니다. 자신감이 떨어지는 아빠들은 경쟁적 상황, 특히 유년기 후기나 사춘기에 이해 다툼이나 공격이 더 심해질 때 겁을 먹습니다. 그들은 '집안의 가장' 역할을 잃을까 봐 두려워하고 경쟁을 개인적 공격으로 받아들입니다. 이때 나약한 아빠들은 공격적인 과잉 반응을 보이고는 합니다.

상황이 심각해지면 이러한 아빠들은 아들과의 갈등이 위험하다고 느끼기도 합니다. 그러면 일부 불안정한 아빠들은 남성적 권력의 무기고라 할 수 있는 처벌, 위협, 폄하, 구타 등을 들고 나서지요. 아빠의 이런 행동은 리더십 갈등을 권력 문제로 확대시킵니다. 아빠는 부모로서 권력을 가지고 있는데, 이제 냉정한 처벌을 통해 그 권력을 앞세우고 가차 없이 행사합니다. 그러면 굴복하는 아들들도 있고, 포기하거나 좌절하는 아들들도 있습니다. 어떤 아이들은 끈질기게 저항합니다. 각 발달 단계에서 이런 상황은 항상 아들에게 과도한 부담이 됩니다. 이로 인해 아빠의 약점에 대한 아들의 반응은 더 강해지고, 아빠는 리더십을 잃게 됩니다.

아빠는 아들의 경쟁 상대다

아들은 경쟁과 동일시의 문제에 자기만의 방식으로 몰두합니다. 아들은 공감하고, 아빠를 계승하거나 아빠와 똑같아지고 싶어 함으로써 아빠의 강점을 어느 정도 얻어내리라 기대합니다. 아빠가 자신의 훌륭한 면을 공유하고 세계관과 가치관을 보여 줄 때, 아들은 그것을 이용하고 즐깁니다. 이는 아들이 나중에 어른들의 세계로, 한 남자로서 남자들의 세계로 수용되리라는 점을 암시합니다.

남자들의 세계는 여자들의 세계보다 좋지도, 나쁘지도 않습니다. 예나 지금이나 남성성 관념은 남성성이 더 의미 있고 중요하다고 합니다. 하지만 실제로 영향력과 권력의 범위는 점차 성별에 관계없는 것이 되어가고 있습니다. 이런 점에서 남성적 환경은 여성적 환경과 세부적으로만 다를 뿐입니다. 그런데도 아들은 성인 남성들과의 동일시를 통해 남성적 리더십이 어떤 것인지를 알고 느낄 수 있기를 원합니다. 그리고 이때 가장 먼저 영향을 주는 것이 아빠가 리더십을 실천하는 방식입니다. 이 경험은 아들의 남성성이 발전할 수 있는지 판단하는 중요한 토대가 됩니다. 이때 아빠는 아들과의 관계에서나 그 밖에서 자신의 장점들을 발휘하고, 자기 가치관을 적용합니다. 일명 '선량한' 아빠(구식으로 표현하면)가 된다면 아들이 아빠의 리더십을 받아들이고 그에 반응하기가 쉬워집니다.

하지만 아들이 자라남에 따라 자기만의 시각을 찾기 시작하면 아빠와의 동일시는 문제가 됩니다. 아들이 아빠와의 동일시를 통해서만 리더십을 얻었다면 그로부터 더 이상은 얻을 것이 없겠지요.

다른 사람들, 여기서도 특히 남성들이 아들의 주요 탐색 대상이 됩니다. 교사나 트레이너 등, 아들이 동일시할 수 있는 새로운 대상을 찾는 것은 좋은 일입니다. 게다가 아들은 미디어상의 인물들의 리더십도 보고 배웁니다. 그리고 자신의 경험들을 아빠와의 관계에 적용시킵니다. 아들은 비교 끝에 자기가 선택한 것을 그 관계 속에 들여놓습니다. 아들은 언젠가는 아빠가 완벽하지 않다는 사실을 깨닫습니다. 그리고 점차 자신의 견해를 세우게 되지요. 이에 따라 아빠와의 동일시는 점점 덜 필요해집니다.

아빠는 아들이 어릴 때부터 언제나 경쟁 상대였습니다. 아빠가 아들을 아무리 찬미하고 사랑해도, 남성적 측면에서는 누가 더 강한가 하는 문제가 있지요. 이 문제는 남성성 관념에서 비롯됩니다. 그 관념은 남자아이들에게, 남자들은 주로 힘으로 경쟁하고(여자들은 반대로 끈기나 아름다움으로) 그로부터 리더십 문제가 생긴다는 점을 알려줍니다. 그렇기 때문에 부자 갈등은 신화적 색채를 띠고 있으며 오늘날에도 여전히 그렇습니다.

아들은 아빠와 경쟁할 때 책임감과 권력이라는, 남성성의 큰 덩어리에서 자기 몫을 차지하기 위해 싸웁니다. 부모 중 남자인 아빠와 경쟁하는 것은 아들에게 장난 같은 즐거운 느낌을 줄 수 있습니다. 아들이 어릴 때에는 아빠가 그 상황을 그대로 두고 볼 수 있지요. 그러다 사춘기가 되면 갈등은 더 심각해집니다. 이제 진짜 문제가 생기는 것이지요. 이것을 깨닫는 것 역시 아빠가 할 일입니다. 이 단계에서 아들은 약간 불쾌한 반응을 보입니다. 특히 아빠가 상황을 심각하게 받아들이지 않는다고 느낄 때는 더 그렇습니다. 아들은 아빠가 끝내 이기기를 바라는 동시에 아빠의 양보를 받고 싶어 하는 모순적 태도를 보입니다. 둘 다 아들에게 필요한 것이므로, 아빠는 이 도전에 적절히 대응할 방법을 찾아야 합니다.

부부의 문제는 둘만의 문제로

앞서 이야기했듯, 아들이 맺는 각각의 관계에서 아빠와 엄마의 성별 및 부부 역학도 중요한 영향을 미칩니다. 두 사람이 모두 부모로서의 역할을 인정하는 일은 아들에게 도움이 됩니다. 과업의 분배는 꽤나 간단합니다. 아빠는 엄마의 리더십을, 엄마는 아빠의 리더십을 지지하면 됩니다. 이는 두 사람에게 다 좋은 일이며, 아들에게도 마찬가지입니다. 아들은 자신이 분명한 관계 속에 있음을 깨닫고, 복잡하고 비밀스러운 리더십 혼란을 겪지 않게 됩니다. 리더십 있는 부모는 아무리 화가 나는 순간에도 아들 앞에서 갈등을 벌이는 일을 피합니다. 만약 관계에 문제가 있으면 아빠와 엄마, 둘이서 해결해야 합니다. 필요한 경우에는 외부의 도움을 받을 수 있습니다.

때때로 아빠나 엄마는 상대방을 은근히 깎아내리려고 하는 경향을 보입니다. 예를 들어, 어떤 아빠들은 엄마들의 결정을 별로 존중하지 않습니다. 아내를 지지하고 함께 의논하는 것이 아니라, 곧장 다른(아마도 더 관대한) 결정을 내리는 것이지요. 반대로 어떤 엄마들은 아빠들이 돌봄이나 관심, 또는 식습관 문제 등을 처리하는 방식을 탐탁지 않게 여깁니다. 이런 엄마들은 아들에게 무엇이 필요하고 그 상황을 어떻게 해결해야 하는지 자기가 더 잘 안다고 생각합니다. 아들 앞에서 눈알을 굴리며 아빠를 '조수'로 강등시킵니다. 엄마나 아빠의 그런 식의 강등은 아들을 힘들게 합니다. 부모는 좋지 못한 본보기가 될 뿐만 아니라, 아들을 엄마와 아빠 중 한 사람을 지지해야 하는 충성심 갈등 속으로 몰아넣지요. 그렇게 되면 아빠와 엄마, 나아가 남성과 여성 사이에 위계가 생깁니다. 결론적으로, 부모 둘 다 리더십을 조금씩 잃습니다.

이러한 과업의 분배는 핵가족의 범위를 넘어서도, 예를 들어 조부모에게도 비슷한 방식으로 적용할 수 있습니다. 조부모라는 역할의 본질은 부모의 리더십을 지원하는 것에 있습니다. 그렇다면 그 일은 어떻게 할 수 있을까요? 가장 쉬운 방법은 부모가 무엇을 중요하게 여기는지를 인식하여 그것을 함께 지지하는 일입니다. 어떠한 경우에도 부모의 교육적 노력을 비판해서는 안 됩니다. 그것만 지킨다면 부모는 아무리 리더십과 관련된 것이라도 다음과 같은 조부모의 긍정적인 피드백들에 대해 항상 기뻐할 것입니다.

"요즘 너희가 하는 방식이 마음에 든다. 우리는 그때 너무 엄격했어!"

"도미닉은 잠자리에 들 때 전혀 소란을 피우지 않는구나. 네가 하자는 대로 잘 따르니까 보기 좋아."

더 알면 좋아요!

아빠의 리더십은 여성들과의 연대 의식과 함께 성장합니다. 아들에게 '성 정의(Gender Justice)'가 의미하는 바를 알려 주지요. 그래서 아빠는 필요할 때 다음과 같이 개입할 수 있습니다.

"여자에 대해 그렇게 깔보듯이 말하지 마라. 그건 옳지 않아. 네가 한 말을 잘 생각해 보렴. 내 생각에 그건 비열한 말이야."

아들에게 가르쳐야 할 경제 관념

현대 사회는 소비에 집착합니다. 그것을 멀리하거나 완전히 벗어나는 것은 거의 불가능합니다. 하지만 부모가 소비와 상업에 대한 의식을 어느 정도 갖추고 있는 것이 아들에게는 굉장히 중요합니다. 안타깝게도 상황은 점점 더 어려워지고 있지요. 비교적 제한을 받는 딸들보다 아들의 경우에 더욱 그렇습니다.

부모는 시간이 없다는 이유로 아들에게 온갖 것들을 사 줍니다. 일부 가정에서는 소비로 사랑과 관계를 대체하려고 하지요. 그러나 다행히도 이것은 불가능한 일입니다. 현명하고 다정한 부모는 돈보다는 관계, 인정, 존중의 힘에 의존합니다. 이때 생겨나는 자유에는 소박한 것으로 제한할 수 있는 자유도 포함됩니다. 사실, 비싼 돈을 내고 놀이공원에서 하루 노는 것보다 꾸준히 무언가를 함께 계획하고 경험하는 것이 아들과의 관계에 훨씬 더 좋습니다.

아들은 자신의 욕구와 돈을 다루는 법을 배워야 합니다. 학교 수학 시간과는 달리, 돈은 시급한 문제입니다. 아들은 평생 동안, 그리고 평생을 위해 돈에 대해 배웁니다. 계산의 중요성은 부수적인 문제이지요.

돈과 소비의 문제는 부모와 자녀의 공통된 관심사이지만, 성별적 측면도 숨겨져 있습니다. 이는 모든 연령대에서 아들이 딸보다 용돈을 더 많이 받는 것을 보면 알 수 있습니다. 그리고 아들 장난감에 더 많은 돈이 소비됩니다. 아들이 더 많은 것을 요구하기 때문일까요? 전동 장난감이라 더 비싸고, 또 그럴만한 것일까요? 아니면 부모가 아들에게 더 많은 것을 투자할 준비가 되어 있기 때문일까요?

너무 많은 아들 부모가 돈과 소비 욕구의 제한을 둘러싼 갈등을 피하고 있음은 틀림없는 사실입니다. 부모는 그 문제를 스스로 좌지우지함으로써 아들의 발전 기회를 앗아갑니다. 돈과 물건이 항상 (너무) 풍족한 아들은 계산하는 법을 배우지 못합니다. 그럴뿐더러, 뭔가를 바라고 소망하는 법도 알지 못하지요. 아들은 떼쓰고 조르기에 익숙해집니다. 아들이 한참동안 "갖고 싶어, 사줘!"라고 외치기만 해도, 부모는 상황을 진정시키기 위해 승복하고 맙니다. 그러나 이것은 소비 욕구를 계속 증가시키는 잘못된 행동입니다.

하지만 당연히 아들에게도 자유롭게 쓸 수 있는 돈, 즉 용돈이 필요합니다. 용돈은 가급적 정해진 날짜에 정기적으로 주는 것이 좋습니다(예를 들면 매주 일요일에 주거나 계좌로 자동 이체하는 식으로). 그것은 부모가 아들을 믿는다는 표현입니다. 그리고 동시에 부모 리더십에 대한 신뢰를 구성하는 요소입니다. 따라서 용돈을 빼앗는 것을 처벌로 이용해서는 안 됩니다(물론 처벌 자체가 있어서는 안 되지만). 만약 아들이 손해를 일으킨 상황이라면 용돈으로 배상할 수는 있겠지만요.

자신의 용돈을 자유롭게 쓴다는 것은 스스로 결정한다는 뜻입니다. 부모에게는 힘들지라도, 용돈의 사용은 온전히 아들의 뜻에 달려 있습니다. 부모는 개입할 필요가 없습니다. 아들 스스로 좋아하는 것을 사며, 잘못된 구매도 돈을 배워가는 과정에서 중요합니다. 엄밀히 말해 용돈은 쓸 수 있는 돈, 심지어 막 써버려도 되는 돈에 속합니다. 학교 준비물, 학교에서 먹을 간식들, 학교에서 먹는 점심, 위생 용품, 옷 등은 부모의 의무 지출에 포함되는 것이지, 용돈으로 충당하는 것이 아닙니다.

적절한 금액의 용돈에 대한 올바른 기준을 찾기란 쉽지 않습니다. 초등학교부터는 학년이 올라갈 때마다 용돈을 인상해 주는 방법이 많이 쓰입니다. 하지만 사춘기에 접어드는 11세, 12세부터는 아이의 요구가 커집니다. 그때는 새로운 협의와 규칙들이 필요합니다.

아들이 원하는 바가 있을 때 충족시키는 것은 좋습니다. 그러나 상업계의 표적 광고는 많은 아이에게 소비 충동을 일으켜 진짜 원하는 것이 무엇인지 알 수 없게 만듭니다. 아무리 사려 깊은 부모라도 그런 일을 피하기는 어렵습니다. 하지만 사려 깊은 부모들은 아들의 욕구에 분명하게 대처할 줄 압니다. 만약 부모가 어떤 선물을 했을 때 아들이 행복해한다면 정말 좋은 일일 것입니다. 반면에 아들의 특권 의식은 문제가 됩니다. 선물은 선물이지, 주문품이 아닙니다. 그리고 선물의 경우에는 어른들에게 거절할 권리가 있습니다.

아들이 원하는 물건이 불필요하거나 너무 비싸다고 생각될 때는 그 값의 절반을 용돈으로 지불하도록 하는 방법이 효과가 있습니다. 그러면 아들의 간절히 원했던 마음은 흐지부지되어 버리는 경우가 많지요. 비용에 대한 인식도 높아집니다.

돈과 소비에 대한 고민에는 근시안적 사고도 포함됩니다. 독일의 많은 가정은 가난하며, 통계적으로는 10명 중 1명의 아이가 그러합니다. 남자아이들은 지위를 상징하는 물건이나 돈으로 사람을 판단하고는 합니다. 청소년들 사이에서는 이러한 경향이 증가했습니다. 약자들과의 연대는 중요한 사회적 가치이므로, 부모들은 그런 경향에 대응해야 합니다. 가난한 집들은 비싼 값을 내고 놀이공원에 가거나 돈이 많이 드는 전자 기기들을 살 여유가 없습니다. 의식적인 소비나 절약, 그리고 아들에게 지나치게 많은 돈을 주지 않는 것도 연대를 위한 행동이 될 수 있습니다.

아들의 무법자적 기질과 소비욕이 합쳐지면 소유물의 불법적 취득이라는 특수 행동으로 이어질 수도 있습니다. 많은 남자아이가 어느 시점엔가 절도에 연루되며, 그 대부분은 좀도둑질입니다. 다행히 그런 아이들은 자주 잡히지요. 만일 그 일이 발각되고 단 한 번의 사건으로 끝난다면 교훈적인 경험이 될 수 있습니다. 주인에게 붙잡히고, 수치심을 느끼고, 사과하고, 어쩌면 보상까지 하는 것은 하나의 교훈적 과정입니다. 부모는 뭔가 수상하다는 인상을 받으면 아이에게 "이거 어디서 났어?"라고 끈질기게 물어야 합니다. 별로 바람직한 방법은 아니지만, 부득이한 경우에는 경찰의 조언을 구할 수도 있습니다.

2부

남자아이를 성공적으로 키우는

5가지 비법

1장

“강하고
다정한
부모”

태도

명확함은 나 자신으로부터 시작된다

아들과 잘 지내고 싶다면 먼저 스스로에게 명확해야 합니다. 나 자신에 대한 의식적인 결정과 분명한 '그래'가 그 첫걸음입니다. '그래, 나는 아빠야', '그래, 나는 엄마야', '그래, 우리는 부모야', '그래, 우리는 어른이야'라고 생각해 보세요. 쉽게 들리겠지만 실제로 행동에 옮기려면 많은 것이 요구됩니다.

안정감을 주는 단호함

부모의 행동 방식과 아들이 부모를 진지하게 받아들이는 정도는 부모의 단호함과도 관련이 있습니다. 부모가 분명한 목표와 의지를 갖고 있고 자기 사고방식을 확신한다면, 부모가 지닌 목표 의식과 결단력은 저절로 드러납니다. 이때 부모는 어른으로서 아들을 무시하지 않도록 주의해야 하지요. 그러면서도 신중을 기한다면 단호함의 표현은 아들에게 도움이 됩니다.

부모의 단호함은 신체적으로도 분명히 드러납니다. 자세가 바른 사람은 몸짓과 태도에서부터 알 수 있지요. 이것은 갈등이 있을 때 아빠나 엄마가 내적으로뿐만 아니라 신체적으로도 바로 서 있다는 사실에 의해 뒷받침됩니다. 이런 꼿꼿한 자세는 위협적 제스처가 아니라, 자신감과 안정감을 전달합니다.

특히 젊은, 또는 불안정한 부모들에게는 그러한 의식적 결단이 어려운 수 있습니다. '내 역할을 받아들인다는 것이 도대체 무슨 의미일까?', '아이를 위해서는 무엇이 필요할까? 무엇을 버려야 할까?'라고 고민하지요.

나의 아빠, 엄마는 명확함, 리더십, 책임감과 관련하여 어떻게 행동하셨나?'라고 생각해 보세요. 또는 '나는 어디서 좋은 권위를 배우고 시험했나? 나는 누구한테 실망했나?"라고 생각할 수도 있습니다. 또 다른 접근법은 '권위의 화랑'으로, 내가 어떤 성의 화랑에 있다고 상상해 보는 것입니다. 거기에는 당신이 만난 모든 권위 있는 인물의 초상화가 걸려 있습니다. 가장 오래된 그림부터 시작해 화랑을 따라 거닐어 보세요. 각각의 그림이 당신에게 핵심 문장 하나씩을 말해 준다고 상상해 보세요. 그리고 그 문장들을 받아쓰고 해석해 봅시다. 어떤 문장이 좋은가요? 나의 발전 가능성은 어디에 있나요?

어른으로서의 위치를 차지할 권리가 없다고 믿는 사람은 자기 역할을 수행하는 데 어려움을 겪습니다. 자신이 리더십을 가질 자격이 없다고 생각하는 사람은 애초에 리더십을 발휘하게 하는 자신의 내적인 힘과 연결되기가 힘들지요. 명확한 리더십과 나 자신에 대한 부정적 태도(그리고 끊임없는 고통)는 상호 배타적인 것입니다.

아빠나 엄마로서 건강한 자부심을 가지면 아들에게 자신의 태도를 표현하기가 더 쉽습니다. 부모가 그들의 본분을 다하지 않거나 애매하게 행동하면 아들은 불안해합니다. 그리고 무의식적으로 자신의 욕구가 무시당했다고 느낍니다. 아들이 규칙을 지키거나 어른들의 리더십을 받아들이거나 리더십 관계에 적응하는 데 어려움을 겪는다면, 아들만 잘못된 것이 아닙니다!

부모 자신과 아들을 정확히 아는 지혜

어느 인터뷰에서 한 아빠는 자신의 '권위 행동'에 대해 늘 생각하는 일이 얼마나 중요한지 설명합니다.

"때로는 우리가 모르는, 어떻게든 사라져 버리는 것들이 있습니다. 아니면 우리는 아들을 다루는 방식에 대한 의식을 약간 잃기도 하죠. 그러면 다시 한 번 곰곰이 생각합니다. '도대체 나는 어떻게 해야 하지?'라고 말입니다. 그러다 보면 깨닫게 되죠. '오 맙소사, 나는 항상 아이에게 장문의 문자를 보내. 항상 서두르고, 항상 재촉하고, 또 항상 부담을 주지'라는 사실을요."

아들에게는 성격상의 장점을 갖고 있고, 그 장점을 아들과의 관계에서 발휘할 줄 하는 부모가 필요합니다. 그러므로 부모가 자신에 대해 아는 것은 매우 중요하며, 도움이 됩니다. 자신의 장점과 단점, 능력과 한계, 충동과 통제, 자신이 동경하고 예감하고 바라는 것에 대해 말입니다.

부모 스스로가 행복한 것은 정말 중요한 일입니다. 이때 부모가 자신의 욕구를 보살필 줄 알면 도움이 됩니다. 이를테면 아들에게 존경과 존중을 받거나 높이 평가 받고 싶은 마음이 있겠지요. 물론 모든 바람이 즉시 충족될 수는 없습니다. 하지만 무엇보다도 그것을 느끼고, 상황에 따라서는 아들에게 죄책감을 주지 않고 그것을 미루기로 결정하는 것도 중요합니다. '나는 지금 피곤하지만 한 시간 더 아들의 리포트를 도와주기로 결심했어'라고 생각하는 것이지요.

더 알면 좋아요!

아들이 무례하게 행동할 때는 어떻게 해야 할까요? 먼저 아들의 행동이 당신에게 어떤 감정을 불러일으키는지에 주목하세요. 예를 들어 '난 상처 받았어, 난 화가 나'라는 생각이 들 수 있습니다. 그런 다음 그 뒤에 숨은 '난 존경받고 싶어'와 같은 욕구를 찾아보세요. 마지막으로, 그 일을 거론하세요.
"얘, 네가 내 옆에서 트림을 하면 나는 기분이 나빠. 상처 받고, 무시를 당하는 기분이 들어. 일부러 그러는 거니? 전에도 그러지 말라고 부탁했잖아. 그게 뭐가 그렇게 어려운 일인지 이해가 안 되는구나."

아들을 양육할 용기

양육은 의도적인, 부수적이고 우연적인, 의식적이고 무의식적인 수많은 학습 과정들로 구성됩니다. 지난 세기에는 '양육할 용기'라는 유행어가 생겨났습니다. 이는 보수적이고 전통적인 사상들을 재정립하고, 오래된 권력 관계와 엄격한 도덕성을 확립하는 것을 의미했지요. 오늘날 우리는 이것이 해롭고 불필요하다는 사실을 알고 있습니다. 하지만 아들과의 관계에서의 리더십과 명확함을 위한 용기는 오늘날에도 반드시 필요합니다.

아들과의 관계를 유지하는 일에는 용기가 필요합니다. 부모는 한 개인으로서 관계에 임하고, 그러기 위해 자신에 대해 탐구해야 합니다. 또한 스스로에게 묻고, 자신의 능력이나 위대함과 마찬가지로 무능함도 직시하고, 어려운 시기에도 책임을 져야 하지요.

자기 권력의 잘못된 유혹에 저항하는 것 역시 어른들에게 용기가 필요한 일입니다. 아들에게 뭔가를 보여 주고, 아들을 벌주고, 아들(또는 다른 사람들)에게 기본적으로 적대적이고 공격적인 자세를 취하고 싶은 유혹이지요. 또한 희망을 버리고, 관계를 끊고, 증오하는 등의 유혹에 사로잡히지 않으려면 용기가 필요합니다.

깨어 있기, 불안하다는 이유로 고정 관념이나 편견에 매달리지 않기 등, 아들과 자기 자신을 주의 깊게 대하는 일에는 용기가 필요합니다.

지지를 얻으려면 용기가 필요합니다. 자신에게 단점이 있으며 혼자서는 계속 해나갈 수 없다는 사실을 자신과 다른 사람들 앞에서 인정하고 도움을 받아들이는 것, 이 모두가 용기를 요하는 일입니다.

부모의 리더십 스타일 찾기

부모의 명확한 태도에 큰 제약이 되는 것은 부성애나 모성애의 고정 관념들입니다. 이 책의 처음에 나와 있듯이, 모성애는 자신을 돌볼 줄 모르고 자녀들에게만 헌신하는, 특히 나중에 남자로 바로 서야 할 아들을 위해 뭐든지 하는 엄마의 이미지를 만들어 냅니다. 이는 아들에게 좋지 않습니다. 아들은 여성들과의 관계에서 불안감을 느끼게 되지요. 여성들에게도 그들만의 욕구가 분명히 있다는 점을 느끼면 그들을 못 믿게 되며, 엄마로부터 강요된 특권 의식을 물려받는 경향이 있습니다. 부성애의 잘못된 관념 역시 무의식적으로 강력하게 작용합니다. 그 관념은 아빠에게 불안감을 감추거나 숨길 것을 요구합니다. 즉, 아빠는 언제나 강하고 불사신 같은 존재여야 하는 것이지요. 이것은 완전히 잘못된 것입니다. 이로 인해 아들은 남성성의 일방적이고 모순된 이미지를 보게 됩니다. 또한 관계에서 자신을 드러내는 것을 경멸하며, 잘못된 남성성 이미지를 구축하게 됩니다. 특히 사춘기에는 약한 모습을 보이는 사람을 깔보는 경향이 있습니다. 그리고 매번 한계에 도달해 상처가 눈에 보일 때까지 아빠를 공격하려고 들지요.

명확한 부모는 영향력 있고 빛나는 인격으로 아들을 지지하며, 아들에게 매력을 발산합니다. 이런 경우 리더십은 가식적이지 않은 자연스러운 것, 즉 '저절로' 생겨나는 것입니다. 이때 어떤 말을 하느냐는 보통 그다지 중요하지 않습니다. 부모가 아들에게 하는 많은 말은 잘해야 애매한 인상만 남길 뿐, 별 성과 없이 사라져 버립니다. 훨씬 더 효과적인 것은 행동입니다.

물론 우리는 다른 부모나 롤 모델들로부터 배울 수 있습니다. 그들의 지식과 경험을 통해 도움을 받을 수도 있습니다. 하지만 명심해야 할 사실은, 그들은 내가 아니라는 점입니다. 모든 부모는 자신과 아들에게 맞는 길을 찾아야 합니다. 타인에게 자극을 받고 주의 깊게 관찰하되, 무엇이 당신에게 효과적일지 알아 보세요.

나는 아들에게 어떤 부모일까?

양육에서의 명확성에는 자신의 리더십 스타일에 의문을 제기하는 주체성도 포함됩니다. 진보하는 사람은 더 많은 것을 배우지만, 실수도 하지요. 이때 파트너의 피드백은 자만하지 않는 데 도움이 됩니다. "내가 부모로서 어떤 것 같아?", "이 상황에서 내가 어때 보였어?"라고 서로에게 물어보세요. 항상 흥미로운 대화 주제가 될 수 있습니다.

부모의 명확성과 좋은 리더십의 중심에는 부모뿐만 아니라 아들도 있습니다. 이것은 관계의 불균형 때문에 꼭 필요한 일입니다. 그리고 언제나 문제가 되는 것은 아들에 대한 공감, 동정, 감정 이입입니다. '아들의 기분은 어떨까? 아들은 나를 어떻게 볼까?'라고 생각하는 것이지요.

부모의 행동에 대한 아들의 피드백은 처음에는 조금씩 늘어납니다. 그리고 아들이 자라서 사회적 능력이 커짐에 따라 더 적극적이고 직접적으로 변합니다. 부모로서는 자신의 잘못과 약점을 깨닫게 되므로, 사춘기에는 별로 기분 좋은 일이 아니지요. 하지만 사실 그것은 특별한 과정이자, 아들과의 관계를 새로운 수준으로 끌어올릴 수 있는 엄청난 기회입니다.

신뢰는 어떤 관계에서든 중요합니다. 아들이 아빠, 엄마를 신뢰하는 이유는 그들이 자신을 보호하고 돕고 사랑하기 때문입니다. 그리고 자기 스스로 옹호하고 물려받아 지키고자 하는 중요한 가치들을 지지하고 구현하기 때문이지요. 그러한 발달 과정의 또 다른 핵심은 바로 양측의 책임입니다.

부모는 리더십과 그에 따른 책임을 짐으로써 아들의 부담을 덜어 줍니다. 이는 아들의 리더십 능력이 점점 커져서 스스로 책임을 질 때까지 필요한 일입니다. 분명한 리더십, 신뢰와 책임은 사람과 사람 사이의 합의, 공감, 정의를 불러일으킵니다. 그리고 두려움과 폭력은 줄여 줍니다. 아들은 점차 스스로 책임을 질 수 있지요. 이때 부모는 자신의 성공뿐만 아니라 양육의 실패에 대해서도 책임을 지며 그 잘못을 아들 탓으로 돌리려 하지 않습니다.

더 알면 좋아요!

한번 반대로 생각해 보세요. 여러분이 모든 것을 완전히 잘못한다고 가정해 보는 것입니다. 아들이 여러분을 절대 지도자로 받아들이지 않게 하려면 여러분은 무엇을 해야 할까요? 여러분을 가장 잘 망치는 방법은 무엇일까요? 관계의 성공을 막으려면 내면의 어떤 파괴적 요소를 이용하고, 보강하고, 선호해야 할까요?
그리고 아들이 다음 두 문장을 들었을 때 얼마나 다른 기분을 느낄지 생각해 봅시다.
"우리는 너한테 할 수 있는 만큼 다 해 줬어. 네가 더 노력했다면 좋은 학생이 됐을 거야!"
"우리는 널 좋은 학생이 되게 하려고 노력했어. 성공은 못했지만, 우리는 최선을 다 했어. 어쩌면 그게 잘못되었거나 충분하지 않았을 수도 있지."

예절 가르치기

제 아내가 팔이 부러졌을 때 일입니다. 식사를 하던 중 아내는 포크로 음식을 찍다가 실수로 바닥에 떨어뜨리고 말았습니다. 뒤늦게 사춘기가 온 아들이 냉소적으로 말했습니다.

"음식을 그렇게 먹으면 식당에 안 데리고 다닐 거야!"

우리가 아이에게 예절을 가르치던 당시에 썼던 말을 따라한 것입니다. 우리는 아들의 말과 우리의 노력(어쨌든 부분적으로는 성공한)을 떠올리며 다 함께 웃었습니다.

자녀의 예절이 부모와 그들의 평판을 정의하는 암울한 시기가 있지요. 다행히 이제는 다 지난 일이 되었습니다. 그래도 기본적인 예절은 아들이 인생을 잘 살아나가는 데 도움이 됩니다. 또 공공장소에서는 자기중심적으로 행동하지 않고 각자 나름의 욕구가 있는 다른 사람들도 있다는 사실을 유념하는 편이 좋습니다. 따라서 아들은 아는 어른을 만나면 인사하기, 버스나 지하철에서 나이 든 사람에게 자리 양보하기, 손으로 음식을 먹거나 음식을 씹으면서 말하지 않는 것과 같은 기본적인 식사 예절을 지켜야 하지요. 테이블 아래에서 문자를 보내지 말고 식사 중에는 휴대폰을 꺼 놓는 것이 좋으며, 트림, 쩝쩝거리기, 방귀 등도 어른 앞에서는 적절치 못한 행동들입니다. 이는 집단 내에서 지위를 표현하는 수단으로서도 별로 좋은 행동이 아니지요.

일반적으로, 또 가족 내에서도 바람직한 예절은 모방을 통해 학습되거나 언급되어야 합니다. 특히 사춘기에는 "제발, 식사할 때는 휴대폰 좀 끄렴"이라는 말을 매번하는 것처럼 반복이 필요한 경우가 자주 있지요(아마도 뇌세포 때문에 쓸모없는 정보들은 삭제되므로).

많은 어른이 남자아이들의 지저분한 행동을 그냥 보아 넘기면서도 그런 남자아이들이나 그들의 부모에게 속으로 분개하고는 합니다. 남자아이들이 일부러 갈등을 일으키려고 행동하는 일은 어쩌다 한번 있을 뿐입니다. 대부분은 부주의로 인한 것이지요. 그런 일이 있을 때는 그냥 넘기기보다는 직접 말하는 편이 더 낫습니다.

2장

“

믿음직한 부모

”

신뢰

말보단 행동으로 보여 주기

공동체에서 중요시되고 사회적, 도덕적 행동의 길잡이가 되는 특성과 자질은 '가치' 또는 '가치관'이라는 개념으로 표현됩니다. 가치는 리더십에서도 중요합니다. 수상한 정치인이나 정직하지 못한 경영자는 높은 지위나 수입을 가질 수는 있겠지만, 청렴한 지도자는 아닙니다.

양육이란 바다를 안내하는 나침반

가치는 문화 속에서 개발되고, 전해지고, 변화합니다. 그것은 행동의 기반을 이루는 일종의 방침으로, 우리가 방향을 잡을 수 있게 해 주지요. 남자아이들에게도 나름 중요하게 여기는 가치들이 있습니다. 때때로 가치 붕괴에 대해 탄식하는 사람들도 있지만, 그런 징조는 보이지 않습니다. 오히려 우리가 경험하고 인식할 수 있는 것은 가치의 변화와 다양성입니다. 가치는 절대적인 양으로 표현할 수가 없기 때문에 일단은 긍정적인 것입니다. 누구에게 어떤 가치가 실제로 중요하며 어떤 가치가 지켜져야 하는지 알아내는 것은 하나의 도전 과제입니다. 이는 가정에서도 확인이 필요한 일로, 아들을 키우다보면 많은 기회와 계기가 생깁니다.

부모에게 가치란 양육이라는 바다에서의 항해를 좀 더 쉽게 만들어 주는 나침반이자, 기준점 같은 것입니다. 부모는 자신의 가치에 따라 무엇이 옳고 중요한지를 결정하지요. 이때 가치는 구체적인 목표라기보다는 방향이나 이정표에 가깝습니다. 가치에 대한 해석은 다양할 수 있어서, 가치 그 자체만으로는 그것이 어떻게 실현되어야 하는지 알 수 없습니다. 예를 들어, 부모가 '관용'의 가치를 지지한다고 해서 아들이 찢어진 청바지를 입거나 잘 씻지 않으려 할 때 대처 방법을 안다고 확신할 수는 없는 것이지요. 그리고 안타깝게도 가치들끼리 서로 충돌하는 일이 생기면 신중한 검토와 분석이 필요해집니다.

눈에 보이고 경험된 가치는 남자아이들의 심리적 안정을 도와줍니다. 이를 통해 남자아이들은 어떤 체계를 발견합니다. '이건 이렇고 이건 이렇지 않아, 이렇게 하는 건 옳고 저렇게 하는 건 옳지 않아'라고 나름의 생각을 하지요.

부모가 가치에 관해 모범을 보이면 아들은 방향을 잡을 수 있습니다. 가치의 틀에 적응하고 나중에 커서는 그 틀을 넘어서까지 뻗어 나갑니다. 그때에는 자기만의 또 다른 가치를 발견하지요. 그리고 그것을 부모와의 관계에 적용하며 전통적인, 낡은 가치관과 싸우기도 합니다. 비유적으로 말하자면, 아들은 부모의 어깨에 올라타 새로운 가치의 지평을 발견하는 것입니다. 가치를 소중히 여기는 부모는 아들을 소중히 여기는 태도로도 이것을 표현할 수 있습니다. 자주성과 독립성이라는 가치는 아들의 인격적 발전을 돕습니다.

아들은 주로 부모가 어떻게 행동하는지, 가치를 어떻게 실천하고 구현하는지 인지함으로써 가치를 배웁니다. 따라서 가치에 대한 말이나 설교만으로는 아무 소용이 없습니다. 가치란 행동으로 인식되어야 합니다. 아들은 가족의 가치를 내면화합니다. 그 가치는 공통된 사고방식이나 태도로 인식되어, 가족을 연결시키고 공동체를 이루도록 합니다.

가치는 의미를 전달하기도 합니다. 우리의 상업 및 미디어 문화는 외적인 것에 초점을 맞춥니다. '나는 어떤 인상을 주나?'라는 질문이 중요해지며 이것은 결국 '(실제로) 나는 누구인가?'라는 의미이지요. 가치에 대해 함께 생각하는 것은 아들이 항상 궁금해하는 본질적 질문들의 답을 구하는 일이기도 합니다. '우리는 왜 사는가? 내가 세상에 나온 이유는 대체 무엇일까? 이 세상에서 나의 역할은 무엇일까?'라는 질문들에 대해 생각해 보는 것이지요. 가치를 지닌 부모는 아들을 이끌어 줄 수 있습니다. 그곳이 어디일까요? 바로 언제나 아들 자신에게로 이끌어 줍니다.

가치는 아들의 인격 형성 및 발달에 중요합니다. 그뿐만 아니라, 본보기이자 지도자로서 부모의 역할을 강조합니다. 가치가 부족하거나 알아볼 수 없으면 사회에 대한 무관심, 아무래도 상관없다는 태도로 전달되어 아들과의 명확한 관계를 방해합니다. 많은 남자아이가 가치에 관심을 가지며, 가치와 관련된 문제와 갈등을 직관적으로 감지합니다. 이는 가치에 어긋나는 일에 분노하는 아들의 모습에서 분명히 드러납니다. 이로써 아이들은 정의의 가치에 대한 자신들의 감각을 입증해 보입니다. 물론 자신이나 자기가 속한 집단이 불이익을 받을 때 더욱 그렇지요. 예를 들어 다른 아이한테 아이스크림을 더 많이 줄 때나 여자아이들이 우대를 받을 때, 심판이 한 팀만 잘 봐줄 때처럼 말입니다.

파비안은 수업 중에 시끄럽다고 선생님에게 혼이 났을 때 무척 억울했다고 했습니다. 파비안은 저에게 흥분하며 이렇게 말했지요.

"여자애들도 남자애들만큼 시끄러웠는데, 남자애들만 수업 시간에 시끄럽게 했다며 혼났어요!"

이처럼 가치는 중요합니다. 그렇다면 문제는 무엇일까요? 오늘날 많은 부모와 교육자가 그들의 자녀들 앞에서, 그리고 특히 다른 어른들 앞에서 분명한 가치와 관점을 지지하기를 꺼립니다. 가치는 현재 인기가 없으며, 가치를 갖고 공개적으로 옹호하는 것은 멋쩍은 일로 여겨집니다. 무엇이 옳고 무엇이 그른지 누가 알 수 있을까요? 그래서 어른들은 숨어버리거나 미적거립니다. 남자아이들은 부모의 이런 모습을 애매하고, 불분명하며, 막연하다고 인식합니다. 부모가 그들이 가진 가치를 제대로 의식하지 않고 있으면 관계 속에서 그 가치와 태도는 휘청대지요. 그리고 모호한 상태로 남아있거나, 변덕스럽고 예기치 않게 터져 나옵니다. 아들에게는 앞을 내다볼 수 없는 불안한 상황인 것입니다.

가치에 대해 생각하고, 자신의 가치가 무엇인지 아는 것은 의미 있는 일입니다. 물론 부모는 여러 가치들을 지지하고 조정할 수 있습니다. 집안의 중요한 가치는 가정의 생활과 문화, 그리고 분위기에 반영됩니다. 각 가치의 의미를 논의하거나 언급하는 일은 아무런 해가 되지 않습니다. 그러면 아마도 아들은 가족이 다른 사람들과는 다른 길을 택할 때에도 더 쉽게 받아들일 것입니다. 중요한 점은 모든 가족 구성원의 가치를 중시하는 것입니다.

가치는 제한이 아닌 방향 제시를 위한 것입니다. 따라서 가치를 다룰 때 너무 지나친 태도를 보여서도 안 됩니다. 본보기가 되는 사람들은 도덕성뿐만 아니라 과실에도 주의를 기울여야 합니다. 아들은 가치를 가지고 이 세상을 살아나가는 방법에 대해 알고 싶어 합니다. 그러므로 도움이 되는 것은 성인군자나 금욕주의자가 아니라, 살아있고 실행 가능한 가치를 가진 남성과 여성들입니다.

가치에 대해 생각하기

우리가 지지하는 가치는 무엇인가요? 우리 가족에서 나 혹은 우리에게 중요한 가치는 무엇인가요?

개인적 가치	
진정성, 진심	외모
정직, 솔직함	신뢰성
겸손, 겸허	진실성(가치와 행동의 일치)
부지런함	참을성
자기 개발	친절, 아량, 질서
의무 이행, 책임감	소유
건강, 청결	성과, 성공
체력, 운동 능력	자제력

일반적 가치	
성 정의	공동 결정, 민주주의
세상에 대한 사랑	자유(낡은 가치들 버리기)
정의	지속성
자원 보호, 생태계/지속가능성	번영
평화	동물 보호

가정과 사회에서의 유대와 관련된 가치	
협력	모두를 위한 최대의 즐거움
약자에 대한 배려	협조심
약자와의 연대	순종, 신뢰성
책임감	충실함, 관대함
결속	각 가족 구성원과 각 사람의 동등한 가치 및 존엄성
정	서로 존중하는 의사소통, 교제
어른들의 리더십	곁에 있어 주기, 사랑

더 알면 좋아요!

시간을 갖고 홀로, 또는 아래의 질문들에 대해 함께 생각해 봅시다.
내가 지지하는 가치는 무엇인가요? 어떤 가치가 내게 중요한가요? 나의 핵심 가치는 무엇인가요? 또한 나는 무엇을 위해 싸우나요? 인간의 욕구 중 침해되면 안 되는 것은 무엇일까요? 내가 어렸을 때 집에서 배운 가치는 무엇인가요? 그중에서 오늘날 내가 중요하게 여기는 것과 불필요하게 여기는 것은 무엇인가요? 아들이 내 행동을 보고 어떤 가치를 알게 될까요?
그런 다음 '나중에 내 아들이 자라서 나를 생각할 때 어떤 가치를 떠올릴까?'라고 자문해 보고, 가장 중요한 3가지를 골라 당신만의 '가치 수집'을 해 보세요.

아이는 진실한 부모를 원한다

진실성이란 자기 자신과 자신의 가치에 충실하고 그로부터 벗어나지 않는 것을 의미합니다. 진실한 사람은 긍정적인 가치에 맞게 행동함으로써 신뢰를 받지요. 진실한 사람은 탐욕과 유혹, 위협과 압력에 의해 자신의 가치에서 벗어나지 않습니다.

진실은 정직과 밀접하게 연관되며, 그런 사람들은 곧은 품행이나 품위 있는 몸가짐에 의해 드러납니다. 진실한 사람은 공동체와 관계를 맺습니다. 그들은 화합에 방해가 되더라도 가치를 지킵니다(진실은 낭만적인 것이 아니며, 갈등은 조화로움과는 거리가 먼, 완강한 것입니다). 그들은 일관적이고 끈질깁니다. 심지어 어떤 부분에서는(개인의 가치에 부합할 때) 타협 없이 행동할 만한 사람들입니다. 그들은 자기가 대표하는 가치에 따라 책임감 있게 행동하지요. 진실성의 부족은 자기 자신과 자기 가치를 옹호하지 않고 갈등을 회피하거나, 자기기만에 굴복하거나, 의지가 약한 사람들이 보이는 문제입니다.

아이들은 부모가 진실하기를 원합니다. 부모와 그들의 가치를 신뢰할 수 있기를, 부모 스스로도 자신의 훈계대로 행동하고 규칙과 법을 준수하기를 원하지요. 아이들은 진실성도 처음에는 부모를 흉내 내며 배우기 시작합니다. 가치와 관련하여 부모가 실제로 어떻게 행동하는지를 의도적으로, 또는 무심코 관찰하는 것입니다.

부모로부터 경험한 진실성은 사회적 신뢰의 기반을 만들어 냅니다. '사회는 그 자체로 가치 있고 옳고 공정해'라고 생각하는 것이지요. 만약 부모가 진실하지 않다면 아들은 부모의 역할에 의문을 제기합니다.

야니크는 바이에른 뮌헨 축구팀에 푹 빠져있습니다. 그의 아빠 잉고는 텔레비전로 축구를 보는 것을 좋아하지 않습니다. 그는 축구 선수들이 서번트 증후군(Savant Syndrome, 뇌 기능 장애가 있는 사람들 중 일부가 특정 분야에서 매우 뛰어난 능력을 보이는 증상) 환자들이며 머리에 든 것이 없고 대부분은 대입 시험도 보지 않았다고 욕합니다. 그러면서 평소에는 모든 인간은 똑같이 가치 있고 존엄하다고 설교합니다. 아빠의 이런 태도가 야니크는 당황스럽습니다. 잉고는 야니크에게 이를 해명하고 자기 실수를 인정함으로써, 자신의 진실성을 회복합니다.

부모의 약점을 숨길 필요는 없다

어른들에게 진실성에 대해 물으면 보통은 "문제없지, 난 당연히 진실해!"라고 대답합니다. 어쩌면 그건 좀 성급한 대답입니다. 조금만 더 자세히 들여다보면 일상에서 수많은 거짓말, 법 위반, 사소한 사기 등이 발견되는 경우가 대부분이지요. 할머니한테 전화가 왔을 때 "엄마 장보러 갔다고 해"라고 시키는 것, 신호등이 빨간불인데 아빠가 차가 없으니 괜찮다며 재빨리 길을 건너는 것, 불법 주차, 이웃에 대해 안 좋은 말을 하는 것, 귀찮은 일을 피하려고 아이들에게 "시간 없어"라고 말하는 것, 쓰레기를 아무데나 버리는 것 등(중독 행동이나 성적인 부정행위와 같은 큰 위반들은 말할 것도 없고)이 있지요.

물론 이것은 부모들만의 문제가 아니며, 다른 지도자들의 진실성도 깨질 수 있습니다. 항상 시간을 지키라고 말하는 교사가 수업에 자주 늦는 경우가 있지요. 언제나 숙제를 완벽하게 할 것을 요구하고 검사도 엄격하게 하는 교사가 수업 준비를 제대로 하지 않아 수업 시간을 정신없고 지루하게 만드는 경우도 있고요. 상황이 이런데 남자아이들이 리더십을 잘 받아들이지 못하는 것을 이상하다고 할 수 있을까요?

반대로 부모와 교육자들이 진실성이라는 목표에 걸맞게 행동하면 할수록, 그들의 리더십은 더욱 안정됩니다. 자신의 크고 작은 약점들, 즉 어두운 부분을 아는 것도 진실성에 포함됩니다. 결점 없는 사람은 없지요. 약점을 인정하는 행동은 인간적이고 리더십을 돋보이게 하는 일입니다.

반면에 아무 결점도 없는 듯 행동하는 것은 사기나 자기기만을 떠올리게 하는 매우 수상쩍은 행동입니다. 자기 자신과 자신의 잘못에 대한 솔직한 사람은 장점뿐 아니라 약점도 성격의 일부로 받아들입니다. 부모는 성자가 될 필요도, 성자 흉내(이게 더 나쁩니다)를 낼 필요도 없습니다. 자신의 약점을 받아들이고 보듬을 줄 아는 어른들의 태도 자체가 신뢰를 불러일으킵니다.

더 알면 좋아요!

올바르게 행동하지 않는 어른들이 아이에게 신뢰를 얻을 수 있을까요? 양심상 남자아이들에게 규칙과 법을 지키라고 요구할 수 있을까요? 사소한 탈세, 회사 사무용품 가져오기, 과속 운전, 사소한 보험 사기 등은 결국에는 눈에 띄고 남자아이들과의 관계에서 어른을 덜 명확한 존재로 만듭니다.

바로 지금, 곁에 있어 주기

무언가를 함께 하고, 다 같이 식사하고, 멋진 계획을 세우고, 집안 일을 분담하고, 서로 다투고 협상하는 것은 전부 접촉의 방식들로, 아들과의 관계를 강화하고 활성화시킵니다. 접촉이 이루어질 때마다 우리는 소통하게 되지요. 신체적으로도 그렇지만 감정적으로도 느낄 수 있습니다. 그러므로 접촉은 아들과의 관계의 열쇠입니다. 접촉은 쌍방으로 흐릅니다.

우리는 신체 접촉을 통해 아들을 느끼고(아들도 우리를 느낌), 서로의 냄새를 맡으며, 화학 전달 물질들을 인식합니다. 특히 신체 접촉은 보통 친밀함과 교감의 표현으로 여겨지지요. 사춘기 아들의 경우에는 이것이 확실히 더 거친 형태일 수 있습니다.

아들 곁에 온전하게 있어 주기

우리가 접촉하는 방식은 문화와 관련이 있습니다. 우리가 살고 있는 문화, 그리고 매우 특별한 가족 문화도 포함됩니다. 접촉은 리더십을 가진 부모가 정하고 설계하는 것입니다. 예를 들어, 만나고 헤어질 때는 악수, 포옹이나 어깨 두드리기 등의 신체 접촉을 할 수 있습니다. 부모는 관계를 맺거나 확인하기 위해 작은 접촉이나 눈 맞춤을 이용합니다. 아들의 등을 쓰다듬거나 팔을 만지기도 하지요.

또 아들에게 관심을 보일 때, 그리고 걱정을 일으키거나 거절당할 수 있는 일이 있을 때에도 접촉은 이루어집니다(컴퓨터, 게임기, 인터넷은 좋은 연습 기회를 제공하지요). 리더십 있는 부모는 관심을 통해 아들과 관계를 맺습니다. 방법은 그냥 묻는 것입니다. "맨날 뭘 하는 거야? 뭐가 마음에 들어? 그것의 어떤 점이 좋으니?"라고 말할 수 있지요. 관계란 우선, 지켜보고 참여하는 것입니다. 그리고 나면 아들에게 우려하는 바를 전달하고 부모가 관찰한 것과 지식을 알려줄 수 있습니다.

곁에 있어 준다는 것은 온 관심을 아들에게 집중한 채 함께 있는 것입니다. 이는 '정신의 깨어있음'이라는 말로 설명될 수 있지요. 부모가 지금 이 시점의 정신을 아들에게 온전히 집중하는 것이지요. 곁에 있어 주기의 가장 큰 문제는 '지금 무엇을 하느냐?'입니다. 아들, 관계, 욕구, 상황에 주의 깊게 관심을 기울이는 것, 이것이 현재에 집중하는 능력입니다. 따라서 곁에 있어 주기는 바로 지금 진행되는 존중, 헌신, 관심의 한 형태입니다. '지금 나한테 중요한 건 이것이고, 다른 건 중요하지 않아. 난 너를 주시하고, 보고, 듣고, 느끼고 있어'라는 생각을 아들은 느낄 수 있을 것입니다. 곁에 있어 주는 것은 열린 마음을 가지고 온전히 아들과 함께 할 기회를 줍니다.

너무 쉽게 들린다고요? 하지만 그렇지 않습니다! 방해 요인이 많은 오늘날의 부모들에게 진정한 접촉과 곁에 있어주기는 큰 도전입니다. 곁에 있어 주기는 종종 힘든 일이며, 노력이 필요합니다. 대부분의 현대인들은 현재에 집중하는 능력이 그다지 발달되어 있지 않습니다. 어쩌면 잊어버렸다고 하는 것이 더 적절한 표현입니다. 왜냐하면 현재에 집중하는 능력은 사실 타고나는 것이기 때문입니다. 모든 젖먹이들은 온전히 현재에 집중하며 그 점에 있어서는 부모를 능가합니다. 심지어 어린 남자아이들도 놀고 싸우고 듣고 그림을 볼 때 완전히 집중합니다. 그런데 이러한 능력은 점차 사라지고, 집중하지 않는 능력이 학습되고 습득되는 듯합니다. 정신이 딴 데 가있고, 산만하고, 다른 것에 관심을 돌리고, 주의를 빼앗기고, 현재를 느끼지 못하지요. 멀티태스킹은 오래 전부터 유행이 되었습니다.

그러므로 일상생활에서 현재에 집중하는 것은 언제나 기억과 결정(현재에 집중하고 그것의 가치를 인정하는)을 요하는 일입니다. 관계에서 온전히 곁에 있어 주고 그것을 느낄 줄 아는 사람은 그것의 특별한 가치를 다양한 형태로 발견할 수 있습니다. 문제는 억지로 그렇게 하거나, 잔뜩 긴장하거나, 끊임없이 집중하도록 강요하는 것이 아니니까요. 상황의 흐름에 몸을 맡기고, 지금 이 순간에 푹 빠져 보세요. 구름이 흘러가는 모습을 바라보고, 충동을 느끼고 즉시 실행에 옮기는 것도 현재에 집중하는 일입니다.

아들은 어른이 (더 이상)필요하지 않을 때 신호를 보냅니다. 그 신호에 주의를 기울이는 사람은 언제 다시 아들을 혼자 두어도 되는지를 정확히 압니다. 곁에 있어 주는 것은 아들을 장악하거나 통제하는 형태로 잘못 이해되기도 쉽습니다. 하지만 아들에게 혼자만의 시간을 허락하지 않고 계속 감시하는 것이 목적이 되면 안 됩니다. 과잉보호도 마찬가지입니다.

언제든 곧바로 아들을 도와주고 모든 위험을 예방하고 항상 최적의 지원을 해 주기 위해 노심초사하는 경우도 있습니다. 이처럼 끊임없이 아들 주위를 맴도는 '헬리콥터 부모'는 그야말로 재앙이나 다름없습니다. 부모가 곁에 있어 주는 것에는 일부러 아들을 혼자 남겨두고, 아들이 독립적으로 행동하고 또 그렇게 될 수 있도록 기회를 주는 것도 포함합니다. 이를 통해 부모는 아들에 대한, 아들 스스로의 발전에 대한 신뢰를 기르고 전달합니다.

더 알면 좋아요!

명확하고 리더십 있는, 아들과의 살아 있는 관계를 원한다면 단순히 몸만 곁에 있는 것만으로는 충분치 않습니다. 주의를 다른 곳에 돌린 채 몸만 곁에 있으면 확실하게 느낄 수 없고, 진정한 접촉이 될 수 없습니다. 또한 아들에게 온전히 집중하는 것이 아닙니다. 중요한 점은, 실제로 곁에 있으면서 접촉하는 것입니다

너에게만 집중하고 있다는 신호

부모가 아들의 곁에 있어 주는 것은 좋을 때나 나쁠 때나 똑같이 리더십이 발휘되는 영역입니다. 평소에 아무 문제가 없을 때 곁에 있어 주지 못했던 사람은 분쟁이 있을 때 금세 문제가 생깁니다. 관계의 확신이 없는 갈등은 더 빨리 고조되며, 서로를 중요시하는 마음이 견고하지 않으면 존중은 쉽게 사라집니다.

적대적이고, 눈에 띄고, 범죄를 저지르고, 폭력적이거나, 상습적으로 학교를 결석하는 남자아이들은 리더십 있는 사람이 곁에 있어 주는 것을 아예, 또는 거의 경험하지 못한 경우가 많습니다. 이런 문제가 있을 때 부모와 다른 양육자들은 온전히 그 아이의 곁에 있어 주고 아이에게도 그렇게 알려 주는(될 수 있으면 미리) 것이 좋습니다. 아이에게 가서 아이가 처한 상황에 완전히 집중하는 행동은 아이 방에 가서 대화를 제안하는 것이 될 수도 있습니다. 어쩌면 학교 일에 더 많이 참여하고, 교사들과 학교 운영진에게 연락하거나 면담을 신청할 수도 있지요. 특히 아빠의 경우에는 학부모 모임에 나감으로써 관심을 표명할 수도 있습니다. 부모가 아들이 있는 곳에 가서 아들이 무엇을 하는지 보는 것은 아들에게 집중하고 있음을 알리는 행동입니다. 아들의 친구들과 이야기하고, 부모의 우려를 알리고, 부모를 지지해 달라고 부탁하는 것. 이러한 곁에 있어 주기의 색다른 형태를 통해서도 리더십은 드러납니다.

한스의 엄마는 내게 "한스는 말을 안 들어요"라고 말하며 흔히 벌어지는 상황에 대해 설명했습니다. 한스가 맡은 일은 상을 차리는 것입니다. 식사 준비를 마치기 직전에 엄마는 위층의 자기 방에 있는 한스를 부릅니다. 한스는 내려오지 않습니다. 엄마는 한 번 더 부릅니다. "네, 가요"라고 한스는 대답하지만 여전히 내려오지 않습니다. 엄마는 점점 화가 나기 시작하고 한스를 부르는 목소리는 자꾸만 커집니다. 여섯 번쯤 부르면 그제야 한스가 내려옵니다. 잘하면 세 번 만에 내려오는 경우도 있는데, 그럴 때 한스는 칭찬을 듣고 싶어 합니다.

이럴 때는 어떻게 해야 할까요? 한스의 생각에 따르면, 다섯 번 말을 안 듣다가 한 번 들으면 5대 1 압승이나 마찬가지입니다. 한스의 뇌의 보상 중추는 다섯 번 기뻐하게 되지요. 해결책은 관계, 접촉, 곁에 있어 주기입니다다. 상을 차려야 할 때 엄마는 한스에게 가서 어깨에 손을 올리며 "이리와, 상 차리자"라고 말합니다. 그리고 한스가 움직일 때까지 곁에 서 있습니다. 한스는 처음에는 당황하지만 결국 상을 차립니다. 그런 직접적인 요청을 몇 번 받고 나자 한스는 말합니다. "매번 내 옆에 서있지 않아도 돼, 안 그래도 갈 거야!"라고 말하고 정말로 점차 그렇게 되었습니다.

그럼에도 곁에 있어 주는 것은 아들에게 어떤 행동을 시키기 위함이 아닙니다. 단지 목적을 위한 수단은 아니라는 말이지요. 그것은 사랑과 마찬가지로 하나의 가치입니다. 그 자체로 의미가 있습니다. 엄밀히 말하면 곁에 있어 주는 것은 그냥 자연스럽게 경험할 수 있는 것이지요. 그것이 자주 제약을 받는 이유는 끊임없이 작용하는 내적, 외적 방해 요인들, 무엇보다도 다른 모든 요구들의 최상위에 있는 직업상의 일 때문입니다. 하지만 그 밖에 우리가 해야 하는 처리되어야 하는 모든 일들과 우리가 반응하고 우리를 산만하게 하는 자극들도 있습니다. 특히 미디어는 큰 방해가 됩니다. 텔레비전의 유혹, 어디선가 들리는 라디오 소리, 게다가 어디서나 쓸 수 있는 스마트폰과 노트북은 장소를 불문하고 일할 수 있는 환경을 조성합니다. 계속 이메일과 전화를 받고, 인터넷을 잠깐 확인하고, 표나 문서를 처리하는 등, 끊임없는 방해 요인들과 계속되는 주변의 소란들은 아이 곁에 온전히 있어 주는 것을 불가능하게 만듭니다.

많은 부모들이 휴가 때나 주말에는 곁에 있어 주기가 더 잘 된다고 말합니다. 이것은 중요한 깨달음입니다. 이유는 무엇일까요? 함께 보내는 시간이 더 많아지는 것도 있지만, 무엇보다도 휴가나 주말의 시간은 다른 방식으로 채워집니다. 즉, 더 오래 더 진정으로 곁에 있게 되는 것이지요. 일단 이때에는 각종 전자기기의 사용이 줄어들거나 아예 없어지고, 연락도 받지 않습니다. 시간이 많다보니 온전히 곁에 있어 줄 수 있는 것입니다.

일상에서 우리는 종종 아이 곁에 있어주는 척만 합니다. 아들과 놀이터에 가거나 축구를 하러 가면서 전화 통화를 하거나 새 메시지가 왔는지 확인하는 아빠들은 현재에 온전히 집중하는 것이 아닙니다. 그들은 실제 행동이 놀이터나 축구 골대 앞에서부터 시작된다고 생각합니다. 하지만 가는 길부터가 함께하는 시간입니다.

조산사들은 예비 아빠들(다는 아니고 일부!)이 출산 준비 중에 이메일을 보낸다고 말합니다. 이런 아빠들은 몸만 그곳에 있지, 정신은 딴 데 가있습니다. 그러나 아빠들만 유혹에 약한 것은 아닙니다. 방식은 다소 다르지만 엄마들도 경청하고, 책을 읽어 주고, 수영장에 갈 때 다른 데 주의를 돌리고는 합니다. 전화벨이 울리면 엄마들은 직장 동료, 아빠, 친구 등과 긴 대화를 나눕니다. 그 사이 아들은 옆에 서서 기다리거나 방 밖으로 슬며시 사라지지요.

곁에 있어 주는 척하는 것은 아이에게 간접적인 무시와 모욕으로 작용합니다. 몸만 곁에 있을 뿐 온갖 방해 요인들에 휘둘린다면 아이에게 '넌 사실 전혀 중요하지 않아, 항상 다른 게 더 중요해'라는 메시지를 주게 됩니다. 게다가 아들은 남성성 이미지, 심리 상태, 그리고 어쩌면 테스토스테론에 의해서도 기술적인 것에 매료되는 경향이 더 강합니다. 부모가 전자기기에 주의를 빼앗기고 통제당하는 순간들(안타깝게도 빈번한)에 아들의 정신에는 '전자기기는 항상 거기 있고, 항상 중요하고, 항상 옳다'라는 생각이 확고하게 뿌리를 내립니다. 그러면 처음에는 단순한 매료였던 것이 거의 마법과 같은 의미를 지닙니다.

곁에 더 잘 있어 주려면 자제력이 필요합니다. 쉬운 일은 아니지요. 아들은 본보기로부터 배우므로 만약 당신이 자제력을 훈련한다면 아들을 위해서도 좋은 일입니다. 아니면 반대로 아들의 자제력이 부족하다면 본보기가 없었던 것이 이유가 될 수 있습니다(다만 사춘기 절정기에 그냥 싫어서 그러는 것처럼 다른 원인이 있을 수도 있습니다). 특히 학교에서는 남학생들에게 모든 내적, 외적 방해 요인들에 따르지 않고, 충동을 억제하고 결정을 내려야 하는 과제가 주어집니다. '내가 반응을 해야 하나? 아니, 나는 공부에 집중할 거야, 지금은 그게 중요해'라고 생각하는 힘을 길러야 하지요. 어쩌면 그 아이들은 현재 요구되는 것과는 전혀 다른 일에 주의를 기울이기로 결심할 수도 있습니다. 풀이 죽은 친구나 다른 남학생의 익살스러운 행동이나 옆반의 귀여운 여자애 등 그 대상은 많습니다. 아들은 모방을 통해 배우므로 끊임없이 딴 데 주의를 돌리거나 곁에 있어 주는 척하는 부모는 그런 중요한 발달 단계를 늦추거나 방해하는 셈입니다.

그렇다고 해서 못 박힌 듯 아들 곁에만 있으라는 뜻은 아닙니다. 평소에 곁에 잘 있어 주는 부모는 예외적인 상황에서 다른 일에 주의를 돌리고 곁에 있어 주기를 끝낼 수도 있습니다. 과도하게 곁에 머물거나 고립이나 은둔을 하라는 것이 아닙니다. 다만 전자 기기들로 인해 방해를 받을 때는 더 신중해야 합니다. 개인적인 방해 요인들은 드물지만 보통 더 중요한 일들입니다. 갑자기 손님이 찾아오거나, 다른 아이가 울거나, 우유가 끓어 넘치거나 등의 일이 생기지요. 그런 방해 요인들 중 다수는 하나로 통합될 수 있습니다. 즉, 셋이서, 넷이서 함께 놀고, 먹고, 책을 읽는 방법도 있습니다.

3장

"아들 언어 배우기"

의사소통

몸과 말로 명확한 메시지 전달하기

우리가 서로 소통하고 정보를 교환하는 방식은 아들을 지도할 때 없어서는 안 될 수단입니다. 많은 가정에서 서로에 대한 이해는 때에 따라 더 잘 되기도 하고 잘 안 되기도 하지요. 그러므로 특히 부모가 아들이 말을 듣지 않거나 벽에 대고 이야기하는 것 같다는 기분을 느낀다면 의사소통에 주의를 기울여 볼 필요가 있습니다. 그러나 여기에서 중요한 것은, 모든 것이 '지도적 의사소통'은 아니라는 점입니다. 우리는 아주 평범하게 대화하거나 이야기를 나누고, 의견을 교환할 수도 있습니다. 라디오에서 흘러나오는 히트곡에 대해 평가하고, 추억을 공유하거나 맛있는 음식을 칭찬하기도 합니다. 이런 경우에는 아무런 거리낌 없이 평범하게 대화하는 것이지요.

우리가 말을 하기 전에 우리 몸은 먼저 말을 합니다. 우리의 내적 태도와 사고방식은 몸의 신호로 표현됩니다. 그리고 아들은 종종 이것을 그에 수반되는 말보다 더 잘 이해하고 해석합니다. 부모는 신체적 의사소통의 힘을 부인하고 말을 과대평가할 때가 많습니다. 그래서 많은 부모가 아들과 대화를 하는 것이 아니라 자기 할 말만 합니다.

아들 때문에 힘들다는 엄마 다니엘라가 있었습니다. 하루는 다니엘라가 화가 나서 아들 얀을 비난했다고 합니다. 그리고 또 다른 견해와 논쟁거리들을 계속 끄집어냈고요. 2분쯤 지나자 얀이 다니엘라의 말을 끊으며 이렇게 말했다고 합니다.

"엄마, 그래서 나한테 원하는 게 뭐예요?"

집중, 의사소통의 첫 단계

분명한 의사소통의 첫 단계이자 기초 단계는 주의 집중입니다. 아들에게 주의를 집중하고 눈을 마주치고 눈높이를 맞추는 것, 여기서는 태도가 분명히 드러납니다. 부모의 의사소통은 비록 그 내용은 비판적이더라도 사랑이 담겨 있어야 합니다. 심지어 아들과 아주 떠들썩한 논쟁을 할 때도 어딘가에는 사랑이 담겨 있지만, 아마 아들은 '위협적인 몸짓' 때문에 알아차리지 못할 것입니다. 따라서 아들 가까이에 서 있고 어깨, 팔 등을 만지거나 바닥에 나란히 앉는 행동은 몸으로 친밀함을 표현하는 것입니다. 이는 말 한 마디 없이도 많은 것을 말하는 방법이지요.

하지만 말도 당연히 필요합니다. 리더십 있는 부모는 아들과 잘 지내기 위해 잘 이해되는 문장, 명확한 말, 정보 공개, 진실함 등을 통해 그들의 메시지를 아들이 이해할 기회를 줍니다. 짧지만 분명하게 말하는 것은 언제나 더 나은 선택입니다.

안타깝게도 어른들이 질문을 통해 상황을 숨기는 일은 굉장히 흔합니다. "우리 내일 로즈 고모 보러 갈까?"라는 질문은 사실 '내일 우리는 로즈 고모를 보러 갈 거야!'라는 말입니다. 이미 결정된 일이라면 후자가 옳습니다. 그렇지 않다면 아들은 "그게 무슨 뜻이에요?"라고 자유롭게 물어보거나 거절할 수 있어야 합니다.

무조건 경청하고 대답하기

명확한 부모는 경청하는 능력이 뛰어납니다. 아이에게 관심을 갖고 물어보세요. "뭘 하고 있니?", "그 문제를 어떻게 보고, 어떻게 생각하니?"라고 물어보세요. 아들의 설명에 대답할 때 '하지만'이라는 말은 피하세요. 부모가 들은 내용을 요약하는 편이 더 낫습니다. "네가 경주로를 아주 잘 만들어서 지금 정말 재미있게 놀고 있다는 말이구나"라고 말할 수 있습니다. 이의는 그런 다음에 제기합니다. "내 생각에는 네가 숙제 할 시간이 별로 없는 것 같은데, 우리가 이 일을 어떻게 해결하면 좋을까?"라고 물어볼 수 있습니다.

'하지만'을 먼저 말하면 불쾌감을 일으켜 이해와는 정반대의 결과를 초래합니다. 문장 맨 앞에 '하지만'을 쓸 때마다 돈을 주기로 아들과 약속을 해 봅시다.

모든 메시지에는 사실적 정보와 보낸 사람의 진술 외에 관계적 측면과 호소적 측면도 포함됩니다. 명확한 말 속에는 가령 '난 리더이고, 책임이 있고, 너를 지지하고 방향을 제시해'라는 의미 같은 것이 담겨 있습니다. 그래서 아들에게 어른들이 관계를 보는 관점을 알려주지요. 호소적 측면을 통해서는 아들이 해야 할 일이나 받고 있는 기대가 전달됩니다. 아들은 목소리의 음색적 뉘앙스와 신체적 표현에 의해 말의 미묘한 차이와 어조를 느낍니다. 즉, 이때에도 몸은 함께 말합니다. 꼿꼿이 선 자세('나는 솔직하다'는 의미를 전달하는)로 열린 태도, 충만한 자신감을 보여 줄 수 있지요. 위협적인 몸짓을 취하거나 애원하듯 굽신거리거나 굴복하는 듯한 행동은 하지 않습니다.

몸과 더불어 말도 의사소통의 수단입니다. 부모가 말의 양에 주의를 기울이고 요점을 정확히 표현하면 아들은 명확하다고 느낍니다. 말을 할 때는 일곱 개 이상의 단어가 들어가는 문장은 대부분 이해하기가 힘듭니다. 그리고 그 수는 금세 찹니다. 매번 모든 걸 상세하게 설명하고 이유를 댈 필요는 없습니다. 아들의 뇌는 간결한 메시지를 기대하며 점차 복잡한 방향으로 확장해 갑니다. 게다가 이것은 의사소통이 주로 정보 교환의 수단으로 이해되는 남성성 관념에도 맞는 것으로 보입니다. 특히 사춘기에는 이성적인 뇌와 도덕적인 뇌의 신경 연결이 끊어지기 때문에 이해력과 수용 능력이 제한됩니다. 따라서 아들은 금방 '주절거리는' 느낌을 받게 됩니다. 그리고 모호한 술렁거림만 인식하고 그것이 다시 멈출 때까지 참을성 있게 기다립니다. 그러다 보면 메시지 자체가 사라지고 아들의 뇌에 교육적인 말은 거의 남지 않습니다. 게다가 그러한 말의 홍수로 인해 리더십의 힘은 파괴되고 모호해지며 무가치한 것이 됩니다.

더 알면 좋아요!

명확한 사람은 말도 명확하게 합니다. 아들에게 중요한 일에 대해 말하기 전에 잠시 시간을 갖고 생각해 보세요. 무슨 말을 하고 싶나요? 핵심은 무엇인가요? 목적은 무엇이고, 왜 그 말을 하려고 하나요?

명확한 말에도 여운을 남기기

4세인 요나는 꽤 위축되어 보입니다. 요나는 특별히 소란스럽거나 지나치게 활발하거나 끊임없이 엉뚱한 생각을 하지 않는 아이입니다. 그런데도 요나의 부모는 끊임없이 이렇게 말합니다.

"거기 앉아. 재킷 벗어. 그림 그릴래? 그건 만지지 마. 저것 좀 봐! 조심해, 길 막지 말고. 좀 서둘러…."

제가 부모에게 너무 많은 지시를 아이에게 하고 있다고 지적하자 요나의 부모는 깜짝 놀라했습니다. 그들은 그것을 알아차리지 못했고, 그저 정상적인 것이라고 생각했지요.

가끔 아들이 질문할 때는 당연히 충분한 설명이 필요할 때도 있습니다. 하지만 많은 어른이 특히 어린아이들을 끝이 보이지 않는 언어의 구름들로 감싸버립니다. 논평하고, 설명하고, 바로잡고, 경고하는 것이지요. 의도는 좋지만 종종 불필요하며 때로는 해롭기까지 합니다. 이것이 아들의 자아상에 무슨 도움이 될까요? 오히려 아이가 '나는 틀렸어. 나는 정말 바보 같아!'라고 생각하지는 않을까요?

칭찬의 피드백과 비판적 피드백

아들은 부모의 끊임없는 개입을 통제, 지배, 감독으로 느낍니다. 아들이 더 이상 발견할 것도 없이, 모든 것은 어른들에 의해 모두 설명됩니다. "여기 봐, 저기 봐!"라고 말하면서 말이지요. 이는 아들의 호기심을 억제하고 의욕을 꺾습니다. 또한 비슷한 말을 계속 반복하거나 이유를 든다고 해서 그 내용이 더 중요해지는 것은 아닙니다. 세 가지 예를 든다고 해서 진정성이 더 커지는 것도 아니고요.

게다가 정직의 목표는 자기가 알고 깨닫는 것을 전부 말하는 것이 아니라 진실된 말을 하는 것입니다. 예를 들어 시험 전날 밤에 안 그래도 불안해하는 아들에게 "그래, 너 진짜 못하잖아"라고 말할 필요는 없습니다(비록 그게 사실이라도). 분명한 의사소통을 위해서는 명확함 외에 생략도 필요합니다. '수동적'으로 듣기, 주의 깊게 경청하기, 가끔 "음", "아하"라고 말해 주는 것만으로도 아들은 인정을 받는 기분을 느낄 수 있습니다.

자신의 좋은 점과 좋지 않은 점, 장점과 약점을 알고 그것을 다루는 법을 배우는 일은 모든 남자아이에게 중요합니다. 이때 남자아이들은 직접적인 피드백에 의존합니다. 아빠나 엄마가 아들에게 주는 피드백은 별로 친하지 않은 사람이 주는 것보다 더 큰 의미를 지니지요. 부모는 그런 기회를 이용해야 합니다. 그리고 비판적인 피드백을 할 때에는 가족이나 친한 친구들이 솔직하게, 진심으로 약점을 지적하는 것이 얼마나 값진 일인지 아들이 이해할 수 있도록 해야 합니다. 솔직한 비판은 노력이 필요한 일입니다. 상대방을 진정으로 아끼는 사람만이 그런 말을 하기 때문입니다.

막스의 엄마는 막스의 가장 친한 친구 레온이 체스 게임에서 매번 막스가 이겨서 더 이상 놀기 싫다고 했다고, 막스에게 설명했습니다.

"넌 가끔 욕심이 너무 과해. 항상 지기만 하면 누가 좋아하겠니."

"엄만 나빠. 그리고 그건 엄마가 상관할 일이 아니야!"

"그래, 네가 먼저 묻지는 않았지. 하지만 내가 아니면 누가 너한테 이런 말을 해 주겠니? 다른 사람들이라면 절대 해 주지 않을 말들을 가끔 우리 가족들끼리 지적해 주는 건 좋은 일이야."

피드백은 또한 관심의 한 형태로, 그 안에서 아들에 대한 존중이 형성됩니다. 칭찬은 이러한 관심의 긍정적인 형태에, 객관적이고 공정한 비판은 부정적인 형태에 속합니다. 아들에게 약점을 숨기도록 하는 것은 이치에 맞지 않지요. 아들 스스로가 그러기를 원하는 것도 발전적인 일은 아닙니다. 아들은 진짜 약점을 숨기거나 부인해서는 안 되며, 주의 깊고 다정하게 다루어야 합니다.

피드백은 대개 즉흥적이고 상황적에 따라 지나가는 말로 이루어집니다. 많은 지도자가 어려워하는, 까다로운 일이지요. 피드백을 하려면 일단 곁에서 지켜보며 마음에 드는 점과 들지 않는 점을 인식해야 합니다. 그렇기 때문에 많은 이가 피드백을 단념하거나 심하게 아낍니다. 이는 안타까운 일이 아닐 수 없습니다. 왜냐하면 피드백은 관계의 명확함에 대한 표시이자, 관계를 위한 매개체이기 때문입니다. 피드백의 부족은 리더십을 약화시키고 산만함을 야기합니다(아들이 자신의 상황을 알 수 없으므로).

과대망상에 가까운 남성성 관념을 가진 요샤에게는 때때로 명확한 피드백이 필요합니다. 요샤의 아빠는 요샤에게 "그만, 나한테 그런 식으로 말하지 마라! 난 네 아빠지 하인이 아니야!"라고 말하기도 했습니다. 한 번은 요샤가 운동을 마치고 돌아와 엄마에게 "물 줘!" 라고 소리쳤습니다. 엄마는 아들의 말투가 심히 거슬렸고, "잠깐! 우린 21세기에 살고 있고 가부장제는 폐지되었어. 자, 이제 올바른 말투로 다시 말해봐!"라고 말했습니다.

요샤의 예시처럼 피드백은 항상 즉시 하는 편이 좋습니다. 즉, 어떤 점을 인식한 직후나 어떤 일이 끝난 후 바로 하는 것입니다. 아들이 어리다면 더욱 그렇지요. 비판하는 경우가 아니더라도 감정적인 말이 나올 때가 있으니 말을 할 때는 끊고 쉬어 주는 편이 좋습니다.

칭찬은 명확하고 빠르게

아들과의 성공적인 관계를 위해 꼭 필요한 기반은 바로 인정입니다. 아들에게 칭찬을 아끼지 마세요. 효과적인 칭찬의 전제 조건은 아들의 장점과 능력을 알아봐 주는 것입니다. 그러므로 그런 관점을 취하고 훈련해야 합니다. 비판하지 않는 것이 칭찬이라는 생각('침묵은 충분한 찬사다')은 통하지 않습니다. 긍정적인 피드백도 말로 해 주어야 합니다. 어떤 남자아이들은 칭찬에 굶주린 듯 보입니다. 끊임없이 또래 친구들이나 어른들에게 공감을 얻기를 원하지요. "엄마, 이것 봐요!", "아빠, 내가 하는 것 좀 봐요!"라고 말하면서 말이지요.

인정하는 말을 통한 보상은 여전히 동기부여의 중요한 수단입니다. 하지만 다루기 힘든 행동방식을 꾸준히 변화시키는 수단이 되기도 하지요. 여기서 칭찬이란 어떤 미사여구나 아첨, 과장(아이를 '공치사하기')이 아니라 실질적 성과나 능력, 발전을 언급하는 것입니다. 아들이 빈말로 느끼지 않도록 올바른 어조로 하는 것이 항상 쉬운 일은 아닙니다. 그러니 최대한 연습하고, 연습하고, 연습해 보세요.

비록 경제적이지는 않지만 칭찬은 가급적 개인에게, 아이들 각자에게 해 주는 것이 가장 효과가 좋습니다. "에릭, 오늘 욕실 청소를 아주 깨끗이 해 주어서 고마워"라는 말이 "너희들(아이들) 오늘 청소를 정말 잘했구나"라는 말보다 효과적이라는 뜻입니다. 안타깝게도 학교에서는 이것이 제대로 이루어지지 않아서, 많은 남학생이 비난만 받는다는 느낌을 받게 됩니다. 학교에서 칭찬은 개별 남학생을 향한 것이 아니라 다수를 겨냥한 것입니다. 선생님이 "오늘 남학생들이 아주 잘했어요"라고 말하는 것은 칭찬이긴 하지만 문제의 소지가 있습니다. 아무 것도 하지 않은 라울이 그 칭찬을 듣고는 자기 태도가 인정을 받았다고 느낄 수 있기 때문이지요.

더 알면 좋아요!

칭찬이 명확하려면 보통은 칭찬할 일을 정확히 강조해야 합니다. 아들에게 해야 할 일이나 임무를 확실히 알려 주세요. 필요한 경우에는 정말 그 일을 했는지 확인하세요. 그러고 나서는 최대한 빨리 피드백을 주되, 아들이 어떤 지시 사항을 잘 수행했는지 정확히 강조해 보세요. 비교적 큰 임무나 일인 경우에는 아들이 어떻게 목표에 도달했는지 설명하게 합니다. 그리고 아들과 함께 기뻐해 보세요.

때로는
비판도 필요하다

어떤 부모들은 아들의 긍정적인 면을 과장하는 반면, 비판적인 면은 자세히 보지 않거나 아들을 너무 조심히 다루는 경향이 있습니다. 둘 다 아들이 자신을 인식하는 데 문제가 되지요. 아들은 자신을 잘못 판단하고 비판에 대처하는 법을 배우지 못합니다. 아들이 발전하려면 비판적 피드백도 필요합니다. 하지만 이것은 일방통행이 아니어서, 비판적 피드백은 반대 방향으로 향할 수도 있지요.

부모는 성인군자도 아니고, 결점이 없지도 않습니다. 그래서 더 나은 부모가 되기 위해서는 부모에게도 건설적인 비판이 필요합니다. 따라서 부모도 비판적 피드백과 스스로를 개선시킬 수 있는 제안들을 아들에게 요청할 수 있습니다.

자양분이 되는 비판하기

때로는 아들에게 너무 엄격하고 단호한 부모들도 있습니다. 하지만 대다수는 명확한 피드백에 소극적이고 비판을 피합니다. 부모들은 비판을 불편해합니다(아들에게는 특히 더). "아들이 속상해하거나 울기라도 하면 어쩌죠?"라는 태도를 보이지요. 하지만 애지중지하는 태도는 아들에게 모호함을 줍니다. 자기 자식을 비판하기를 좋아하는 사람은 없습니다. 하지만 비판은 아이들에게 자신이 주목받고 있음을, 부모가 자신에게 관심을 갖고 있음을 보여 주는 인정의 한 형태입니다. 비판과 갈등을 피하려고 한다면 더 큰 갈등을 일으키게 될 뿐입니다. 그러므로 아들에게 불편한 진실을 말하고 비판적 피드백을 주는 것이 부모의 의무임은 의심할 여지가 없습니다. 가끔은 다음처럼 어느 정도의 단호함이 필요합니다.

"리누스, 숙제가 뭐니?"
"응, 나 잠깐만…."
"아니, 말해 봐. 숙제가 뭐야?"
"수학 문제 푸는 거."
"그래, 그럼 숙제해."
"하지만 먼저 이것 좀 하고…."
"아니. 수학 숙제해. 다른 건 안 돼."

부모의 비판은 자신의 울분 터뜨리기나 실망에 대한 분노의 표출이 되어서는 안 됩니다. 아무리 납득할 만한 감정이라도 너무 과하다면 이성적인 피드백을 하기에 좋은 순간이 아닙니다. 아들의 행동 때문에 화가 나거나 참담해진다면, 감정을 통제할 수 없거나 울화가 치민다면, 우선 마음을 가라앉혀야 합니다. 그 장소에서 벗어나 다른 곳에서 잠시 심호흡을 할 필요가 있습니다.

성공적인 비판을 위한 세 가지 요소는 다음과 같습니다.

1. 시간을 오래 지체하지 마세요. 부정적인 피드백은 가능한 한 빨리 말하는 편이 좋습니다. 그러므로 몇 주치 비판들을 한꺼번에 전하는 방법은 좋지 않습니다. 시간이 없다고요? 아들에게 정돈된 피드백을 하는 시간은 2분에서 5분이면 충분합니다.

2. 구체적인 비판에는 '상행결' 구성이 도움이 됩니다. '상행결'은 무슨 단체 이름의 줄임말이 아닙니다. 바로 비판의 대상이 되는 상황, 관찰된 행동, 인식된 결과나 효과를 일컫는 말입니다.

3. 비판의 목적은 아들이 미래에 자기 일을 더 잘 해나갈 수 있도록 돕는 것입니다. 따라서 바람직하지 않은 행동을 지적한 후에는 문제 해결에 도움을 주는 것도 잊지 말아야 합니다.

비교적 큰일이나 갈등이 있을 때에는 먼저 대화를 준비하세요. 그리고 냉정하고 객관적인 접근이 도움이 됩니다. 내가 보고 들은 것은 무엇인지, 나는 보고 들은 것을 어떻게 느꼈는지, 그 상황에서 아들이 어떻게 했다면 좋았을지 스스로 질문해 보세요.

아들도 자기 관점에서 상황을 묘사할 수 있도록 설명을 부탁해 보세요. 무슨 일이었는지 명백해졌다면 앞으로는 무엇을 다르게, 또는 더 잘 하고 싶은지 물어 보세요. 그런 다음에는 아들이 그 일을 해내도록 도와주는 것이 좋습니다. 결국 목표는 하나입니다. 앞으로 바라는 점을 긍정적이고 정확하게 표현하는 것이지요. "다시는 이런 일이 일어나지 않기를 바란다!"라고 말하는 것이 아니라 "앞으로 쓰레기는 쓰레기통에 버리면 좋겠어"라고 말해 보세요. 또한 부모의 비판을 일반적 진술이나 다른 일들과 연관시키지 말아야 합니다.("이렇게 마주앉은 김에 말하는데, 오래 전부터 하고 싶었던 말이 있어. 너는 항상…"). 이는 구체성 효과의 힘을 앗아가 버립니다.

의사소통

더 알면 좋아요!

아들에 대한 부정적인 피드백은 될 수 있으면 다른 사람들 앞에서가 아니라 둘만 있을 때 하는 것이 가장 좋습니다. 그래야 체면이 깎이는 데 대한 두려움이 줄어들어, 아들이 자기 행동을 정당화하는 일이 없어집니다.

아들이 욕설을 한다면

남자아이들은 어릴 때부터 욕설로 부모에게 도발하고, 그럴 때 어떻게 되는지를 살핍니다. 남자아이들은 그 언어의 에너지를 발견하고 한 마디 말로 많은 것을 이룰 수 있음을 깨닫습니다. 유치원에서, 학교나 놀이터에서 배운 속된 표현들을 사용함으로써 완전한 관심과 주목(비록 부정적인 것일지라도)을 받지요. 그리고 그로부터 발생하는, 관계의 충돌로 이어질 수 있는 감정들을 경험합니다. 그런 바람직하지 않은 말들이 부모의 입에서 무심결에 나오지 않게 유의해야 합니다. 아들이 부모로부터 그런 용어들을 배우는 것은 매우 안 좋은 일이니까요.

욕설은 많은 남자아이들에게 흥미로운 행동 영역이자 관계를 시험하는 수단입니다. 따라서 부모의 대처가 중요합니다. 그 시험에는 무엇보다도 명확한 태도가 필요합니다. 또한 공감해 줄 에너지도 필요하지요. 그것은 이마 찌푸리기나 심각한 눈빛으로 시작됩니다. 특히 엄마들은 웃지 않아야 하는데, 여성들은 항상 친절하고 미소를 지어야 한다고 배워왔기 때문입니다. 아들이 부모의 화를 돋우려고 일부러 욕설을 사용한다면 그것은 언어적 실험이 아닙니다. 규범 또는 규칙의 위반이지요. 따라서 욕설이 심한 정도에 따라 행동 지향적인 대가가 따라야 합니다. 화를 내는 것 외에도 가령 아들에게 해주던 것을 줄이거나, 보상 행동을 요구하거나, 식사를 함께하지 않는 것처럼 말이지요.

요구와 부탁의 차이

리더십을 가진 사람이 요구할 때와 부탁할 때를 구별해서 말하는 것도 명확한 메시지에 해당됩니다. 요구는 요구입니다. 아이가 할 일을 다 하지 않을 때, 요청에 응하지 않을 때는 대가가 따릅니다. 그것이 요구의 특징입니다. "나는 네가 지금 숙제를 하면 좋겠어. 지금 문제집을 풀도록 해. 앉아서 에세이를 쓰렴"과 같은 말들은 명확합니다. 동시에 그 요구 속에 담긴 압박 또한 뚜렷이 느껴집니다. 가능한 한 요구는 피하도록 하세요. 일반적으로 명확한 지도적 의사소통은 부탁에 의해 이루어지는 편이 더 좋습니다.

하지만 아들한테 원하는 것이 있는데 다른 여지가 없다면, 굳이 아들도 그것을 원하는지를 미리 물어볼 필요는 없습니다. 부모의 목표를 분명히 하는 것이 좋습니다. 아들에게 자신의 의지를 관철하고 싶은가요? 그렇다면 요구하세요. '얀, 혹시 식기세척기 좀 비워줄 수 있겠니?'라는 말로 요구를 숨길 필요는 없습니다. 요구를 부탁처럼 말하면, 아들은 그 부탁을 거절할 권리가 있다는 뜻으로 이해합니다. 숨겨진, 은밀한 요구는 연무기와 같습니다. 아들은 "나를 좀 도와줄 수 있겠지"나 "네가 조금이라도 도울 마음이 있다면 도와주겠지"와 같은 말을 들으면, 그것을 이행하지 않았을 때 비난을 받거나 잘못했다고 여겨지는 것에 대해 부당하다고 느낍니다.

"내가 그걸 왜 해야 돼?"라는 아들이 자주 이용하는 이 전략적 질문에는 보통 "내가 하라고 하니까!"라는 대답만 해도 충분합니다. 그러나 그 질문을 진지하게 받아들이는 것도 의미 있고 가능한 일입니다. "하기 싫어서 그렇게 묻는 거니? 아니면 그 일이 중요한 이유를 정말 듣고 싶은 거니? 그런 거라면 내가 기꺼이 설명해 줄게"와 같은 말은 벌 받는 것처럼 여겨져서는 안 됩니다. 또한 냉소적으로 표현되는 것도 피해야합니다. 아들이 동기에 관심을 갖는 것은 민주적이고 좋은 일입니다. 부모가 과제를 내거나 요구하는 것에 대한 이유를 설명해 주는(설명해줄 수 있는) 것도 의미 있는 일이지요.

반면에 부탁은 말 그대로 부탁입니다. 그것은 욕구를 나타내며 양측의 이익을 존중합니다. 이때 권력 및 역량의 차이는 중요하지 않아서, 다름 속의 대등함이 강조됩니다.

반대로 권위적 구조에는 부탁이라는 것이 없지요. 부탁은 관계자들의 욕구가 가장 잘 충족되는 공동의 성과로 이어집니다. 그렇기 때문에 좋은 관계에서는 부탁이 잘 받아들여집니다. 부탁은 그에 응하는 사람의 결정에 의해 자발적, 개방적, 공감적으로 이루어집니다.

아들에게 부탁을 하고 싶다면 어떻게 해야 할까요? 부탁을 할 때에는 결과가 열려 있음을 알아야 합니다. 물론 부탁을 거절당했다고 해서 즉시 포기할 필요는 없습니다. 하지만 거절될 가능성을 염두에 두어야 한다는 것이지요.

아들의 마음을 움직이는 아빠의 대화법

"거실에 있는 네 물건들 좀 치워 줘."

"하기 싫어요."

"그래, 그건 이해해, 청소는 재미없지. 그렇지만 저녁에 여기서 편히 쉴 수 있게 정리가 됐으면 좋겠구나. 그러니까 싫어도 좀 해 줄래?"

"나중에요."

"좋아, 좀 더 기다려 줄게. 30분 뒤에 다시 얘기해 줄 테니까 그때 하면 어때?"

"알겠어요."

"해야 한다", "그래야만 한다", "네 의무", "내 권리"와 같은 뉘앙스가 담겨있는 부탁은 요구에 가깝습니다. 이를 미리 알고 있도록 하세요. 그런 불온한 저의는 종종 부탁이 거절당해 화가 치밀거나 분노하게 될 때 비로소 의식할 수 있습니다. 예를 들어 “동생 좀 데려와 줄래?”라는 엄마의 부탁에, 아들이 “싫어, 나 컴퓨터 하고 있잖아”라고 답한다면 어떻게 될까요? “넌 항상 쓸데없는 게임을 하느라 시간을 낭비하는구나” 또는 “그래도 당장 시키는 대로 해. 벌써 세 번이나 말했잖아”와 같은 말들은 그 부탁이 사실 위장된 요구였음을 알려 줍니다.

남자아이들은 특히 사춘기 때나 지위에 관심을 갖는 시기에는, 어른이 마치 부탁을 하듯이 하는 요구도 종종 들어줍니다. 아들은 다툼이나 갈등 상황을 추구하며 온갖 요구들에 귀를 기울이다가 리더십에 반항할 기회를 노립니다. 맞습니다. 그것이 바로 아들이 사춘기에 할 일입니다.

더 알면 좋아요!

아빠나 엄마가 부탁을 하는데도 아들이 요구로 받아들인다면, 다음과 같은 솔직한 질문을 통해 함께 해결할 수 있을 것입니다.
“말해 봐, 정말 알고 싶어서 그래. 내가 너한테 원하는 바를 명령처럼 들리지 않게 말하려면 어떻게 해야겠니?”.

아이에게 기꺼이 시간 내어 주기

리더는 서두르지 않습니다. 굼뜨지 않되 약간 슬로 모션처럼 보이는 느린 동작은 위엄 있고 고상한 느낌을 줍니다. 왕이나 여왕이 유독 느리게 움직이는 것에서 우리는 그들의 지위를 느끼지요. 시간 관리는 리더십을 나타냅니다. 회사 직원이 상사와 약속이 있을 때를 생각해 보세요. 상사는 직원을 기다리게 해도 되지만, 직원이 늦으면 그건 잘못된 것이지요. 직원은 할 일을 재빠르게 처리하며, 상사는 시간을 두고 일합니다. 이런 이미지와 예시들은 시간 관리가 관계에서의 지위를 나타냄을 알려 줍니다. 지도적 인물들을 보면 종종 시간적 요소가 중요한 역할을 합니다. 그들은 일을 처리하거나 다른 사람과 함께 보내는 시간의 속도와 간격을 결정합니다. 공적인 삶이나 경제계에서와는 달리, 가정에서는 시간 관리가 권력 게임이나 권력 과시에 관한 것이 아닙니다. 부모는 가족의 시간과 인내심을 갖기 위해 노력하며, 아이들에게 시간을 기꺼이 내어 줍니다.

좋은 관계에는 시간이 걸린다

자의식과 의지력이 있는 사람은 기다릴 줄 압니다. 특히 분쟁이 있는 경우에는 갈등이 고조되었을 때 즉시 반응하지 않고 상황을 늦추거나 변화시킬 수 있습니다. 갈등에 불이 붙은 단계에서는 상황을 진전시키거나 해결하기가 좋지 않지요. 반면에 "그럼 나중에 얘기하자"라는 말처럼 시간을 지연하는 방법은 상황을 완화시킵니다. 갈등에서 기다림은 시간을 주고, 시간을 허락하는 의미이기도 합니다. 이것은 아드레날린 수치, 테스토스테론 분비, 맥박, 흥분 등을 감소시키는 데에도 도움이 됩니다. 또 긴장을 풀고, 상황을 숙고하고, 정신을 가다듬을 여유를 주지요.

사람들은 스트레스를 받으면 더 서두르고는 합니다. 이것은 잘못인 경우가 많습니다. 권위적이거나 신뢰할 수 없는 사람으로 전락하고 싶지 않다면 행동을 늦추어야 합니다. 그래야만 우리의 말과 행동이 잘 전달됩니다. 시간적 여유를 두는 것은 감정적 연쇄반응과 자동적 과정들을 더 잘 이해하는 방법입니다. 그런 반응들에는 종종 폄하나 모욕이 숨어있어서, 통제 없이 아들에게 표출될 수 있습니다. 느리게 행동하고, 주시하고, 정신을 차리면 그런 일을 피하기가 쉬워집니다.

요구 사항들도 시간을 두고 이루어질 수 있으며, 이는 부모와 아들 양측 모두에게 적용됩니다. 즉, 세탁기가 다 돌아갔으니 빨래를 널어야 한다고 생각하는 아빠 때문에 아들이 단체 활동을 중단해야 하는 것은 아닙니다. 반대로 부모는 졸라대는 아들을 도와주기 전에 먼저 하던 통화를 끝마칠 수 있습니다.

아들과의 좋은 관계는 그 자체로도 시간이 걸립니다. 아들의 나이와는 상관없이 그렇지만, 특히 사춘기에는 더 두드러집니다. 사춘기는 관계 변화가 가장 집중적으로 이루어지는 시기입니다. 그래서 사춘기 갈등이 일어나며, 이를 통해 관계가 재협상됩니다. 이때 시간이 너무 짧게 할당된다면 아들은 갈등이나 문제를 일으키는 방식으로 시간을 더 얻으려 합니다.

시간이 충분하지 않다면 너무 많은 것들이 파괴됩니다. 아들은 더 이상 약속을 지키지 않고, 그럼에도 그 어떤 대가도 치르지 않지요. 직업이나 봉사활동 때문에, 또는 개인적인 이유로 너무 큰 부담을 안고 있는 사람, 항상 서두르고 금방 가봐야 하는 사람은 언제나 시간이 없습니다. 간단히 말해서, 아빠나 엄마로서의 역할보다 다른 일이 더 중요한 사람은 아들과 좋은 관계를 유지할 수 없습니다. 아들에게 더 이상 지도자가 아니라 실망이 될 뿐이지요.

비판적 피드백을 하는 경우에도 시간을 주고 기다리는 것은 발달

촉진적 요소입니다. 아들이 비판에 즉시 대답하려 하거나, 반사적으로 자신을 방어하고 정당화하려 한다면 때를 미루는 것이 도움이 될 수 있습니다. 때로는 그 시점이나 장소가 길게 토론하기에 적당하지 않을 수도 있습니다. 아빠나 엄마는 자신의 비판을 고수하고, 필요하다면 그것을 반복하며 제안할 수 있지요. "잘 한 번 생각해보고 나중에 다시 얘기하자"라고 말해 보세요. 그리고 당연히 이 말대로 되어야 합니다.

부모가 때로는 어려운 과제들을 잘 해내기 위해서는, 자신을 위한 시간도 물론 필요합니다. 일상생활에서 잠시 멈추는 것은 좋은 일입니다. 자의식을 갖고, 자기 생각의 흐름을 인식하고, 주의하고 조심하는 것이지요. 이것은 아빠와 엄마, 각각에게 적용됩니다. 하지만 부부로서의 시간도 중요합니다. 부모가 서로 잘 지낸다면 아들에게도 도움이 되니 말입니다. 부부는 서로 관계를 맺고, 해결되지 않은 문제들에 대해 합의할 수 있습니다. 그리고 이를 통해 아들과 명확하고 회복된, 상호적인 관계를 맺기 위해서도 시간은 필요합니다.

더 알면 좋아요!

자신의 내적 리더십을 확인하고 싶나요? 그렇다면 집안을 돌아다니며(아들이 집에 없을 때) 큰 소리로 "나는 왕이다", "나는 여왕이다"라고 말해 보세요. 위엄 있는 자세를 취하고 천천히 신중하게 움직이세요. 이때 어떤 감정이 드는지 느껴 보세요. 이 방법은 아들과의 관계에 꽤 도움이 될 것입니다. 믿기 어렵겠지만, 정말 그렇습니다.

아들도, 부모도
휴식이 필요하다

아들과 잘 지내려면 부모가 자의식을 갖는 것이 큰 도움이 됩니다. 마음의 휴식을 취할 줄 아는 사람에게서는 안정감과 침착함이 풍기지요. 그러나 우리의 일상생활과 현시대의 요구는 이런 상황에 완전히 역행합니다. 직업상 오는 연락에 언제든 응대하고 바쁜 부모, 또 끊임없이 정보를 구하고 의사소통을 하는 부모가 많습니다. 단지 모두의 요구에 맞추기 위해 여가 시간에도 항상 남들과 접촉하거나 활동하는 부모는 스스로를 쉬게 할 줄 모르는, 휴식이 필요한 사람들입니다. 우리 모두는 우리 자신은 물론 아들의 휴식 시기와 기간을 계획하기를 어려워합니다. 하지만 이것은 부모가 책임져야 할 일입니다.

아들도 최소한 가끔은 쉬어 주어야 합니다. 휴식은 생각만 해도 좋은 일이지요. 휴식을 취하기에 가장 좋은 곳은 집입니다. 많은 남자아이들은 항상 활동의 정도가 높은 경향이 있습니다. 겉으로는 꽤 한가해 보이지만 정신적으로는 매우 활동적이거나, 잔뜩 긴장하거나, 너무 자주 재난 모드에 빠져있지요(특히 게임기, 휴대폰, 컴퓨터 등으로 게임을 할 때). 또 어떤 활동은 남자아이들 사이에서 지나친 활기를 불러일으키기도 합니다. 그 밖에 학교 시간표, 꽉 찬 여가 활동, 사업가 못지않은 바쁜 일정들도 상황을 더 악화시킵니다. 부모는 때때로 아들의 활동에 제동을 걸어야 합니다. 아들이 하루 일과에서 기분전환의 시간을 갖도록 해 주어야 하지요.

더 알면 좋아요!

가족을 돌보는 일에는 스스로를 위한 휴식도 포함됩니다. 휴식의 방법은 정원이나 숲, 공원을 산책하기, 몇 분간 일광욕하기, 뜨거운 물로 목욕하기, 오후에 잠시 커피를 마시며 쉬기 등이 있지요. 그 시간만큼은 말 그대로 스위치를 내리는 것입니다. 전화기를 끄고 아무 것도 하지 않기, 매주 야외로 나가 긴 산책을 하거나 매일 아침 출근길에 의식적으로 신선한 공기를 마시는 것도 휴식입니다.

아들의 외출과 귀가

특히 청소년기부터 아들의 영역은 공간적으로 확대됩니다. 새로운 사회적 소통의 성질을 갖게 되지요. 아들에게는 가족 관계보다 또래들이 더 흥미롭고 중요해집니다. 새로운 집밖의 놀이 장소들이 아들을 유혹하지요. 게다가 사춘기의 신체적 요인들도 한몫을 합니다. 청소년들에게는 피로가 비교적 늦게 찾아오며 수면 각성 주기는 청소년기가 끝날 때가 되어서야 다시 균형을 되찾습니다.

아들이 크면 외출 시간이 더 길어지며 잠자리에 더 늦게 들게 됩니다. 대부분의 사람들은 기본적으로 이에 동의합니다. 문제는 그러려면 아들이 얼마나 커야 하는지, 외출은 얼마나 더 길어지고 자는 시간은 얼마나 더 늦어질 수 있는지를 결정하는 것입니다. 지침이라고 할 만한 것은 거의 없습니다. 확실한 약속도 불가능할 것입니다. 남자아이들이 다 다른 것처럼, 아이들의 욕구, 가족, 흥미, 수면욕도 각자 다르기 때문입니다. 여가 활동의 기회도 사는 지역마다 큰 차이가 있습니다.

아들의 귀가 시간을 정하기 전에 고려할 점은, 한 번 허락된 시간 주권은 다시 취소하기가 어렵다는 것입니다. 그러므로 이 문제는 가능한 한 일찍, 처음부터 끝까지 고려되어야 합니다. 간단히 계산해 보면, 아들은 18세에는 귀가 시간을 스스로 결정할 수 있습니다. 그렇다면 17세에는 평일에 10시 30분을 귀가 시간으로 정할 수 있겠지요. 매 생일 때마다 조금씩 더 늘려 주고 싶다면 16세에는 10시, 15세에는 9시 30분, 14세에는 9시에 귀가하도록 정할 수 있습니다.

아들이 친구 집에서 자는 경우(주말이나 파티가 있을 때처럼) 부모는 당연히 친구의 이름과 전화번호를 알아두어야 합니다.

4장

“아들의 마음을 읽는 법”

존중

진심으로 아들을 인정하는 일

존중, 즉 상호간의 무조건적인 인정은 모든 좋은 관계의 기본입니다. 그 부재는 어떤 것으로도 메울 수 없습니다. 존중(Respect)이라는 용어(라틴어로는 레스펙투스(Respectus))에는 배려, 고려, 중시, 주의, 주목, 공경의 의미가 담겨 있습니다.

공경이란 가정교육에서는 어려운 개념입니다. 성경에만 해도 부모를 공경하라는 말이 나오는데 그나마 위안이 되는 말인 이유는, 만약 그들이 끔찍한 부모라면 그들을 사랑할 필요 없이 공경만 해도 충분하다는 뜻이기 때문이지요. 어쨌든 공경이라는 용어는 위와 아래라는 위계질서를 전달합니다. 그것은 사회적으로 높은 위치에 있는 사람들에게 적용되며, 수직적 관계를 강조합니다. 만약 그렇다면 이것은 공적 생활에 속하는 것이지, 가정에 속하는 것은 아닙니다.

가정에서는 모든 구성원이 다 다르지만 동등하고 대등합니다. 따라서 존중은 평등한 사람들 사이의 '수평적' 관계입니다.

존중은 가까운 관계이자, 진정한 대화와 관련되며 신뢰에 기반합니다. 존중하는 마음으로 아들을 대하는 것은 아들을 진지하게 받아들이고, 아들을 보고, 아들의 욕구를 인정하는 것을 의미합니다. 존중은 우선 묻습니다. "아들은 왜 이런저런 행동들을 하는 걸까?'가 아니라 그 이면에는 아들을 있는 그대로 받아들인다는 확신이 담겨 있습니다.

눈높이 맞추기

아들의 키가 더 작은 한, 부모는 말 그대로 아들의 눈높이를 맞춤으로써 존중을 표현합니다. 즉, 아들의 키에 맞게 몸을 숙이고, 내려다보지 않는 것이지요. 이를 통해 넌 무엇을 필요로 하고 원하니?', '나는 무엇을 필요로 하고 원할까?'라는 질문들의 답을 얻게 됩니다. 존중은 아들의 관점에서 자기 자신을 보는 방법이 되기도 합니다.

서로 상대방의 눈높이를 맞추며 존경을 표하는 것. 이는 아들이 아빠나 엄마보다 더 크더라도 상징적으로나마 매번 반복해야 할 일입니다. 부모가 더 포용력 있고 유능하며 더 큰 권력을 가지고 있으므로, 그 행동은 그들의 임무입니다. 이런 점에서 존중은 지속적인 소통의 추구이자 끊임없는 욕구의 합의라 할 수 있습니다.

구체적으로 존중은 상대방이 귀하고, 선물과 같은 존재이며, 있는 그대로 '옳다'는 태도로부터 나옵니다. 간단하게 들리지만, 남자아이들과 관계를 맺고 있는 어른들에게는 종종 쉽지 않은 문제이지요. 아들이 '옳다'는 것은 있는 그대로 있어도 된다는 것을 의미합니다. 그러나 적어도 아들이 주로 곁에 있는 동안에는 많은 부모가 그와는 정반대로 행동합니다.

아들을 끊임없이 바로잡고 훈계, 설명, 설교를 퍼붓습니다. 어른들은 전혀 느끼지 못하지만, 그런 말들에는 아들이 어떤 부분에서 옳지 않을 수도 있다는 뉘앙스가 담겨 있습니다. 저는 이런 태도가 오늘날 딸 부모들에 비해 아들 부모들에게서 더 자주 나타난다는 인상을 받습니다. 제가 보기에 그들은 항상 행동에의 압박에 시달리는 것 같습니다. 이것은 '아들은 남자다워야 한다'라는 남성성 관념에서 비롯되며 다른 한편으로는 아들에게 훨씬 더 많은 지원을 해 주어야 한다는 생각을 불러일으켜 끝없이 설명하고 바로잡게 만듭니다.

올레의 부모는 올레가 평일에 스스로 깨고 늦지 않게 일어나기로 약속했습니다. 그런데도 올레의 아빠는 매일 그의 방에 와서 이제 곧 일어날 시간이라고 알렸습니다. 이것은 아들을 존중하지 않는 태도이기에 저는 그러지 말라고 충고했습니다.

아들을 존중하는 부모가 결국 존중을 받습니다. 아들은 모방을 통해 배우고 그 과정에서 부모를 따르게 됩니다. 아빠와 엄마는 존중을 바라고 요구하기 전에 먼저 존중해야 합니다. 이를 위해 부모는 아들과의 관계에서 신뢰를 구축합니다.

아들을 진지하게 여기지 않거나 아들에게 관심이 없는 사람, 아들을 비하하거나 하찮게 보는 사람, 아들의 감정을 무시하거나 다치게 하는 사람, 아들에게 창피를 주거나 조롱하는 사람은 당연히 아들의 존중을 받지 못하겠지요. 아들이 존중을 보이지 않는다면, 그것은 어른들의 행동을 반영한 것일 수 있습니다.

아들의 영역에 대한 존중

아들에 대한 존중은 영역 관련 문제에서도 드러납니다. 아들이 나이가 듦에 따라 부모는 아들의 인격을 더욱 존중하고, 아들 방을 덜 찾게 됩니다. 아들 방에 자꾸만 불쑥 들어가는 것은 존중하지 않는 태도이겠지요. 아들은 욕실 문을 잠그거나 혼자 화장실에 갈 수 있고, 부모는 문이 닫혀있을 때 노크를 해야 합니다. 아들의 영역 밖에 머무는 것은 아들의 개인적 발달에 대한 존중을 상징합니다. 동시에 아들은 더 많은 책임을 지게 됩니다. 자기 빨래를 스스로 챙기고, 방을 청소하고, 아침에 스스로 일어나야 하는 것이지요.

반대로 부모는 아들이 부모의 사적 영역과 '공동의' 공간을 존중하도록 요청하고, 그런 바람을 지켜야 합니다. 아들은 옷, 전자기기, 잡지, 교과서나 장난감을 거실에 늘어놓지 말아야 하며, 아빠의 침실에서 텔레비전를 켜는 것도 당연히 안 됩니다.

마지막으로 공유 공간에 대한 책임을 아들과 함께 지는 것도 존중의 표현입니다. 아들에게 그 공간에서 할 일을 맡깁니다. 청소, 깨끗이 하기, 창문 닦기, 수리 등은 종종 성가신 일이지만, 바로 그러한 공동의 책임 속에서 존중이 표현됩니다.

몇몇 가족이 강에 수영을 하러 갔습니다. 막 사춘기에 접어든 미카는 수줍음이 많습니다. 미카는 다른 사람들 앞에서 수건으로 몸을 가린 채 곡예하듯 옷을 갈아입는 것이 싫습니다. 나중에 미카의 엄마는 전에 그런 상황에서 자기가 습관적으로 했던 말(다른 사람들이 들을 수 있는데도)이 혀끝에서 맴돌았다고 말합니다. '뭐가 부끄러워, 누가 본다고!'라는 말이지요. 엄마는 그 대신 수건 두 장을 가져와 미카에게 "이리 와, 엄마가 빨리 도와줄게"라고 말했던 자신의 행동에 대해 기뻐했습니다.

이처럼 부모가 자녀를 존중하는 또 하나의 방법은, 아들이나 딸이 있는 곳에서 그들의 결점에 대해 다른 사람들과 이야기하지 않는 것입니다. 남자아이들은 부모가 그들이 있는 앞에서 그들이 창피해할 만한 이야기를 할 때가 종종 있다고 말합니다. 사춘기, 맞춤법 오류, 과체중, 부모가 원하는 만큼 운동을 하지 않는 것… 가족끼리 이야기할 수는 있지만 아들이 보기에 그 외에는 아무와도 관계없는 문제들이지요. 물론 부모는 친구들과 그런 이야기를 나눌 수는 있지만 아들을 웃음거리로 만들지 않도록 매우 조심해야 합니다. 아이들은 아주 민감하며, 우리 어른들에게 있는 자기 비하적 측면(스스로도 좋아하지 않는 자신의 약점에 대한 언급을 보다 쉽게 만들어 주는)이 부족하기 때문입니다.

더 알면 좋아요!

존중은 예절로, 가령 공손함이나 선 지키기로 표현되기도 합니다. 아들을 존중하는 행동은 가치관과 밀접한 관련이 있으며, 아들의 존엄성과 권리를 강조합니다. 상호 존중은 이기적이기만 한 행동을 배제하며, 누군가를 함께 고려하고 감안함으로써 전달됩니다.

아들이 부모에게 존중을 표현하는 법

존중의 상대인 아들에게 존중이란 말하자면 선천적인, 그냥 존재하는 것입니다. 아들은 처음부터 부모를 존중합니다. 부모니까, 자기에게 반응해 주고 자기를 돌보고 이해해 주니까, 키가 크고 힘이 세고 거의 모든 것을 알고 있으니까, 부모를 사랑하고 부모가 잘 지내기를 원하니까 존중하는 것이지요.

아들이 발달이 진행됨에 따라, 아들은 부모가 보는 대로 자랍니다. 물론 다른 영향들도 많지만, 아들의 행동은 부모가 아들을 얼마나 신뢰하느냐에 따라 크게 달라집니다. 여기서도 성별 이미지들이 영향을 미칩니다. 처음부터 아들에게는 근본적으로 존중할 능력이 없다고 생각하는 사람은 그 생각과 똑같은 경험을 하게 될 가능성이 높습니다. 마찬가지로 존중은 아들의 동기를 강화시킵니다. 부모로부터 존중을 받는 아들은 자신을 중요하다고 느낍니다. 관심, 사회적 인정과 개인적 자부심(모두 존중의 형태들)이 성취와 적절한 행동을 위한 동기 부여에 필수 조건이라는 것은 이미 입증된 바 있습니다. 인정을 받을 가망만 있어도 뇌의 동기 부여 시스템은 활성화됩니다.

아들은 존중하는 행동이 무엇인지를 주로 자신의 롤 모델로부터 배웁니다. 아빠와 엄마가 자신을 대하는 방식을 모방함으로써 아주 직접적으로 배웁니다. 그리고 아빠와 엄마의 관계를 인식하고 그것을 본보기 삼아 배우기도 하지요. 이때 아들에게 특히 중요한 것은 아빠가 엄마를 대하는 방식입니다. 부모는 이 두 배움의 형태가 다 아들의 존중심을 형성하며, 그들의 문제적 행동에 대한 아들의 반응은 보통 시간이 한참 지난 뒤에야 나타난다는 점을 알아야 합니다.

브루노는 '앞에서는' 할머니에게 친근하게 행동합니다. 예의 바르게 악수도 하고, 무슨 좋은 일이라도 있는 것처럼 미소를 짓습니다. 그러면서 그는 '짜증나는 할망구'라고 생각합니다. 왜냐하면 할머니는 그의 머리와 옷, 또 그다지 깔끔하지 못한 그의 방에 대해 끊임없이 잔소리를 하기 때문입니다.

예절과 점잖은 행동방식은 언제나 존중을 표현하는 것은 아닙니다. 전략, 두려움이나 복종에 의한 것일 수도 있으므로 현혹되어서는 안 되지요. 반대로 일부 남자아이들의 반항, 분쟁, 갈등과 같은 무례한 행동들은 인정과 존중의 방법일 수 있습니다. 다툼 자체가 존중의 표현으로, 아이는 자기와 다투는 상대를 다른 사람들에 비해 더 존중할 수도 있는 것입니다.

부모를 향한 존중 실험

아들은 어려서부터 존중에 대한 실험을 시작합니다. 엄마나 아빠를 때리는 무례한 행동을 하기도 하고, 어떤 이유가 있어서 또는 그냥 새로운 것을 시도하기 위해 부모를 비하('나쁜 엄마', '바보 같은 아빠') 하기도 합니다. 그러면서도 아들은 항상 부모가 반응하고 인내하기를 기대합니다. 아들이 나이가 들수록 그 존중 실험은 더 심각하고 적극적이 됩니다. 사춘기 동안에는 부모 존중에 대한 공격이 거의 기본적인 갈등에 속합니다.

어떤 시기든 아들의 '존중 실험' 중에도 아들을 존중한다면 그것은 부모의 안정성을 나타냅니다. 만약 부모가 견디지 못한다면 신망과 중요성을 일부 잃게 될 것입니다.

부모가 '넘어지고', 아들의 비하를 참고, 어찌할 바를 몰라 아들이 하는 대로 둔다면 아들은 '내가 제일 위대해, 난 뭐든 마음대로 해도 돼'라고 생각할 것입니다. 그리고 집에서뿐만 아니라 밖에서도 그렇게 행동할 수 있습니다.

부모가 모욕적인 말을 하거나, 아들을 비하하거나, 창피를 주거나, 소리를 지르거나 때리는 등 존중 없는 행동을 한다면, 아들은 당연히 자신이 저평가되고 상처받았다고 느낍니다. 이는 아들을 무력하게 하고 자기 효능감을 앗아가거나, 아들 역시 다른 사람들을 존중하지 않고 비하하게 만들 수 있습니다.

화합과 배려적 관심을 통한 상호간의 확신과 관계 검증은 남자아이들에게 별로 중요하지 않습니다. 리더십 존중의 표현인 겸손함도 그들의 관심 밖의 일이지요. 이에 상응하는 행동에 대해 "이제 그만, 당장 앉아!"라는 엄격하고 명확한 말을 듣는다면, 그들은 이것을 인정이나 명확한 메시지로 느낄 수 있습니다. 여자아이들은 이것을 선을 넘은 행동이나 관계 단절로 해석합니다. 따라서 남자아이들과 여자아이들은 서로에게 배울 점이 있습니다.

더 알면 좋아요!

남자아이들과 여자아이들은 관계 방식도 다르고 성별에 따른 삶의 경험도 다릅니다. 그래서 인정과 존중의 특성에도 조금 차이가 있지요. 남자아이들은 주로 지위와 존중에 더 큰 관심을 가지며, 이는 갈등이나 꾸짖음을 통해서도 경험할 수 있습니다. 따라서 그런 형태의 존중이 부족할 때 남자아이들은 매우 민감하게 반응할 수 있습니다..

부모가 서로를 존중하지 않는다면

아이 주변에 있는 어른들도 서로를 존중할 줄 알아야 합니다. 아들의 안정을 위해서는 쉽지 않지만 부모끼리, 또 할머니와 할아버지, 베이비시터, 보모와의 해결이 반드시 필요합니다.

대부분의 부모는 서로에 대해 잘 알아서, 상대의 바람과 질문에 어떻게 대답해야 할지도 어느 정도 알고 있습니다. 그러면 그런 입장을 서로 지지해 줄 수 있지요. 물론 그렇다고 해서 부모가 서로 다른 의견을 가질 수 없다는 말은 아닙니다. 그래도 논쟁이 있으면 함께 해결하고 지지해야 합니다. 이를 위한 의사 결정에는 시간이 좀 걸릴 수도 있습니다. 그럴 때는 아이에게 "네 질문은 들었는데, 당장은 아무 말도 해 줄 수가 없구나. 우선 엄마랑 상의해봐야 해"라고 말할 수 있겠지요.

심지어 어린 남자아이들도 종종 어른들을 서로 겨루게 하는 데 능숙한 모습을 보입니다. 아이가 끝까지 졸라대면, 부모 중 한쪽은 마음이 약해져 아이가 원하는 대로 해 주게 되는 것입니다(비록 그 전에 다른 한쪽이 거절한 일이라도).

이것은 부모 사이의 관계를 파괴하고 그들의 리더십을 확실히 깎아내리는 일입니다. 부모 중 한쪽이 다른 쪽에게 등을 돌린다면 아들은 이것을 무시나 무력화로 경험합니다. 장기적으로는 전능함에 대한 환상까지 갖게 되어 상황이 두 배로 어려워질 것입니다. '난 엄마와 아빠를 마음대로 조종할 수 있어, 그러니 이제 모든 걸 성취하고 얻어낼 수 있을 거야'라고 생각하는 것이지요. 이에 따라 무언가를 거절당했을 때 실망하는 반응도 더욱 커집니다.

엄마, 아빠 그리고 아들 사이의 삼각관계에서 명확한 합의는 그리 간단한 문제가 아닙니다. 더 많은 사람이 관여하면 상황은 훨씬 더 어려워질 수 있지요. 가정생활에서도 그럴 수 있습니다. 예를 들어 너무 엄격하거나 지배적인 성향을 지닌 형이나 누나가 있는 경우에는 부모가 제지를 시켜야 합니다.

할머니, 할아버지가 문제일 때

존중

부모가 명확해지기 힘든 원인이 할머니와 할아버지인 경우도 자주 있습니다. 당연히 많은 조부모가 너그러움을 그들 역할의 일부로 여깁니다. 그들의 집에서나, 그들과 손자만 있을 때처럼 그들이 리더십을 가질 때에는 적절한 일입니다. 대략적인 방침에 대해서는 합의가 이루어져 있어야 하지만 할아버지, 할머니와 있을 때 아들이 평소보다 텔레비전를 더 많이 본다거나 초콜릿 한 조각을 더 먹는다고 해서 문제가 되지는 않습니다. 어차피 부모가 곁에 없으니까요. 하지만 조부모가 부모의 리더십을 약화시킨다면 논란의 소지가 있습니다. 그것은 때로는 고의적이고 때로는 무의식적인 전략으로, 이유는 충분히 많습니다. 조부모는 손자의 호감을 얻고 싶어 하고, 손자의 사랑을 받지 못할까봐 두려워하기도 합니다. 때로는 사위나 며느리에게 따끔한 맛을 보여 주거나, 예전에 자신이 했던 엄격한 양육 방식으로 인한 죄책감을 달래고 싶어 하는 것이기도 하지요.

이런 상황에서는 항상 존중의 부족이 문제가 됩니다. 부모에 대한, 그리고 아이에 대한 존중 말입니다. 부모에게 그런 상황은 저항하고, 끊임없이 바로잡거나 조정해야 하는 피곤한 일입니다. 그리고 그런 숨겨진 갈등을 이해할 수 없는 아이는 혼란스러워지고 결국 부담을 느낍니다.

조부모를 만나는 것은 아들에게 좋은 일입니다. 그러나 그런 접촉이 자주 일어날수록 명확한 방침의 중요성은 더 커집니다. 확신을 가진 조부모들은 문제가 작든 크든 간에 부모의 리더십을 받아들입니다. 물론 그들은 다른 의견을 가질 수 있으며 중요한 경우에는 부모와 그에 대해 논의할 수도 있습니다. 하지만 그 논의는 가급적 아이가 없을 때 하는 편이 좋습니다.

다음은 '비수를 꽂는 조부모'의 두 가지 사례입니다.

얀은 빵에 치즈를 얹어달라고 하더니 한 입 먹고 그대로 놔둡니다. 할머니는 다시 빵에 잼을 발라 줍니다. 톰은 본래 식사가 끝날 때까지 자리를 뜨면 안 됩니다. 톰이 몇 마디 투덜거리자 할아버지가 "할아버지 무릎에 앉아서 마저 먹을래?"라고 말했습니다. 얀과 톰에게 그 얘기를 들은 엄마는 분명히 말했습니다.

"너희들 잘 들어, 그건 할머니와 할아버지의 방식이야. 일주일에 한 번은 거기서 그렇게 먹을 수 있겠지. 하지만 엄마는 힘들어서 그렇게 못해. 우리 집의 방식은 다른 거야."

아이들은 그 차이를 꽤 잘 이해합니다.

에밀은 용돈 관리를 전혀 못해서 한 주의 중반쯤 되면 이미 다 써버립니다. 이에 그의 할아버지는 꼬박꼬박 몇 유로씩 보태 줍니다. 그리고 부모가 허락하지 않았는데도 할머니는 아무렇지 않게 크리스마스 선물로 에밀에게 게임기를 사 줍니다. 용돈과 게임기를 둘러싼 문제는 일상생활에서 오랫동안 따라다니며 쉽게 없앨 수 없는 것이지요. 그래서 저는 타협안으로 게임기를 할머니 댁에 두라고 제안했습니다. 하지만 할머니도 그것을 원치 않았습니다. 그렇다면 할머니한테도 다른 방법이 없다는 명확한 메시지를 전해야 합니다. 게임기를 에밀의 집에 둘 수는 없다고 말이지요. 할아버지가 보태 주는 용돈은 에밀의 계좌로 이체해 특별히 원하는 것이 있을 때 쓰도록 합니다. 하지만 평상시에는 매주 받는 용돈으로 꾸려 가도록 합니다.

부모가 도를 지나쳤을 때(그래서 엄격하고, 냉정하고, 완고해졌을 때)는 외부적 관점과 솔직한 피드백이 큰 도움이 되기도 합니다. 여러 사람들이 함께 아이를 본다면 부모에게, 그리고 궁극적으로는 아이들에게도 큰 이익이 될 수 있습니다. 의혹이 있는 경우에도 조부모나 다른 관계자들에게 의견을 묻고, 그 의견을 도움 삼아 적극적으로 수용할 수도 있습니다.

더 알면 좋아요!

일상적 양육과 관련해 부모의 명확한 지시를 따르지 않는 사람들이 있습니다. 즉 베이비시터, 형이나 누나, 기타 돌봄 서비스 제공자들입니다. 물론 부모의 관점이 항상 절대적으로 옳은 것은 아니지만 주 양육자의 양육법을 중심으로 돌아가는 것이 중요하지요..

집안일은 온가족이 함께

집안일은 좋든 싫든 가족이 해야 할 일입니다. 서로서로 가족끼리 존중의 의미로도 교육하기 좋은 일감입니다. 집안일에 참여할 방법은 다양합니다. 나이가 들고 능력이 커짐에 따라 아들은 거의 모든 일에 참여할 수 있습니다. 까다로운 일들을 통해 아들이 좀 더 성숙했음을 알게 되기도 하며, 각 영역은 점차 아들의 책임으로 넘어갈 수도 있습니다.

이는 특히 까다로운 엄마들에게는 특별한 도전입니다. 아들이 무력하고 의존적으로 세상을 살아가지 않게 하려면, 그리고 부모가 모든 집안일을 계속 둘이서만 해야 하는 상황을 막으려면, 그 도전을 받아들이는 것은 불가피합니다. 매주 토요일과 수요일에 화장실 청소를 하고, 아들은 저녁 식사 후에 설거지를 하는 등, 규칙이 있으면 귀찮은 집안일을 잊어버리지 않는 데 도움이 됩니다.

마치 하나의 의식처럼 함께 하는 것이 가장 좋은 집안일들도 있습니다. 예를 들어 토요일을 대청소 날로 정하고, 다 끝난 뒤에는 함께 케이크를 먹고 주스나 커피를 마시며 주말을 맞이하는 것이지요. 그럼 아들은 그 일을 더 쉽게 받아들일 수 있습니다.

아들이 더 크면 가끔씩 모두가 볼 수 있는 시급한 집안일 목록을 함께 작성해 볼 기회가 생깁니다. 이것만으로도 해야 할 집안일이 얼마나 많은지 알 수 있게 되므로 도움이 됩니다. 아빠나 엄마가 자신의 임무로 여기는 영역들은 따로 표시합니다. 그 일들은 따로 분배되지는 않지만, 그래도 아들이 해야 할 모든 일들을 볼 수 있도록 목록에 포함시켜야 합니다. 나머지 일들은 개인적으로 선호하거나 꺼리는 것을 고려하여 공평하게 분배합니다. 그러기 위해서는 각자 요구하는 바를 이야기하고 임무 영역에 대해 협의해야 합니다. 때때로 그것은 임금 협상을 할 때와 비슷합니다. 기준에 대한 논쟁은 전적으로 가능합니다. 마루는 꼭 매주 닦아야 하나, 아니면 2주에 한 번이면 충분한가? 바지나 수건은 다림질이 필요할까? 그 틀은 모든 가족 구성원들의 가치와 요구에 따라 정해지며, 그것을 기반으로 협의가 이루어집니다.

임무 분배를 마친 뒤 부모는 특정한 일들을 추가로 맡을지 고려할 수 있습니다. 즉, 취미로 또는 '개인적인 재미'로 그냥 자기가 좋아서 매주 마루를 닦을 수도 있는 것이지요.

아들이 할 수 있는 일은 무엇인가요? 아들은 어떤 임무를 맡을 수 있을까요? 다음은 그에 대한 예시들입니다.

- 장보기(빵 사오기나 유기농 식품점 다녀오기와 같은 잔심부름이나 매주 장을 볼 때 함께 가기)
- 요리: 가령 매주 토요일마다 하기
- 식기세척기에 그릇 넣고 비우기
- 상 차리기, 치우기, 닦기
- 욕실과 화장실 청소하기
- 정원 가꾸기, 잔디 깎기, 화초에 물주기
- 양말 짜깁기
- 재활용품을 지하실이나 분리수거함에 갖다놓기
- 폐지 묶기
- 자전거 관리와 수리
- 단추 달기
- 청소: 자기 구역, 공용 공간, 정기 청소 및 특별 청소(창문, 봄맞이 청소)
- 세탁: 빨랫감 모으기, 분류하기, 세탁기 조정 및 작동, 빨래 널기, 걷기, 접기, 옷장에 정리하기

5장

“

아들에게 꼭 필요한 약속

”

규칙

없어서는 안 될 규칙들

규칙은 여러 욕구들을 조직하기 위해 필요합니다. 규칙 없는 공생은 있을 수 없습니다. 그러나 규칙은 관계를 대체할 수 없으며 관계에서 발생한 문제들을 덮을 수도 없습니다. 아들과의 관계가 우선이며 규칙은 그다음입니다.

세 아들의 엄마인 마그레트는 매우 불행합니다. 규칙에 관한 다툼이 끊이지 않아서 집안 분위기는 항상 엉망이며, 점심시간에는 특히 더 심합니다. 가족 사업을 하는 그들은 대가족 형태로 살고 있으며 그에 따라 식사도 정확하게 진행되어야 합니다. 시어머니는 식탁에서의 규칙과 시간 엄수를 고집합니다. 아들들은 커가면서, 더 이상 순종하지 않고 반항합니다. 어른들은 이미 오래 전부터 규칙에 대해 논쟁을 벌였지만 진전을 이루지 못하고 교착 상태에 빠져 있습니다. 저는 그 원인에 대해 탐구하는 과정에서 점점 더 마그레트에게 주목하게 되었습니다. 규칙에 대한 논쟁은 둘째 치고, 그 상황에서는 어떠한 관계도 인식되지 않았고 심지어 전혀 느껴지지 않았기 때문입니다. 규칙을 둘러싼 논쟁이 그 조직의 유일한 접합제인 듯 보이며, 그래서 그것이 그토록 중요했던 것이지요. 그러나 규칙은 관계가 아니며 관계를 대체할 수도 없습니다.

저는 마그레트의 남편인 옌스를 상담에 초대했습니다. 마그레트에게 의견을 묻자, 그녀는 참았던 눈물을 터뜨렸습니다. 아내의 마음을 전혀 눈치 채지 못했던 옌스는 깜짝 놀라했습니다. 그는 집에 오면 얼른 저녁만 먹고 드러누워 버리곤 했습니다.

마그레트는 옌스와 함께 관계를 위해 더 노력하고자 했습니다. 우선 토요일 오후에 커피, 케이크를 차려놓고 가족회의를 열기로 했지요. 그리고 대가족의 구성원들이 좋아하는 것과 식사 시간의 스트레스를 줄일 방법(규칙 없이)에 대해 논의를 시작했습니다.

규칙은 협동심을 키운다

규칙은 개인이나 집단의 욕구, 우리가 살고 있는 문화와 관련이 있습니다. 아무리 규칙, 합의나 자유에 관한 것이라도 가족이 서로를 대하는 방식(존중, 감사, 인정 등)은 중요합니다.

협동 능력과 그에 대한 욕망은 누구에게나 있습니다. 물론 남자아이들, 심지어 호르몬이 넘쳐나는 사춘기 남자아이들에게도요. 지위를 지키는 데 도움이 되는 한 테스토스테론은 예의 바르고 협조적인 행동을 만들어 낸다는 것을 입증하는 연구들도 있습니다.

조율하고, 함께 무언가를 성취하고, 다른 사람들에게 공감하는 것은 인간의 기본 특성이지요. 그러나 그것은 연습되고 개발되어야 합니다. 또 다른 노력들에 의해 소홀히 여겨지거나 잊혀질 수도 있습니다. 남성성이나 이기적 영웅주의의 이미지들, 또는 개인적 성취에 대한 집착도 문제가 될 수 있습니다.

합의와 규칙은 협력을 가능하게 합니다. 이것은 집단 및 공동체의 공생과 발전을 위한 기본적인 전제 조건입니다. 인간으로서 우리는 공동체에 의지합니다. 다른 사람들과 관계를 맺고 그들을 지지하는 것은 만족감과 행복을 주지요. 배려 없는 이기적인 행동과 사리사욕을 추구하는 사고방식은 경제적 성공과 지위를 가져다줄지는 모르나, 불행과 고립을 야기하기도 합니다.

오늘날 남성성의 관념과 이미지 속에서는 자기중심적인 추진력이나 개인적 영웅주의가 종종 협력보다 더 강조됩니다. 남자아이라면 그래야 한다는 부모나 다른 양육자들의 평가는 그들의 '나' 중심적 관념에 기인합니다. 이것이 바로 많은 남자아이들(그리고 모든 사회 계층)이 이기적 태도를 보이는 이유입니다. 그 반대 측면에 대한 지지와 훈련의 부족으로 타인에 대한 공감과 협동 능력이 잘 발달되지 않은 남자아이들이 적지 않습니다. 이 아이들은 다른 사람들을 존중하기를 어려워하고, 자기가 주목받지 않으면 못 견뎌하지요.

규칙을 어기는 것도 성장의 과정

남자아이들은 세상에 태어났을 때는 여자아이들과 다름없이 기본적으로 아무런 문제가 없습니다. 아이들은 어떤 해악도 바라지 않지요. 남자아이들은 이기주의자나 잠재적 독재자가 아닙니다. 아이들에게는 사랑할 능력과 의지가 있으며 협조적입니다. 또한 함께 사는 모든 사람들이 어느 정도 만족하는 것에 기본적인 관심을 갖고 있습니다. 그러나 이런 사회적 성향은 아이들이 발달함에 따라 커지는 그들 자신의 이익과 상충되지요. 그러나 남자아이들이 자라면서 부각되는 남성성 관념은 경쟁을 마치 이겨야 하고 끝까지 성취해야 하는 임무나 욕망처럼 여기도록 부추깁니다.

권력과 위대함에 대한 환상이 커지기도 합니다. 남자아이들은 이러한 다양한 열망과 충동들에 대처하는 법을 배워야 하며, 또 배울 수 있습니다. 부모는 남성성 이미지를 근본적으로 바꿀 수는 없습니다. 하지만 그것을 수정하고 상대화할 수는 있습니다. 이로써 부모는 아들이 협동할 줄 아는, 사회적 능력을 갖춘 남자로 성장하는 데 크게 기여할 수 있습니다.

아들은 아기 때부터 관계 속에서 협동 능력, 함께 하는 능력, 유대감을 발달시킵니다. 관계는 각 개인과 집단 모두에게 중요하며, 그 결과 사회가 중간에서 제 기능을 할 수 있게 됩니다. 이때 명확함과 신뢰는 규칙과 합의에서 중요한 요소입니다. 하지만 결정적인 것은 규칙의 목표, 즉 주된 목적이 가치 및 욕구와 관련된 것인지 여부입니다. 반대로 바람직하지 않은 경우에는 권력 문제와 이기주의에 관한 협의일 수도 있습니다.

사춘기에는 상황이 보통 악화됩니다. 전에는 주저 없이 협조하고, 다루기 쉬웠던 아이들도 예민해지고 짜증이 많아지며 싸움과 갈등에만 관심이 있는 것처럼 보이지요. 부모가 '이제 아이와는 정상적인 대화가 불가능해'라고 생각하는 것은 당연한 일입니다. 이 시기에 청소년들은 그들의 정체성에 대한 단서를 찾으며 스스로에게 '나는 대체 누구일까?'라고 묻습니다. 그러다보니 부모에게 협력하려는 욕구는 현저히 줄어듭니다. 그리고 이는 아들이 잘 발달하고 있다는 증거입니다. 그동안 당연했던 협력이 대화, 협의와 갈등으로 대체되는 것이지요.

더 알면 좋아요!

남자아이들은 규칙과 씨름하기를 즐깁니다. 규칙과의 마찰 속에서 자기 자신과 자신의 위치를 발견하기도 합니다. 따라서 합의와 규칙은 갈등에 불을 붙일 수도 있습니다. 또한 합의와 규칙은 지침 역할을 하는데, 이는 충분한 여지가 있는 일종의 틀과 같습니다.

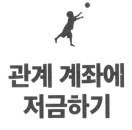

관계 계좌에 저금하기

'관계 계좌'란 가족 구성원들이 만족스러운 관계를 맺기 위해 서로에게 해 주는 일들을 상징적, 은유적으로 표현한 것입니다. 모든 가족들이 이 계좌에 입금 및 출금을 할 수 있다는, 아주 간단한 원리이지요.

부모는 자신의 성과만 보는 경향이 있습니다. 그래서 아이가 관계 계좌에 얼마를 입금했는지는 전혀 알지 못합니다. 하지만 그 양은 많습니다. 아들이 특히 부모에게, 또는 부모에게만 해 주는 일은 관계 계좌에 입금하는 것이라고 말할 수 있습니다. 이는 생일 케이크나 어머니의 날 꽃다발 같은 것을 의미하는 것이 아닙니다. 소요되는 시간, 심리적 압박이나 시간 관리를 기준으로 산정될 수 있는, 말하자면 돈과 같은 것입니다(방 청소, 빨래 널기, 지하실에서 음료 가져오기 등은 비교적 소액의 입금이라 할 수 있습니다). 부모의 출근 때문에 아들이 아침에 일찍 일어나는 것은 대단한 의지이며, 따라서 입금에 해당됩니다. 많은 남자아이들은 학교를 잘 다니는 것만으로도 매일 입금을 하는 것과 같습니다(적어도 내적 동기가 거의 없고 부모를 위해서 대학 진학을 하겠다는 아이라면). 물론 취학 의무라는 것이 있고 결국에는 다 아이들을 위한 일이지요. 그래도 그것은 하나의 성과이며 매일 이루어지는 입금입니다! 부모가 당장은 시간이 없어서 아들의 부탁을 들어 줄 수 없음을 아들이 이해하는 것도 입금에 해당합니다. 경황이 없어서 툭 내뱉은 말을 참아 주는 것 등, 이 모든 것을 통해 아이들은 더 큰 액수를 관계 계좌에 입금합니다.

반면에 부모는 무의식적으로 관계 계좌에서 거액을 빼냅니다. 아들에 대한 요구나 자기 필요에 의한 압박(예를 들면 아들이 시간을 필요로 할 때 금방 짜증내는 표정을 짓거나 '빨리 좀 하라니까!'라고 말하는 것)은 출금에 해당합니다. 아들의 성과를 인정하지 않는 것도 계좌의 잔액을 줄이는 일이지요. 끊임없이 트집을 잡거나 지나친 기대를 하는 것도 마찬가지입니다.

사무엘은 공부를 잘 못해서 얼마 전부터는 보충 수업까지 받으며 열심히 노력하고 있습니다. 열심히 한 결과, 수학 성적이 4등급에서 3등급으로 올랐습니다. 그런데 사무엘의 엄마는 아들의 성적이 오른 것을 칭찬하지 않았습니다. 그리고 실망한 듯 "뭐? 3등급 밖에 안 돼? 이번에는 2등급은 될 줄 알았는데!"라고 말했습니다.

아이에게 베푼 만큼 돌려받는다

물론 부모 입장에서는 그들도 계좌에 많은 것을 납입합니다. 신체적 친밀함, 쓰다듬기, 경청하기, 책 읽어 주기, 자발적으로 안아 주기, 숙제나 문제 해결을 도와주기, 반창고 붙여 주기, 실망감 달래 주기 등 셀 수 없이 많지요. 하지만 솔직히 말해서 부모는 그런 과정에서 그들이 납입한 만큼 돌려받는 경우가 많습니다. 꼭 껴안을 때마다 엔도르핀이 솟아나고, 관계를 맺는 것은 행복감을 주지요. 무엇보다도 아이와의 많은 접촉은 좋은 엄마, 훌륭한 아빠가 된 느낌을 줍니다. 그러나 부모를 기쁘게 하고 제 역할을 다 하려고 애쓰는 아들의 입장에서는 그렇지 않습니다. 그러므로 특히 어린 아이들은 종종 부모보다 훨씬 더 많은 액수를 납입하는 셈입니다.

한번 정확히 계산해 봅시다. 만약 아들이 아침에 일찍 일어나기를 정말 힘들어한다면 아이는 10을 입금하는 것입니다. 아침 식사 때 당신이 다정하고 고마워하는 눈빛을 보내는 일은 1이나 2쯤 될 것입니다. 그렇다면 계좌에 남은 나머지 8은 어떻게 되는 것일까요?

계좌 은유는 찌찌함을 부각시키거나 관계 능력을 칼같이 평가하려는 것이 아닙니다. 아들이 일상에서 실제로 기여하고 납입하는 것을 인정하기 위한 것이지요. 적어도 중기적으로는 계좌 결산이 필요하며, 그렇지 않으면 관계는 심각한 불균형에 빠집니다.

어떤 부모들은 그 대차 대조표에 분명 문제가 있음을 깨닫고, 그에 대해 양심의 가책과 죄책감을 느낍니다.

명확한 메시지의 문제는, 아들이 너무 많이 납입한 경우 아들에게 어느 정도 힘을 실어 준다는 것에 있습니다. 특히 아들이 크면 그런 권력 문제에 대한 감각이 발달하고 균형을 맞추려고 합니다. 때때로 아들은 자신의 경험을 과대평가해, 부모는 아무 것도 납입하지 않고 자기만 다 한다는 느낌을 받습니다. 반대로 죄책감을 느끼는(주로 시간 부족 때문에) 부모는 물건이나 금전적인 보상으로 균형을 맞추려 합니다. 그러나 이 계좌의 균형을 맞추는 일은 상업적으로는 불가능하며 오직 관계와 사랑 안에서, 또 그 두 가지를 통해서만 가능합니다.

아들은 후에 무의식적으로 부모에게 그것을 갚아 줍니다. 어떤 부모들은 사춘기에 오랫동안 불균형이었던 관계 계좌에 대해 보복을 당한다고 느낍니다. 그리고 사실 청소년들은 더 이상 부모의 호의에 그리 크게 의존하지 않기 때문에 어린 아이들과는 갚아주는 방법이 다릅니다. 상황은 뒤집혀, 아들은 혼란, 문제, 수많은 갈등을 통해 부모가 관계 계좌의 균형을 맞추도록 강요하려 듭니다. 물론 항상 꼭 그렇지는 않습니다. 하지만 아들이 친밀하고 명확한 관계에 도전하는 이 시기를, 양심의 가책을 가진 부모는 그들이 전에 발행했던 채권을 상환하는 것으로 여겨도 될 것입니다.

더 알면 좋아요!

아들의 징징거림은 관계의 불균형을 나타내는 경고 신호일 수 있습니다. 부모는 반사적으로 아이를 탓하고, 아이에게 맞춰주거나 진정시키려고 노력합니다. 아들이 응한다면, 이는 안 그래도 메워지지 않았던 계좌에 또 한 번 납입을 하는 셈입니다.

부모가 원하는 것과 원하지 않는 것

규칙은 갈등과 문제를 예방하기 위한 것입니다. 규칙은 가족이라는 공동체뿐만 아니라 각 구성원들에게도 도움이 됩니다. 여러 관심사들 사이의 균형을 맞추는 일은 중요합니다. 그것은 주로 아들의 나이에 따라 달라지므로, 규칙은 계속해서 새롭게 개발되거나 재조정되어야 합니다. 그러려면 아들은 욕구를 인식하여 말하고, 자신의 이익을 추구할 수 있어야 합니다. 그리고 타인의 요구를 존중하고 타인을 위해 한 걸음 물러날 줄 아는 능력을 길러야 합니다. 물론 솔직한 대화를 통해 그러한 욕구에 대해 협의할 줄도 알아야 하지요. 왜냐하면 욕구들에 맞추어 규칙을 만들려면 최소 두 관계자가 접촉하고 대화해야 하기 때문입니다.

아들에게 분명하기 말하기

'내가 원하는 것과 원하지 않는 것은 무엇인가?'라는 문장이 좀 직설적으로 들릴 수도 있습니다. 하지만 아들을 대할 때는 정확히 그렇게 표현할 수 있습니다. 부모는 적지 않은 경우에 원하는 것이나 원치 않는 것을 숨긴 채 말을 합니다. 즉, 명확하게 말하는 대신 "네가 내 말을 자꾸 끊으면 무슨 말을 하려고 했는지 모르게 돼"라고 말합니다. '난 지금 네가 세면대를 닦으면 좋겠어!'라고 생각하면서 "혹시 세면대 좀 닦아줄 수 있겠니?"라고 묻습니다.

부모는 성인이므로 그런 말들을 대부분 잘 이해하며 그 뒤에 숨겨진 의도를 해석할 수 있습니다. 하지만 아들, 특히 사춘기 아들에게는 명확한 문장으로 말하고 의도를 정확히 표현하는 편이 더 도움이 됩니다. 듣기 좋은 말은 의도에 부응하지 않기 위한 탈출구 역할을 합니다. 남자아이들끼리 "야, 손 치워, 이 멍청아!"라고 말하는 대화를 한 번 잘 들어보세요. 부모는 물론 거칠거나 무례하게 굴 필요는 없지만, 자신들의 욕구를 명확하게 표현해야 합니다.

규칙에는 개인의 욕구와 함께 가치도 반영됩니다. 욕구와 신념은 천차만별이므로 모든 남자아이들의 삶이나 모든 가족에 적용되는 일반적인 규칙을 정한다는 것은 말이 안 됩니다.

다른 한편으로는 개인의 욕구와 가치를 넘어서는 분명한 한계가 있습니다. 그래서 합의와 규칙은 법을 위반하는 것이어서는 안 되지요. 폭력(아이들에게 신체적, 정신적 피해를 주는)은 금지됩니다. 따라서 부모나 학교 모두 그에 위배되는 규칙을 합의하거나 규정할 수 없습니다(즉, '성적이 4등급보다 낮으면 호되게 매를 맞는다'와 같은 건 규칙이 될 수 없으며, 그럴 일은 없겠지만, 모든 관계자가 찬성하는 경우에도 마찬가지입니다).

한 엄마가 아들이 허락된 시간보다 더 오래 텔레비전를 볼 때는 어떻게 해야 하냐고 물었습니다, 다만 그런 일은 그때까지 딱 한 번 있었다고 말했습니다. 제가 그때는 어떻게 했느냐고 묻자, 그녀는 "제가 가서 텔레비전을 껐어요"라고 대답했습니다. 저는 "잘하셨어요. 아드님은 상황을 파악했고, 어머니가 다 아신다는 것도 알게 됐으니까요"라고 답해 주었습니다. "

더 알면 좋아요!

다음은 모든 규칙의 기초가 되는 질문들입니다. 한번 찬찬히 생각해 보세요.
'아들이 원하는 건 무엇일까? 내가 원하는 건 뭐지? 어떻게 하면 그 둘 사이의 균형을 맞출 수 있을까?

합의는 언제나 융통성 있게

합의는 경우에 따라 다르게, 종종 부수적으로 이루어집니다. 때로는 긴 기간에 걸쳐 적용되기도 하지요. 예를 들어, 오늘(매일이 아니라) 아들이 귀가해야 하는 시간이나 다음 번 성적표(모든 성적표가 아니라)에서 달성해야 할 주요 과목들의 평균 점수처럼요. 규칙도 합의이지만, 일반적인 효력을 지닌(또 그래야 하는) 합의입니다. 예를 들어 지저분한 양말은 항상 빨래 바구니에 넣기, 보통의 경우(즉, 달리 합의되지 않는 한)에는 늦어도 6시 30분까지는 집에 오기, 식사 중에는 텔레비전 끄기 등이 있습니다.

하지만 어떤 규칙들은 아이에게 적극적으로 전달되고 더 의식적으로 습득해야 합니다. 어른들은 어떤 규칙이 중요한지 알고, 지도자로서 그것을 정해 줍니다. 부모의 주된 임무는 아들이 규칙을 습득하도록 돕는 것입니다. 방법은 간단합니다. 반복하고, 반복하고, 반복하는 것이지요. 아들은 반복을 통해 배우고, 규칙은 기억 속에 단단히 고정됩니다. 규칙과 합의는 내키지 않는 일인 경우가 많기 때문에 시간이 좀 걸릴 수 있습니다. 그런 것들은 즐거운 일('매주 토요일에는 아이스크림을 원하는 만큼 먹을 수 있다'라는 규칙은 아마 자주 반복할 필요가 없겠지요)과는 다르게 뇌에 잘 입력되지 않습니다.

아들은 많은 규칙을 부수적으로, 또 자동적으로 배웁니다. 공동생활에 관심을 갖고, 다른 사람들이 어떻게 행동하는지 모방함으로써 쉽게 배우지요. 어차피 대부분의 규칙들은 무의식적이며, 문화나 다름없습니다. 우리는 의자 위에 앉지, 그 옆이나 식탁 위에 앉지 않습니다. 그리고 '나는 도시로 간다'라고 말하지, '나는 간다 도시에'라고 말하지 않습니다. 규칙은 종종 누군가가 그에 어긋나게 행동할 때에야 눈에 띕니다. 어린아이가 그러면 웃어넘길 일도, 큰 아이들이 그러면 문제가 됩니다. 큰 아이들은 규칙을 알고 있거나, 적어도 알아야 하기 때문입니다.

규칙은 목적이 아니다

아들에게 필요한 것은 좋은 규칙이지, 그 자체가 목적인 규칙이나 횡포가 아닙니다. 그것은 부모와 아들의 신념과 가치를 반영합니다. 우리의 공생을 위해 필요하고, 수많은 욕구의 정리를 수월하게 만듭니다. 하지만 최대한 많은 규칙을 정하거나 끊임없이 새로운 규칙을 만들어야 하는 것은 아닙니다. 공동생활을 규칙이라는 코르셋으로 꽉 조여 놓는 가정에서는 오히려 규칙을 줄이고 덜어내는 것이 바람직합니다. 목표는 자유, 가치, 욕구이지 규칙 그 자체가 아니기 때문입니다. 또 아들은 자유를 누리는 법도 배워야 합니다.

한 연구 인터뷰에서 어느 노련한 아들 엄마가 이렇게 말했습니다. "규칙이 중요하긴 하지만 제게는 항상 줄타기 같아요. 부모 스스로도 모를 수많은 규칙이 있어서, 때로는 자기가 어떤 규칙을 세웠는지도 모르게 되죠. 점수를 줬다가, 스마일 스티커를 붙였다가, 감자칩 한 봉지를 줬다가, 보상으로 수영장에 갔다가, 가끔은 진짜 법이 이용되기도 하지만요! 규칙은 당연히 있어야 하지만, 정도껏 해야 해요."

합의와 규칙은 가치와 욕구를 고려하고, 그것들을 신중히 검토하거나 어느 정도 만족스럽게 균형을 맞추는 하나의 제재입니다. 이것은 연령대마다 다르지요. 아들이 어릴 경우 부모는 아들의 욕구를 포함해 훨씬 더 많은 책임을 집니다. 가령 어린아이는 수면욕 같은 것을 의식적으로 인지하거나 정확히 표현할 수 없습니다. 아들에게는 질서가 필요하며, 규칙은 단지 부모가 정했다는 이유로 적용됩니다. 아들이 성장할수록, 규칙에 대한 협의는 늘어납니다. 이때 부모는 두 배로 정신을 차려야 합니다. 한편으로는 리더십을 잘 지켜 아들이 방향을 잃지 않도록 주의해야 하며, 이행 과정도 놓치지 않아야 하지요. 즉, 발달의 진척을 인지하고 경우에 따라서는 아들이 스스로 결정을 내리도록 해야 합니다. 그렇지 않고 다 큰 아들을 어린 아이처럼 대한다면 갈등은 불가피합니다.

사춘기 시기에 협의하는 법

사춘기, 그리고 청소년기에 접어듦에 따라 부모와 아들의 관계는 근본적인 변화를 겪습니다. 이것은 일련의 합의와 규칙들(귀가, 파티, 옷 구매, 흡연, 소비 등에 관한)에 큰 영향을 미칩니다. 협의할 사안은 무척이나 많지요. 그러므로 엄마와 아빠가 아들과 다른 의견을 가질 가능성이 있는 모든 문제에 대해 어느 정도 준비하고 일반적 원칙을 검토해 보는 편이 좋습니다. 그다음에는 문제와 욕구를 털어놓고 협의하는, 최대한 균형 잡힌 대화가 이어집니다. 협의 당사자들은 대등한 입장으로 만납니다.

부모는 먼저 경험해 본 입장에서 사춘기에 많은 것이 바뀐다는 사실을 알고 있습니다. 그래서 아들의 사춘기가 시작되면, 예상되는 쟁점들의 해결책들을 아들에게 제안합니다. "우리는 이렇게 생각해 볼 수 있어, 넌 어떻게 생각하니? 혹시 다른 생각이 있니?"라고 말이지요. 가장 중요한 핵심들을 적어서 아들이 그에 대해 생각해 볼 수 있도록 합니다. 아마 아들은 친구들과 상의하거나 친구들의 자유와 비슷하게 조정하기를 원할 것입니다. 그런 다음에는 아들과 다시 마주합니다. 좋은 분위기를 만들어 아들을 대화에 초대하면 어떨까요? 아들이 좋아하는 레스토랑에 갈 수도 있습니다. 여기서 합의와 규칙을 결정하고 약속하는 것입니다. 사춘기의 역학 관계 속에서 욕구는 빠르게 변하리라 예상됩니다. 그러므로 다음 협의까지의 기간도 합의해야 합니다. 이로써 부모는 리더십을 유지하고 공정하게 행동할 수 있습니다. 그리고 커져가는 아들의 자유에 대한 갈망을 뒤쫓아 다닌다는 느낌을 받지 않을 수 있지요.

규칙은 의심할 여지없이 좋고 중요합니다. 하지만 규칙은 금방 엄격해질 수 있기 때문에 주의해야 합니다. 감시와 처벌을 통하거나 도덕적으로 전달되어서는 안 됩니다. 규칙은 십계명도, 어떤 철칙도 아니므로 때때로 검토되어야 합니다. 만약 부모가 규칙의 결정적 사항이었던 욕구가 더 이상 존재하지 않는다고 느낀다면, 그 규칙을 폐지할 때가 된 것입니다. 그리고 마지막으로, 아들은 한계를 규칙과 대가로서뿐만 아니라 격려, 지지, 공감, 관심, 확인, 응원 등(규칙보다 더 중요함)을 경험하고 싶어 한다는 점에 주목하세요.

더 알면 좋아요!

규칙적 원칙을 축구에 비유하면 아들이 잘 알아듣습니다. 파울 규칙은 선수들이 다치지 않고 경기하기를 원하기 때문에 존재합니다. 그 뒤에 숨은 가치는 공정성과 건강입니다.

아들에게 자유를 허락하는 법

자유는 인간이 함께 살아가는 데 반드시 필요한 가치입니다. 공생에는 규칙이 반드시 필요하지요. 하지만 규제되지 않는 영역은 최대한 많고 크게 존재해야 합니다. 규제되지 않는 시간, 원하는 대로 하기, 원하는 시간에 귀가하기 등입니다. 예를 들어, 자기 방에서는 바닥이든 침대든 관계없이 아무 데나 누울 수 있습니다. 또 빵에 버터나 치즈, 잼을 바르거나 그것들을 다 바를 수도 있는 선택의 자유가 있지요. 텔레비전이나 게임기 앞에서 빈둥거리고, 유행하는 해진 청바지를 입고, 머리를 기르고, 자르고, 층을 내고, 염색을 할 수도 있습니다. 자유는 편안하고 관대한 것이니까요.

자유는 성장의 보상이다

허락되는 자유가 늘어남에 따라, 아들은 전에는 부모나 다른 어른들이 대신 졌던 책임을 스스로 지게 됩니다. 아들은 독립과 자기 책임을 수반하는 자유에 점차 적응해 나가야 합니다. 이때 적정선을 찾기란 쉽지 않지요. 자유가 너무 적으면 아무런 도전도 없이 제한만 받으며, 자유가 너무 많으면 부담이 됩니다. 부모와 아들은 그 많고 적음이나 적정선에 대해 서로 다른 견해를 갖고 있는 경우가 많습니다. 그로 인해 생기는 갈등은 양측 모두에게 이상적인 학습의 장이 됩니다.

얼마나 많은 자유가 허용되어야 하는지는 아들을 기준으로만 달라지는 것이 아닙니다. 부모들도 다 다르며, 여기서도 가치, 욕구, 그리고 법(자유를 제한하고 규칙을 필요하게 만드는)이 고려되어야 합니다. 신나치주의적인 말, 동성애자나 여성에 대한 비하는 인간의 가치와 관용에 위배됩니다. 담배나 수면 부족은 건강이라는 가치를 침해하지요.

아들이 규칙과 합의를 잘 지킨다면 그것을 눈여겨보고 아들에게 알려 주는 것이 좋습니다. 부모의 욕구는 충족되었고, 그래서 우리는 기분이 좋으며 즐거움, 만족, 편안함, 신뢰, 행복을 느낄 수 있음을 말이지요. "네가 제시간에 돌아와서 정말 기쁘구나!"라고 표현해 보세요. 바로 이것이 규칙의 목적입니다. 감정을 공유하는 것은 부모의 임무입니다. 문제가 있을 때 대가를 치르는 일도 중요하지만, 잘 했을 때 칭찬해 주는 것도 그에 못지 않게 중요합니다. '당연한 일인데 뭐 하러 말을 해'라는 태도는 아들의 노력을 무시하는 것이지요. 그러면 아들은 규칙을 지키는 것에 대한 흥미를 잃어버리기 쉽습니다.

규칙을 합의할 때 그 효력을 추정하는 것은 상호간의 신뢰에 속하는 일입니다. 따라서 결과를 미리 알리며 위협하는 일은 불필요합니다. "8시까지 집에 와야 해. 안 그러면 내일은 못 나갈 줄 알아"라며 바람직하지 않은 사례로 위협하는 것은 결국 불신을 드러내는 것입니다. 이런 식으로 행동하는 사람은 규칙이 위반될 것을 미리부터 예상함으로써 규칙을 약화시킵니다. 아들이 합의를 지키리라고 믿는 부모는 발전합니다. 비록 아들이 항상 규칙을 지키지는 않더라도, 그들은 무슨 일이 있기 전까지는 그렇게 믿어야 합니다.

규칙을 지키기 위한 협상

남자아이들에게 있어 합의와 규칙은 언제나 다음 질문을 포함합니다. '안 지키면 어떻게 되는데?'라는 물음이지요. 남자아이들이 커갈수록 규칙 위반의 결과를 탐구하는 일은 더 큰 유혹입니다. 남자아이들뿐만 아니라 여자아이들도 그런 실험을 합니다. 그러나 연구 및 실험에서 강조되는 부분은 서로 다른 경우가 많습니다. 여자아이들은 여성성 이미지에 의해 보살핌과 모성애, 친절함과 신중함에 얽매여 있기 때문에, 주로 관계에 대한 질문을 합니다. '내가 합의를 어기면 우리 관계는 어떻게 변할까?'라고 말이지요. 남자아이들은 종종 지위에 더 초점을 맞춥니다. 남성성과 관련된 사회적 구조에 대해 '내가 규칙을 따르지 않으면 내 지위가 더 향상될까?'라고 묻지요.

루카스는 그의 친구와 함께 가게에서 도둑질을 하다가 잡혔습니다. 그의 엄마가 둘을 데려오고 루카스는 엄마와 집으로 갔습니다. 아빠와 단둘이 있게 된 루카스는 금방이라도 울 것처럼 보였습니다. 아빠는 일단 루카스를 안아 주며 무슨 일이 있었는지 말해 보렴"이라고 말했습니다. "루카스는 그 일에 대해 설명하고, 그 슈퍼마켓에 처리비로 100유로를 내야 한다고 털어놓았습니다. 부모는 우선 그 금액을 내주고 10개월 동안 용돈을 10유로 깎기로 루카스와 합의했습니다. 그 이후 문제는 해결되었고, 다시는 그런 일이 일어나지 않았습니다.

합의를 지키지 않거나 규칙을 어기면 어떤 식으로든 그에 대한 결과가 따라야 함은 당연합니다. 하지만 그것이 어떤 결과여야 하는지, 좋은 결과란 무엇인지 정하기는 어렵지요. 그러므로 실제 갈등과는 별개로 그에 대해 생각해보는 것이 좋습니다. 결과의 목적은 아들이 합의와 규칙을 지키도록 하는 것이지, '누가 이기나?'가 주제인 권력 게임이 아닙니다.

아들이 목표를 향해 나아가는 데 도움이 된다면 좋은 결과입니다. 그리고 규칙 위반에 대한 부모나 다른 사람들의 반응은 그 자체로 하나의 결과입니다. 따라서 처벌, 과격함이나 심지어 잔인함이 있어야 할 이유는 없습니다. 오히려 지나친 조치는 혹시 사춘기에 더 심각한 위반이 발생했을 때 문제가 될 수 있습니다. 작은 범행만으로 심각한 결과가 생긴다면, 더 큰 범행의 경우에는 그 이상의 결과가 있어야 합니다. 이는 불필요하게 상황을 심화시킵니다.

규칙을 어겼는데 동정이라니, 말도 안 된다고요? 그렇지 않습니다. 아들은 자기가 규칙을 어겼다는 사실을 대부분 알고 있습니다. 그래서 양심의 가책을 느끼고 부끄러워하거나, 혼란스럽고 긴장한 상태입니다. 첫 결과로서 동정은, 특히 아들이 진짜 어려움에 처했을 때 좋은 가교 역할을 합니다.

다음 결과는 종종 '난 알고 있어. 그리고 난 그걸 받아들일 수 없어!'라고 알리는 신호만으로도 충분합니다. 이마 찌푸리기, 눈썹 치켜 올리기, 아들의 이름 부르기, 조용한 말 한 마디 등, 어떻게 표현하든 간에 그것은 아들에게 암시가 됩니다. '난 선을 넘었고, 내 행동에는 결과가 따른다'라는 점을 알 수 있지요.

대립은 '나 메시지'를 통해 직접적으로 이루어지기도 합니다. "난 네가 약속을 지키지 않아서 화가 나!", "난 약속을 지켰고 너도 그래주기를 바랐는데, 실망이구나!"라고 말할 수 있습니다.

'결과'라는 말은 생각보다 더 극적으로 들릴 때가 많습니다. 이때에도 엄격함이나 냉정함이 아닌 융통성이 중요합니다. 좀 더 차분한 형태의 결과는 더 효과적인 동시에 아들에게 더 큰 부담이 될 때가 많습니다. 우선, 규칙이나 합의를 반복하고 상기시키는 방법이 있습니다. 다 아는 것을 자꾸 들으니, 아들은 자기가 바보처럼 여겨질 것입니다. 식사 규칙(거의 모든 사람이 언젠가는 배우는)을 배울 때만 생각해 봐도, 그 결과는 분명합니다. 부모는 몇 번이고 "손으로 먹지 말고 숟가락으로 먹어야지!"라고 말합니다. 규칙은 반복하고, 반복하고, 반복함으로써 각인되는 것입니다.

많은 남자아이가 달갑지 않게 생각하는 또 다른 결과는 바로 대화입니다. 대화는 유용한 결과로, 규칙을 위반한 직후 또는 최대한 빠른 시간 내에 이루어져야 합니다. 그 대화는 평화, 안전, 신뢰, 편안함, 수면과 같은 욕구들에 관한 것입니다. 이때에는 여러 감정들이 거론되고 협의됩니다. 새벽 2시의 소음에 대해 화를 내는 데 이어, 다들 잘 시간에는 조용히 하라는 요청이 전달됩니다. "합의한 대로 하렴, 그렇게 약속했잖아"라고 말이지요. 아들은 이런 대화를 그다지 선호하지 않습니다. 그보다 더 유쾌하고 즐거운 일들이 있기에 차라리 규칙을 지키는 편을 택합니다.

쉽게 예상할 수 있는 또 다른 결과는 보상입니다. 아들의 행동이 어떤 손해를 일으켰다면 아들은 어떤 형태로든 보상을 해야 합니다. 보상 후에는 손해가 해결되고, 죄책감과 분노는 사라지니까요. 손해를 보상하는 데 성공한다면 부모를 포함한 모든 사람들에게 실제로 더 나은 상황이 됩니다. 예를 들어 냄새 나는 운동복을 식탁 위에 올려놓은 데 대한 보상은 그 옷을 정해진 장소에 갖다놓고 식탁을 닦는 것입니다. 또한 모욕적인 말을 한 뒤에 진정한 사과를 하는 것도 보상 시도에 해당합니다. 금전적 손해는 용돈이나 저금의 압류를 통해 보상될 수 있습니다. 물건이 파손된 경우에는 보상이나 수리가 이루어지며, 사실 이때에는 수많은 크고 작은 가능성들을 찾을 수 있습니다.

결과는 명료해야 한다

어떤 남자아이들은 단계적인 심화를 노립니다. 그들은 자꾸 선을 넘으면 무슨 일이 벌어질지 정말로 궁금해 하고, 권력 투쟁에 관심을 보이기도 합니다. 부모가 권력을 휘두르지 않는 선에서 가치와 욕구를 지지하는 것은 쉬운 일이 아닙니다. 원칙적으로 그들은 아들이 신뢰를 저버리면 자유가 (또다시) 제한된다는 점을 분명히 합니다. 부모는 이제 더 분명한 노선을 취하며, 좀 더 일관적이라는 의미로 더 엄격해집니다. 또 더 이상 지켜지지 않는 규칙의 합의에만 의존하지 않고, 다른 리더십 수단들을 강화합니다. 예를 들어, 친구 집에 간 아들이 제시간에 집에 오지 않을 것 같으면 직접 아들을 데리고 옴으로써 부모가 곁에 있음을 강조합니다.

아니면 더 큰 존중과 관심을 보이며 아들과 끊임없이 관계를 맺습니다. 상황이 너무 심화되면 갈등은 잠시 미뤄둔 채, 명확한 메시지로 아들에게 문제 해결을 요구합니다. 만약 그 모든 것이 소용없다면 어떻게 해야 할까요?

중요한 점은 심화의 소용돌이 속에 너무 오래 머물지 않는 것입니다. 거기서는 모두가 고통을 받기 때문이지요. 하지만 어떻게 벗어날 수 있을까요? 문제가 알려질까 봐 두려워서 숨어버리는 가정들은 위협에 취약해집니다. 그러므로 리더십 있는 부모는 그런 상황을 공개합니다. 다른 부모들이나 자신들의 부모(아들의 조부모), 대부나 대모, 친척들, 교사들, 이웃들, 지인들에게 갈등에 대해 설명하고 도움을 구하는 것이지요. 그리고 문제가 너무 커져서 도저히 손을 쓸 수 없게 되기 전에 양육 상담과 같은 전문가의 전문적인 도움을 받습니다.

결과가 따른다는 사실과 어떤 결과가 따르는지는 아들도 어느 정도 예측할 수 있을 만큼 명료해야 합니다. 계속되는 컴퓨터 게임을 끝내려고 전기 박스의 차단기를 내리거나 전선을 끊기 전에, 그런 결과를 초래한 합의나 규칙을 명확히 해야 하는 것입니다. 가끔은 그런 무자비한 개입이 필요할 때도 있습니다. 하지만 이때 부모는 아들의 격한 반응을 각오해야 합니다.

반대로 관대함도 순간적으로나마 암시될 수 있습니다. 그리 중요하지 않은 문제라면 규칙에 어긋나는 행동이라도 전반적으로 무시하는 것이 적절할 수도 있습니다. 아무리 명확한 부모라도 모든 갈등에 다 대응할 필요는 없습니다. 그리고 마지막으로, 때때로 삶 자체가 충분한 결과를 불러온다면 부모가 거기에 더 보탤 필요는 없습니다.

더 알면 좋아요!

자유의 확대는 아들의 성장에 대한 표현이자 보상입니다. 그것은 늘어나는 역량과 책임감을 강조합니다. '아이는 점점 더 많은 것을 할 수 있고, 해도 돼'라고 생각하는 것이지요. 이는 아들의 자유 영역을 확장시킵니다..

벌이 결코 도움이 되지 않는 이유

규칙과 합의가 지켜지지 않으면 금방 권력이 작용합니다. 부모는 이를 주의해야 합니다. 부모는 아이보다 더 큰 권력을 갖고 있고 그 사실을 의식해야 합니다. 하지만 권력이 결정적 요소가 되어서는 안 되지요. 좋은 리더십과 권위적인 행동의 차이는 권력을 대하는 태도에서 드러납니다. 그렇다면 갈등 상황에서 부모가 권력을 행사하거나 굴복하지 않고 안정적으로 리더십을 발휘하고 유지할 수 있는 방법은 무엇일까요? 이는 아들과의 관계에서 매우 중요한 질문입니다. 결과에 더해, 아니면 결과 대신에 호된 벌을 주기라도 해야 할까요? 그렇지 않습니다. 벌주기는 안 됩니다.

강력한 리더십 관계는 벌 없이도 잘 굴러갑니다. '벌을 받아야 해!'라는 매정한 문장은 과거의 권위적이던 시대부터 잘 알려져 있습니다. 벌은 위계와 권위주의적 권력 행위의 표현입니다. 그것은 리더십의 가치를 떨어뜨리고 아들의 온전성을 침해하기 때문에 관계를 위태롭게 하거나 끝내버릴 수도 있습니다. 벌은 종종 아들에게 폭력을 가합니다. 고통을 주는 아픈 기억이자 뼈아픈 교훈으로, 아들은 그것을 모욕으로 경험하지요. 벌은 자유, 온전성, 존중에 대한 욕구를 무시함으로써 화, 분노, 두려움과 같은 아들의 부정적인 감정들을 일깨웁니다. 그래서 배움이라는 진짜 목표를 빗나가게 됩니다. 아들은 규칙을 체득하거나 합의한 바를 지키는 법을 배워야 합니다. 하지만 벌은 두려움을 유발하며, 두려움은 배움에 절대적으로 불리합니다.

'그만' 의사소통

아들이 욕설, 모욕과 그 밖의 무례한 행동을 할 때도 그에 대한 결과로서 적절하고 명확한 의사소통이 필요합니다. 아들이 화가 난다는 이유로 다른 사람을 심하게 욕하고 모욕하거나 흥분한 상태로 고함을 지른다면, 그와 똑같이 인상적이며 발단이 된 행동에 걸맞은 응답을 해주어야 합니다. 다음 6단계를 지침으로 삼을 수 있습니다. 이 '그만' 의사소통과 그 이후의 의사소통에서도 관계는 촉진됩니다. 입증된 바에 따르면, 이 점을 강조하고 아들에게 인지시키려면 아들의 이름을 반복적으로 불러 주는 것이 좋습니다.

1. 무엇이 문제인지 표시하고, 무엇이 중요한지 명확하게 말하세요.

(예시: "엄마는 욕설은 못 참아.", "난 너에게 모욕당하고 싶지 않아.")

2. 감정은 다 털어놓습니다. 감정은 관계의 버팀목입니다. 따라서 인식될 수 있고, 인식되어야 합니다. 갈등이 있을 때에도 자신의 감정을 인식하고 말하도록 합니다.

(예시: "난 바보가 아냐, 야콥, 그런 말은 상처가 되는구나.", "네가 나한테 그렇게 소리를 지르면 난 정말 화가 나!", "그만, 야콥, 네가 여동생한테 그렇게 심한 모욕을 주면 난 화가 나.")

3. 개입을 통해 급한 불을 끄고 난 뒤에는 바람직하지 않은 행동의 대안을 찾아야 합니다. 이때에는 왜냐고 묻지 마세요! 그러면 일을 저지른 장본인이 자신의 행동을 정당화하려고 할 가능성이 높습니다. 반면에 해결책을 찾기 위해서 캐묻는 것은 아들에게 도움이 될 수 있습니다.

(예시: "네가 화가 났구나, 그럴 수 있어. 나를 모욕하지 않고 화가 난 이유를 설명하려면 어떻게 해야 할까, 야콥?", "네가 나한테 화가 났을 때 소리치는 대신에 어떤 행동이나 말을 할 수 있을까?")

4. 선을 넘는 행동이 가족 내에서 발생했거나 다른 사람들이 연루되었다면 그들을 포함시키거나 그 집단의 의견을 묻는 일이 도움이 될 수 있습니다.

(예시: "다들 어떻게 생각해? 그런 말투가 우리 가족에게 왜 안 좋을까?", "그런 행동이 여러분에게 어떤 영향을 주는지 말해줄 수 있나요?")

5. 문제가 명확해지고 나면 이제 그것을 해결해야 합니다. 보상은 발전을 촉진하며, 이때에는 선을 넘은 사람의 창의성이 요구됩니다(벌의 경우에는 보통 재치와 관계없이 빠른 게 중요하지만요). 아이는 문제를 확실히 바로잡기 위해 무엇이 필요하다고 생각하나요? 가족들 사이에서 보상에 관한 제안은 말 그대로 제안일 뿐입니다. 아들이 어느 정도 진실된 태도를 보인다면 피해자가 그 역할에 지나치게 몰두하거나, 합의를 권력 게임으로 몰아가지 않는 것이 좋습니다. 보상은 적절해야 합니다. 즉, 교묘하게 부풀려져서는 안 되며 아들이 보기에 실현가능한 것이라야 합니다.
(예시: "내가 모욕당하는 걸 싫어한다는 점은 분명해졌어. 이제 네가 이 일을 어떻게 해결하느냐가 문제야. 네 생각은 어떠니, 야콥? 네가 뭘 할 수 있을까?")

6. 보상까지 이루어지고 나면 문제는 해결됩니다. 이 점을 강조하고 공동체 내에서 다시 언급되는 일이 없도록 하려면 의식적인 끝맺음이 필요합니다. 이것은 어떤 대단한 행동이 아니라 대부분 자연스럽게 이루어지는 일입니다. 악수, 어깨 두드리기, 주먹 부딪치기, 눈 맞춤, 그리고 간단한 말로 말이지요.
(예시: "문제가 해결되었으니 이제 이 일은 잊어버리자!", "고마워, 이제 내

기분이 다시 좋아졌어.")

가족만의 특별한 의식 만들기

의식은 특별한 형태의 규칙입니다. 의식은 일상생활과 시간의 흐름을 정리해 확실하게 구조화합니다. 긴 기간은 반복되는 의식을 통해 더 잘 개관할 수 있게 됩니다. 예를 들어 1년의 중요한 시점들을 표시해 두는 것처럼 말이지요. 그것은 아들에게 방향을 제시하며, 집단이나 공동체에 대한 소속감과 안정감을 줍니다. 의식은 특히 과도기에 중요한 의미를 갖습니다. 예를 들어 귀가와 외출 시, 특별한 기간의 시작과 끝(예를 들면 주말, 휴일, 휴가 여행, 크리스마스, 그리고 입학 및 졸업과 같은 중대한 과도기)등이 있습니다.

확립된 의식은 매일 반복되는 일상 속에서 규칙적으로 발생하는 문제들을 해결하여 매번 합의하는 수고를 덜어줍니다. 책 읽어 주기, 꼭 껴안아 주기와 뽀뽀로 '저녁 의식'을 거행하고 나면 잠자리에 드는 것이지요. 의식을 통해 아들은 자기만의 방식으로 규칙을 배웁니다. 매 식사 전에 식탁에 둘러앉아 좋은 말을 하는 것이 의식이라면, 아들은 모두가 식탁에 앉을 때까지 음식을 먹지 않고 기다립니다.

의식은 때로는 힘들거나 귀찮을 수 있습니다. 특히 가족 이외의 다른 사람들이 알게 되는 경우에는(식사 기도나 생일 축하 노래처럼) 창피한 일일 수도 있습니다. 하지만 그런 건 대수롭지 않은 일입니다.

의식은 강제적인 규칙이 아니라 명확하게 알아볼 수 있는 규칙적인 체계입니다. 만약 정해진 시간에 항상 똑같은 절차대로 함께 식사하는 것이 의식이라면 점심 식사를 12시 30분으로 정하든, 12시 37분으로 정하든 아무 상관이 없습니다. 의식은 유익해야지, 고통스러운 것이어서는 안 됩니다.

또한 의식은 부모와 갈등을 빚는 원인이 되기도 합니다. 아들이 커감에 따라 의식은 맞서 싸울 기회를 제공합니다. 그것은 리더십을 더 발전시키고 의식으로부터 벗어날 수 있는 아주 좋은 계기를 마련합니다. 더 이상 의식에 참여하지 않거나 보란 듯이 그로부터 이탈하는 것은, 아들의 독립성이 성장했음을 보여 주는 중요한 표현입니다. 가족생활에는 유감이지만, 본질적으로는 좋은 일입니다.

더 알면 좋아요!

명확한 아들 교육은 처벌 없이도 가능합니다. 관계에서 비롯된 잘못된 행동과 적절한 결과에 직면하는 편이 훨씬 더 유익합니다.

아들 물건과 패스트푸드

"조나단, 책가방은 네 방에 두기로 약속했는데 또 복도에 있네, 엄마 화난다! 복도를 걷다가 걸려 넘어지고 싶지 않으니 지금 당장 네 방에 갖다놓으렴."

아들이 어떤 공간을 자기 영역의 일부로 여기거나, 아니면 단순히 편의와 귀찮음 때문에 자기 물건을 공용 공간에 놔두기도 합니다. 그 이유가 어떤 것이든 간에, 모든 가정에서 발생하는 전형적인 청소 관련 갈등에는 간단하고 알기 쉬운 규칙과 합의가 필요합니다. 바로 원인자 책임 원칙입니다.

실제로 규칙이 준수되려면 반복과 가끔씩 주의를 환기하는 것이 필요합니다. 때로는 유머러스하고, 때로는 진지한 어조로 말이지요. 소리 크기는 최대한 실내에 알맞게 하되 항상 명확하고 알기 쉽게 말하도록 합니다. 부모는 그 협의나 규칙이 현시점에 맞는지를 그들 자신과 아들에게 물어보고, 그에 관해 아들과 잠시 논의할 수도 있습니다. 그러나 이때 그들이 바라는 최소한은 지키도록 해야 합니다.

행동에 따르는 결과는 학습에 도움이 됩니다. 땀에 젖은 운동복이 주방에 있거나 냄새 나는 양말이 소파에 놓여있다면(영역! 냄새 표시!), 아들은 그것을 가급적 당장 치워야 합니다. 말로 강조하는 것과 부모가 곁에 있는 것은 요구를 더욱 부각시킵니다. 명확한 메시지를 준 뒤에는 아들이 움직일 때까지 말없이 곁에 서있도록 해 봅시다.

중요한 점은 이것이 권력 다툼이 아니라 욕구와 가치의 문제라는 것입니다. 규칙과 합의에 정당성을 부여하는 것이지, 부모에게 강력한 권력을 허락하는 것이 아닙니다.

음식에 관한 규칙도 마찬가지입니다.

한 엄마가 제게 말했습니다.

"한동안 저는 아들이 점심시간에 대체 뭘 먹을까 궁금했어요. 그래서 물어봤더니, 솔직하게 대답해 주더군요. 이제 저는 알아요. 차라리 모르는 게 나을 뻔했지만요."

패스트푸드와 가당 음료는 당연히 건강에 좋지 않습니다. 남자아이들은 그 사실을 알고 있으면서도 그것들을 먹고, 마십니다. 기름지게 먹고 달게 마시는 남자아이들이 너무도 많습니다. 과체중 비율도 여자아이들에 비해 남자아이들이 더 높지만, 문제는 생일잔치나 파티 때 끝없이 먹는 감자칩과 콜라 콤보가 아닙니다. 중요한 건 평소에 먹고 마시는 것입니다.

가장 결정적인 것은 바로 가족의 음식 문화입니다. 그 안에서 아들의 몸은 무엇이 좋은지를 배웁니다. 그리고 아들의 정신은 좋은 식습관을 기르지요. 아들이 자기 마음대로 할 수 있는 시간에, 또는 성장과정 중에 한 번씩 일탈하는 것은 그리 대단한 일은 아닙니다. 물론 부모에게 책임이 있는 건 맞지만, 아들이 레몬에이드, 고기, 단 것 말고는 아무 것도 안 먹으려 든다면 어떻게 해야 할까요? 사실을 말하자면, 그런 일은 아들이 나이가 들수록 줄어듭니다. 건강한 음식, 통계, 영양사의 권고 등을 언급해 봤자 어린 아들에게는 전혀 호소력이 없습니다. 아이가 더 크고 나서도 거의 설득력이 없지요. 또래 문화와 식품 및 음료 산업의 상업적 광고가 훨씬 더 큰 효과를 발휘합니다.

도움이 되는 것은 집에서 명확함을 보이는 것입니다. 평소에 물을 마시고, 음식은 너무 달고 기름지게 만들지 않을 수 있습니다. 그러나 융통성 없이 엄격한 규칙을 세우라는 것은 아닙니다. 생일잔치에는 감자튀김, 감자칩, 엄청나게 단 레몬에이드를 차릴 수도 있습니다. 어쨌든 파티니까요. 그러고 나면 일상에서는 다시 그렇지 않은 음식들을 소비하면 됩니다. 부모는 균형 잡힌, 맛있는 영양 섭취의 본보기이자, 문호 개방자입니다. 부모의 식품(초콜릿!)과 음료(술!)에 대한 반사적인 태도도 엄연히 드러나게 됩니다.

식탁에서의 끊임없는 잔소리나 비판적인 논평은 도움이 되기보다는 오히려 해가 됩니다. 음식과 음료는 불편한 주제가 되고, 식사 중의 대화는 모욕과 권력 다툼으로 변질되어버리기 때문입니다. 건강상의 우려도 있고, 브레첼에 초콜릿 스프레드와 치즈를 곁들여 먹는 모습을 보면 간혹 메스껍기도 할 것입니다. 하지만 아들은 이 문제도 스스로 배워나갑니다. 좋은 가정환경을 기반으로, 어린이와 청소년들의 식습관이 다시 바뀌기를 바라봅니다.

나가는 글

—

아들을 키우는 기쁨

대부분의 부모들은 아이의 행복을 위해 노력합니다. 이미 확고한 의지와 높은 기준을 갖고 있는 부모라면, 더 이상의 조언은 오히려 스트레스를 유발할 수 있습니다. 안내서를 읽는 것부터가 가족에게 더 큰 압력으로 작용할 수도 있습니다. 우리는 할 만큼 했으니 이제 편안하고 차분하고 침착해져야 하지 않느냐고요? 그럴 일은 거의 없습니다. 그 누구도 완벽하지는 않으니까요. 모든 것을 흠 잡을 데 없이 마스터하는 것이 중요한 것이 아닙니다. 반대로, 완벽주의는 아들과 함께 하는 삶의 가치를 깎아 내리고 비인간적으로 만듭니다. 모든 것을 다 갖춘 사람은 없으며, 그럴 필요도 없습니다. 부모는 교사나 보모들과는 전혀 다른 지도자 역할을 맡고 있습니다. 잘못을 알아차리고, 자신이 이런저런 경우에 명확하게 반응하지 못했음을 발견한 사람은 기뻐해야 합니다. 그것으로부터 배우고, 그러면 실수를 반복하지 않을 테니까요. 실패할 때도 있지만, 뭐 어떤가요? 어른들이 책임지기만 하면 더 나빠질 일은 없습니다. "미안해, 내 잘못이야"라고 인정하는 것은 훌륭한 지도자들이 지닌 장점이기도 합니다.

아빠나 엄마가 되는 것은 책임이 막중한 일입니다. 이 일을 잘 하려면 얼마간의 지식과 많은 에너지가 필요합니다. 잘 해낼 수 있는 그 모든 기회, 아들과 함께 하는 그 모든 기쁨에도, 때로는 부담감이 밀려오겠지요. 아들과의 관계와 아들 교육이 무거운 짐처럼 느껴지고, 온갖 것들에 신경이 쓰이고, 내적 중압감이 커집니다. 특히 아들의 사춘기 동안에는 앞으로 몇 년은 이렇게 지속될 거라는, 부모에게 전혀 좋지 않은 전망을 하게 됩니다.

결론적으로, 중요한 점 한 가지를 더 언급하고자 합니다. 쉽고 침착한 양육에 가장 도움이 되는 것은 바로 부모의 리더십이라는 것입니다. '잘 될 거야!'라는 확신을 갖고 임하세요. 가족 내에서 자신의 역할로부터 어느 정도 거리 두기, 약간의 자기 비하와 유머로 긴장과 압박을 막을 수 있습니다. 사실 우리는 아이가 우리 곁을 떠날 때까지 짧은 시간을 함께 보낼 뿐입니다. 그리고 이 시간은 좋은 시간이 되어야 합니다. 긍정적인 어린 시절의 경험은 또한 틀림없이 아이 스스로가 나중에 부모가 되는 데 동기로 작용할 것입니다.

그러므로 자기 자신에게 지나친 요구를 하는 경향이 있다면 긴장을 풀고, 좀 더 침착하게 받아들이세요. 자신에게 친절하세요. 끊임없이 나아진 모습을 떠올리며 자기비판을 하는 대신에, 자신을 있는 그대로 받아들이세요. 그러면 여러분은 리더십을 더욱 발전시키고, 분명한 의식을 가지며, 마음의 벽을 허묾으로써 아들을 도울 수 있을 것입니다.

당신 자신의 욕구에 대해서도 명확함을 갖고 스스로를 챙깁시다. 자신과 공감하려고 노력하면 다른 사람들을 이해하고 공감하기도 더 쉬워집니다.

항상 유념할 점은, 집안에 즐거움이 없으면 생기게 만들면 된다는 것입니다. 그 즐거움이 계속 느껴지는 한, 여러분은 올바른 길을 가고 있는 것입니다. 심지어 아들의 다양한 반항기와 사춘기라는 험난한 길이더라도 말입니다.

감사의 말

우선 제게 함께 일할 수 있는 기회를 주고, 저와 동행하고 지도에 따라 주고, 저의 조언을 구하거나 조언을 듣지 않으려고 버티고, 저와 논쟁하고, 기뻐하고, 싸우고, 사이좋게 지내 준 남자아이들에게 진심으로 고맙습니다.

특히 엄마와 아빠들에게, 아들과의 체험과 경험을 내게 들려주고, 조언을 들어주고, 내게 질문을 하고 내 대답을 통해 뭔가를 이루어 낸(혹은 왜 그러지 못하는지 말해 준) 데 대해 감사합니다.

또 이 자리를 빌려 사회 교육 전문가, 교사, 보육 교사들에게 감사하고 싶습니다. 그들은 기쁨, 에너지, 능력을 가지고 남자아이들을 위해 일합니다. 그리고 그 아이들과 함께 하는 것이 종종 쉽지 않더라도(또 가끔은 반대로 아이들이 어려워하더라도) 자기 리더십의 질을 높이고자 노력합니다.

이 책이 세상에 나오기까지 많은 사람들의 도움을 받았습니다. 페트라 도른(Petra Dorn)과 질비아 그레디히(Sylvia Gredig)는 언어 능력과 전문성을 갖춘 편집자들이자, 각자 아들을 둔 엄마들로서 이해도와 가독성을 크게 높여 주었으며 많은 중요하고 실질적인 조언과 힌트를 주었습니다. 클라우디아 슈탈(Claudia Stahl)에게, 그녀의 끊임없는 격려, 그리고 중요한 관계 및 양육이라는 주제를 발전시켜준 것에 대해 매우 감사합니다. 또 엘리자베트 유판키 베르너(Elisabeth Yupanqui Werner)에게, 만남을 통해 영감을 주고 권위를 주제로 한 협업에 참여해준 데 대해 고맙게 생각합니다. 브리기테 베르츠(Brigitte Werz)에게, 그녀의 전반적인 관계 및 소통 능력에 대해, 특히 두 아들과의 사이에서 그런 모습을 보여준 데 대해 감사를 느낍니다. 또 내 주변의 모든 엄마들과 아빠들을 대표하여, 그녀가 아들 양육을 쉽지도 어렵지도 않게 받아들이고 내게 항상 영감을 준 것에 대해서도 감사합니다.

저의 아들 야스퍼(Jasper)는 저와 동행해 주고, 아주 평범한 부자 관계에 애정 어린 친밀함과 명확함이 어떻게 작용하는지에 알려 주었습니다. 직접적이고 실용적이며 종종 유머까지 곁들인 조언들을 해 주었지요. 딸 베라(Vera)에게는 우리 부녀 관계를 온갖 아름다운 색들로 빛나게 해준 데 대해 고맙게 생각합니다. 또 제가 가장 사랑하는 헤르마(Herma)에게, 삶과 양육의 굴곡과 평지를 거치며 함께 리더십을 발휘하고, 나를 강화시켜 주고, 가끔은 부드럽게 이끌어 주기까지 해 주어서 고맙습니다.

그리고 마지막으로, 제게 길을 알려 주고 리더십을 보여 주고 제 자신의 것을 찾도록 많은 자유를 허락해 주셨던 저의 아버지, 하인츠 빈터(Heinz Winter)께 감사드립니다.

한 권으로 끝내는 아들의 유년기, 학교생활, 사춘기 양육 기술

남자아이 대백과

1판 1쇄 2023년 6월 7일
1판 2쇄 2023년 6월 27일

지은이 라인하르트 빈터
옮긴이 서지희
펴낸이 유경민 노종한
기획편집 유노라이프 박지혜 **유노북스** 이현정 함초원 **유노책주** 김세민
기획마케팅 1팀 우현권 **2팀** 정세림 유현재 정혜윤 김승혜
디자인 남다희 홍진기
기획관리 차은영
펴낸곳 유노콘텐츠그룹 주식회사
법인등록번호 110111-8138128
주소 서울시 마포구 월드컵로20길 5, 4층
전화 02-323-7763 **팩스** 02-323-7764 **이메일** info@uknowbooks.com

ISBN 979-11-91104-67-7 (13590)

• — 책값은 책 뒤표지에 있습니다.
• — 잘못된 책은 구입한 곳에서 환불 또는 교환하실 수 있습니다.
• — 유노북스, 유노라이프, 유노책주는 유노콘텐츠그룹의 출판 브랜드입니다.